BIM : Revit Architecture_한식목구조

디지털
新한옥
살림집

최준호 지음

光文閣
www.kwangmoonkag.co.kr

광문각 홈페이지 자료실(www.kwangmoonkag.co.kr)에서
샘플 예제와 패밀리 관련 자료를 다운로드 하실 수 있습니다.

Preface

한옥이라고 하면 오래된 고궁이나 사찰, 또는 고택(古宅)을 연상할 수 있습니다. 최근 한옥에 대한 관심은 소위 '신한옥'이라고 하는 살림집일 것입니다. 사실 한옥이라는 표현이 등장한 것은 IT 기술이 발전하면서 새로운 단어가 탄생하듯이, 19세기 말 양옥이라는 근대 건축물이 도입되면서 상대적으로 남아 있는 기와집과 초가집을 가리키는 말로 출발하였습니다.

건축법에서 본 한옥은 1962년 [건축법]이 제정된 이래 2008년 「건축법 시행령」에 한옥은 "기둥 및 보가 목구조 방식이고 한식 지붕틀로 된 구조로서 한식 기와, 볏짚, 목재, 흙 등 자연 재료로 마감된 우리나라 전통 양식이 반영된 건축물 및 그 부속 건축물"로 정의되어 있습니다. 현대의 새로 짓는 한옥은 문화재처럼 과거를 재현하기 위한 한옥이 아닌 현대인이 주거할 수 있도록 현대적인 재료를 사용하고 있습니다. 그렇다고 무조건 현대적인 재료와 공법을 허용하지는 않습니다. 최근 2015년 6월에 시행된 [한옥 등 건축자산의 진흥에 관한 법률, 국토교통부]에서 "한옥이란 주요 구조가 기둥 보 및 한식 지붕틀로 된 목구조로서 우리나라 전통 양식이 반영된 건축물 및 그 부속 건축물을 말한다."라고 명시되어 있습니다. 또한 이에 근거하여 2015년 12월에 [한옥 건축 기준]이 제정 고시됨으로써 한옥을 좀 더 구체적으로 표현하고 있습니다. 각 자치단체에서는 이러한 상위법을 근거로 한옥 지원 조례를 제정하여 한옥을 통한 체류형 관광 산업으로 육성하고 있습니다. 따라서 한옥의 건축 및 수선 등의 비용을 지원 받으려면 조례에서 정한 조건을 인정받아야 합니다.

과거에 선배 목수들은 설계자이자 시공자였습니다. 지금은 설계 사무소에서 설계하고 목수는 2D 도면을 보고 시공합니다. 그러나 한옥을 체득한 경험이 없는 설계 사무소의 2D 도면은 목구조 원리 등을 반영하지 못하는 경우가 있어서 현장 목수들만의 시공 도면인 도행판으로 다시 만들어져 시공됩니다. 풍부한 경험이 있는 설계 사무소의 도면이라고 할지라도 도면에 표시되지 않은, 지붕처마선의 모양을 결정짓는 추녀의 곡을 결정하는 등, 시공의 경우 설계자와 시공자 간에는 암묵적인 타협이 이루어집니다. 복잡한 한식 목구조를 2D 도면으로만 표현하기에는 설계자와 시공자 간 소통의 한계가 있을 수 있습니다. 최근에 한옥 기술자를 양성하는 교육기관들이 생기면서 한옥 기술이 많이 보급되었다고는 하지만 오랫동안 도제식(徒弟式)으로 전승되어 온 기술을 익히는 데는 많은 노력과 시간이 필요합니다.

BIM(Building Information Modeling)은 매개변수 기반의 3D 모델링 개념으로서 건축주, 설계자, 시공자 간 시각적 협업 도구입니다. 이 책에서는 BIM 도구인 Revit Architecture를 이용해서 한식 목구조의 부재 치목과 시공 과정을 간접 체험할 수 있습니다. 실습을 위해 선택한 한옥 모델은 2016년 경상북도에서 개발·보급 중인 '경북형 한옥'으로 하였습니다.

한옥 설계는 비단 목구조 설계에만 국한되어 결정될 성격이 아니고 전반적으로 주변 환경과 조화가 이루어져야 함은 필수적인 요소일 것입니다. 이 책에서는 다른 요소들을 배제하고 오로지 목수의 시각에서 본 '대목작 제도'임을 밝힙니다.

미천한 경험이지만 필자의 연장통 속에 있는 디지털 도구를 함께 공유하고자 많은 선후배 동료들의 질타를 감내하고 감히 책을 내어 공유하고자 합니다. 끝으로 책 출판에 애써주신 광문각출판사 박정태 회장님과 임직원들께 감사드립니다. 그리고 항상 곁에서 응원해 주는 사랑하는 아내 전희숙, 아들 휘석, 딸 인아에게도 고맙다는 인사를 전합니다.

2017년 5월 어느날
鍊Feel 최준호

Contents

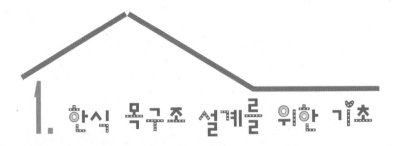

1. 한식 목구조 설계를 위한 기초

1) Revit Architecture와 한옥 설계

Revit Architecture(이후 'Revit')는 BIM을 위해 제작된 소프트웨어입니다. Revit 플랫폼은 건축 프로젝트에 필요한 설계, 문서화 그리고 시공까지 지원하는 건물 설계, 문서 시스템입니다. 건물 모델이 가지는 파라메트릭(parametric: 매개변수) 특성 때문에 한 부분의 정보를 수정하면 그것과 관련된 곳(모델 뷰, 도면 시트, 일람표, 단면도, 평면도 등)들이 모두 자동으로 갱신됩니다. 또한, Revit에서는 CAD(DWG 및 DXF), ACIS(SAT) 및 MicroStation®(DGN) 파일 형식으로 내보낼 수 있습니다.

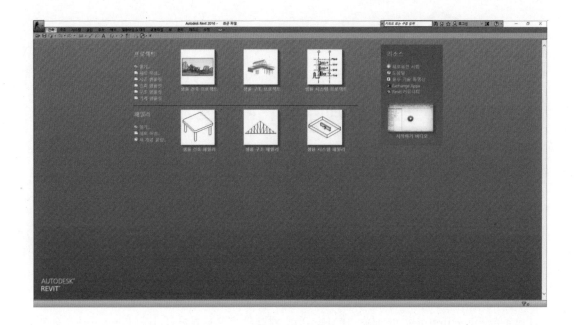

Revit은 크게 패밀리와 프로젝트로 구분할 수 있습니다. 패밀리에서 매개변수가 포함된 3D 객체를 만들고 프로젝트에서 이 객체들 상호 관계를 조정하여 조합하게 됩니다.

한옥에서도 건물 규모에 따라 변경되는 길이와 폭 등의 매개변수를 가지는 부재를 치목하여 부재 간 맞춤과 이음이라는 상호 관계를 조정하여 조립합니다.

Revit Architecture		한옥
패밀리	=	부재 치목
프로젝트	=	조립

이처럼 Revit과 한옥 설계에서 공통점을 발견할 수 있습니다. 한옥에서는 부재를 조립하는 시간보다도 치목하는 시간이 3~4배 정도 오래 소요됩니다. Revit에서도 초기에 패밀리를 생성하는 시간은 다소 소요되지만 한 번 생성된 패밀리 요소는 매개변수 조정을 통해 재사용이 가능하기 때문에 시간 단축을 통한 비용 절감의 효과도 볼 수 있습니다.

2) Revit Architecture 인터페이스

Revit Architecture는 다른 윈도우 소프트웨어처럼 탭과 패널로 구성된 리본 막대와 도구 막대, 대화 상자 등으로 이루어져 있습니다. 도구 막대의 단추를 클릭하면 관련 탭이 실행되어 나타나면서 명령을 실행할 수 있게 됩니다.

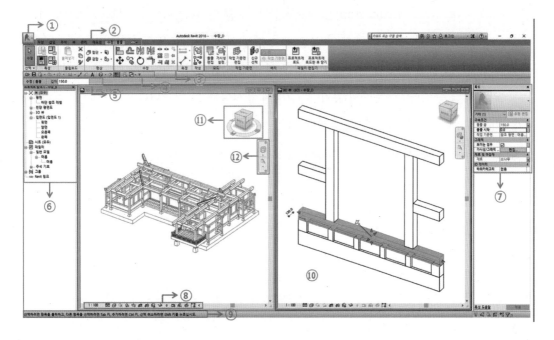

① 응용 프로그램 메뉴: 저장, 인쇄 등 자주 사용하는 도구들을 모아 놓은 메뉴를 불러냅 니다.

② 탭: 리본의 하부 구조로 한 개의 탭에 여러 개의 패널로 구성되어 있습니다.

③ 패널: 탭의 하부 구조로 유사한 기능을 제공하는 도구 단추들을 모아 놓은 곳입니다.

④ 신속 접근 도구 막대: 사용자가 자주 사용하는 명령의 도구 단추들이 모여 있습니다. 사 용자화하여 다른 도구를 추가할 수도 있습니다. 리본 메뉴 위 혹은 아래에 배치할 수 있 습니다.

⑤ 옵션 막대: 도구를 클릭하거나 객체를 선택하면 그 도구나 객체에 관련된 탭과 리본 아 래에 옵션 막대가 나타납니다. 내용은 선택한 도구나 객체에 따라서 달라집니다.

⑥ 프로젝트 탐색기: 현재의 프로젝트에 속한 모든 뷰, 시트 등을 논리적 계층 구조로 표시

합니다.

⑦ 특성 창 : 객체를 클릭했을 때 해당 객체에 해당하는 조건 등을 제어할 수 있습니다. (프로젝트 탐색기와 특성 창은 사용자의 모니터 환경에 따라서 자유롭게 이동 배치할 수 있습니다.)

⑧ 뷰 제어 막대 : 뷰 축척, 모델 그래픽 스타일 등 자주 사용되는 뷰 명령 도구들이 모여 있습니다.

⑨ 상태 막대 : Revit Architecture를 사용하는 데 도움이 되는 다양한 정보를 표시합니다. 마우스 포인터가 객체 위에 놓여 있을 때는 해당 객체의 이름을 표시합니다.

⑩ 도면 영역 : 프로젝트 탐색기에서 선택한 뷰를 표시합니다. 여러 개의 뷰가 타일 형식으로 표시될 수도 있고, 하나의 뷰가 창 전체에 표시될 수도 있습니다.

⑪ View Cube : 3D 뷰의 방향을 조정합니다.

⑫ 탐색 도구 막대 : 줌, 초점 이동, Steering Wheels 도구들이 모여 있습니다.

3) 주초 만들기를 통해 주요 기능 익히기

● 주초

초석(礎石)이라고도 하며 기둥 밑에 놓여 기둥에 전달되는 지면의 습기를 차단해 주고 건물 하중을 지면에 효율적으로 전달해 주는 역할을 합니다. 돌로 만든 초석은 가공 여부에 따라 자연석을 그대로 사용한 자연 초석과 가공 초석으로 분류할 수 있습니다. 자연 초석은 우리말로 덤벙주초라고도 합니다.

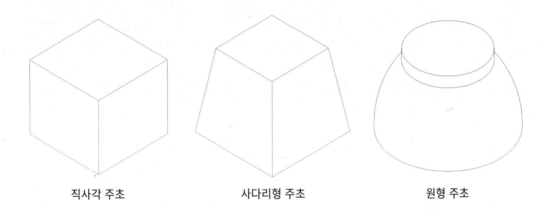

| 직사각 주초 | 사다리형 주초 | 원형 주초 |

(1) 직사각 주초

① Revit Architecture 프로그램을 열기합니다.(본 교제에서 사용된 버전은 2016이지만 하위 버전에서도 동일하게 적용할 수 있습니다.) 메인 화면에서 패밀리 〉새로 작성을 클릭합니다.

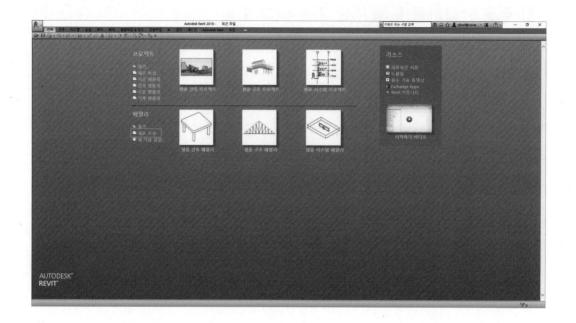

② 다양한 템플릿 파일 중에서 '미터법 일반 모델' 템플릿을 선택하고 열기를 클릭합니다.

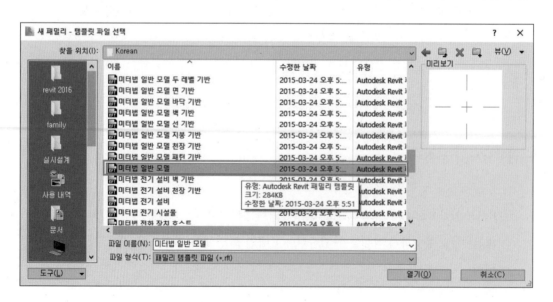

③ 응용 프로그램()을 확장하여 저장을 클릭합니다. 적당한 폴더에 '직사각 주초'란 이름으로 저장합니다.

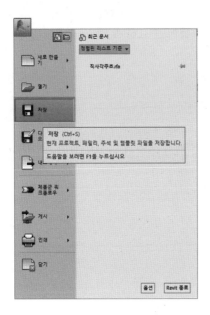

④ 작성 탭 〉 양식 패널 〉 돌출을 클릭합니다.

⑤ 수정 ǀ 돌출 작성 탭이 활성화되면서 모드/그리기/작업 기준면 패널이 생성됩니다. 그리기 패널 〉 직사각형 도구(▢)를 선택합니다.

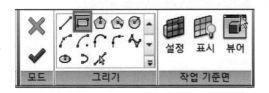

도면 영역에는 수직과 수평 점선이 있습니다. 이 두 직선은 서로 직교하며 왼쪽과 오른쪽 구분하는 수직 중심선과 앞과 뒤를 구분하는 수평 중심선으로 구분됩니다. − 돌출이나 보이드 돌출 작성 시 작업 기준면으로 활용되며 수정되지 않도록 잠금 보호되어 있습니다. 이 두 개의 중심선은 실무에서 한옥 목수들이 중요하게 여기는 십반먹매김선(=십반)과 같은 역할을 합니다.

⑥ 도면 영역에 십반을 중심으로 다음과 같이 스케치합니다. 이때 크기는 무시하고 그립니다.

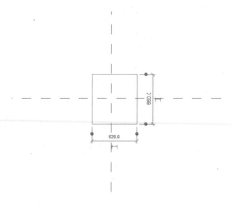

⑦ 스케치된 그림에 치수를 배치하고, 각 치수에 대해 매개변수로 지정하는 과정입니다. 치수 배치는 ㉠ 주석 탭에서 할 수 도 있고, ㉡ 수정 | 돌출 작성 탭에서 측정 패널을 확장해서 사용할 수도 있습니다.

㉠ 주석 탭

ⓛ 수정 | 돌출 작성 탭

빠른 작업을 위해서 주석 탭으로 이동하지 않고 수정 | 돌출 작성 탭에서 측정 패널을
이용하여 치수를 배치하겠습니다. 치수에는 정렬 치수, 각도 치수, 반지름 치수, 지름
치수, 호 길이 치수로 나눌 수 있습니다. 이 중에서 정렬 치수를 이용하여 수직 중심
선을 기준으로 양옆에 있는 직사각형의 두 선과 수직 중심선을 클릭해서 도면 영역의
적당한 곳을 클릭하여 치수를 배치합니다.

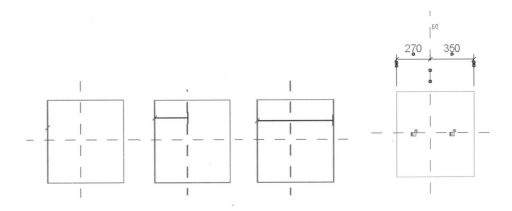

이때 치수 상단에 🕮 아이콘이 생성됩니다. 이 아이콘을 클릭하면 수직 중심선을 기
준으로 균등 정렬이 됩니다. 이러한 경우에 치수 배치는 두 번 하게 됩니다. 첫 번째
는 균등 정렬을 위한 치수 배치이고 지금하게 될 두 번째 치수 배치는 매개 변수 지정
을 위한 것입니다. 이번에는 중심선을 제외한 양쪽 두 선만 클릭해서 치수를 배치하
겠습니다. 배치하는 위치는 아무 곳이나 상관없으나 선이 중첩되지 않고 보기 편한
곳에 배치하면 됩니다.

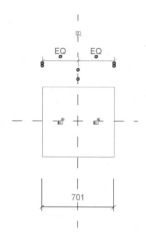

수평 중심선을 기준으로 직사각형 위/아래 선도 위와 같이 치수를 배치합니다.

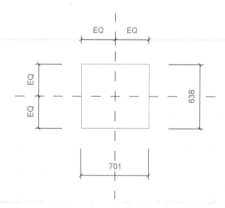

도구 명령을 해지하기 위해서 Esc 키를 두 번 클릭합니다.

⑧ 매개변수 지정을 해보겠습니다. 아무 치수나 클릭하게 되면 옵션 막대가 활성화됩니다. 그중에서 레이블 항목이 있는데 아래 확장 버튼을 클릭하면 '매개변수 추가' 기능이 나타납니다.

⑨ 매개변수 추가를 클릭하면 '매개변수 특성' 창이 활성화됩니다. 매개변수 데이터에서 이름에 '폭'을 입력하고 확인을 클릭합니다.

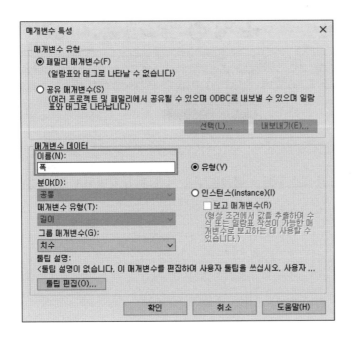

⑩ 치수가 매개변수가 있는 치수로 변경되었습니다.

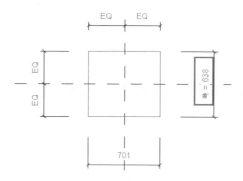

⑪ 나머지 치수를 클릭합니다. 이번에도 옵션 막대가 활성화되는데 이때 이미 생성된 매개변수인 '폭'을 선택하면 매개변수로 지정됩니다. 만약 평면이 정사각이 아닌 주초라면 매개변수 추가를 클릭해서 새로운 매개변수로 지정할 수 있습니다.

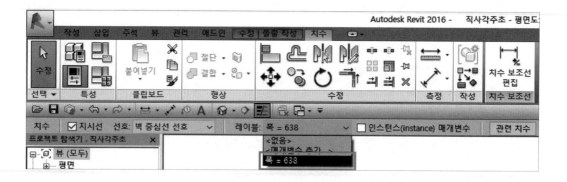

⑫ 이렇게 해서 가로, 세로 길이가 동일한 매개변수를 지닌 주초 평면이 만들어 졌습니다.

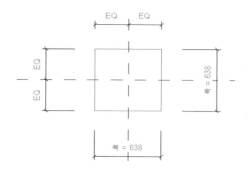

⑬ 이번에는 평면이 아닌 수직 값에 대한 매개변수를 지정해 보겠습니다. 특성 창에서 구속
조건 〉 돌출 끝에 값을 입력할 수도 있고, 패밀리 매개변수 연관 아이콘(▮)을 클릭해서
매개변수로 지정할 수도 있습니다. 첫 번째로 돌출 끝에 '300'으로 입력해 보겠습니다.

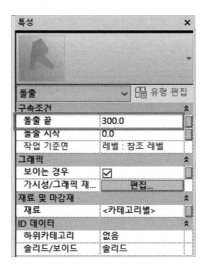

⑭ 두 번째로 '300'이 입력된 상태에서 돌출 끝 〉 패밀리 매개변수 연관 아이콘(▮)을 클릭
합니다.

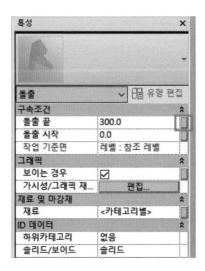

⑮ 패밀리 매개변수 연관 창이 활성화됩니다. 새로운 매개변수로 지정하기 위하여 매개변
수 추가를 클릭합니다.

⑯ 매개변수 특성 창이 활성화됩니다. 이름에 '높이'를 입력하고 확인을 클릭합니다.

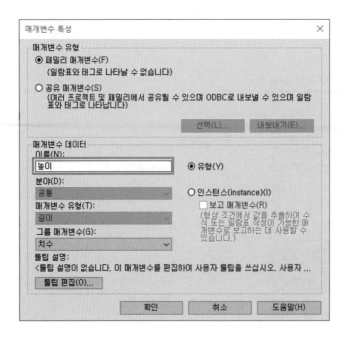

⑰ 패밀리 매개변수 연관창에 '높이'가 생성되었습니다. 확인을 클릭해서 매개변수로 지정합니다.

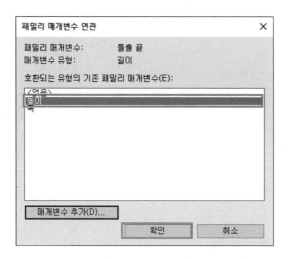

(구속 조건에는 돌출 끝에 초기값으로 '250'이, 돌출 시작이 '0'으로 설정됩니다. 위와 같이 특성창에서 구속 조건을 설정하게 되면 돌출 끝은 '300'이라는 값을 가진 매개변수로, 돌출 시작은 '0'이라는 상수로 지정할 수 있습니다. 이후에 프로젝트에 로드되었을 때는 '300'이라는 매개변수는 원하는 크기로 조정할 수 있습니다. 중요한 점은 매개변수로 지정하지 않은 값은 상수로 작용한다는 것입니다.)

⑱ 편집 모드 완료(✓)를 클릭해서 돌출 작성을 완료합니다.

⑲ 3D 뷰를 통해서 모델을 확인해 보겠습니다. 3D 보기는 두 가지 방법이 있습니다. 첫 번째는 프로젝트 탐색기에서 뷰 〉 3D 뷰 〉 뷰 1을 클릭하는 방법입니다.

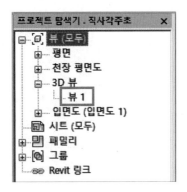

⑳ 두 번째는 신속 접근 도구 막대에서 기본 3D 보기를 클릭하는 방법입니다.

㉑ 3D 뷰에서 패밀리 유형을 클릭합니다.

㉒ 패밀리 유형 창이 활성화됩니다. 매개변수 값에서 '폭' 값을 '300'으로 조정하고 적용을 클릭합니다. 도면 영역에서 매개변수 값이 적용되어 모델이 변경된 것을 확인할 수 있습니다.

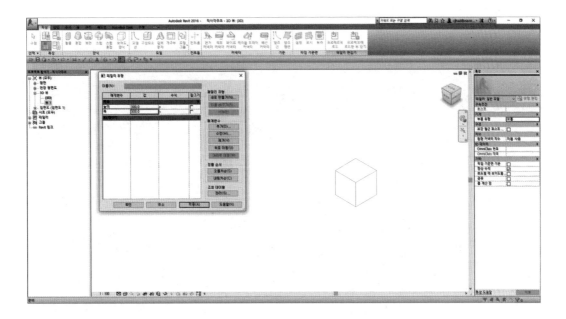

㉓ 패밀리 유형에서 매개변수 값을 조정하면서 모델에 잘 적용이 되는지 확인하는 검증 과정이 필요합니다. 이를 통해서 패밀리의 반복 재사용이 가능하기 때문입니다.

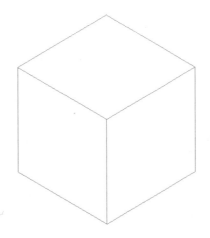

(2) 사다리형 주초

① 패밀리 > 새로 작성을 클릭합니다.

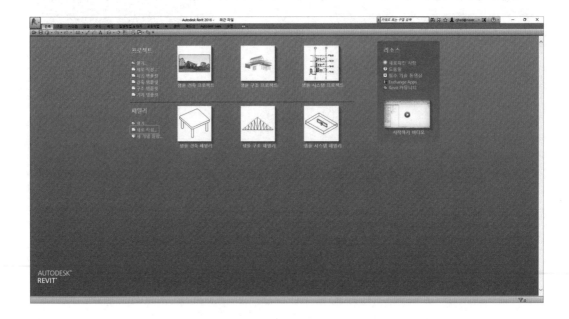

② 다양한 템플릿 파일 중에서 '미터법 일반 모델' 템플릿을 선택하고 열기를 클릭합니다.

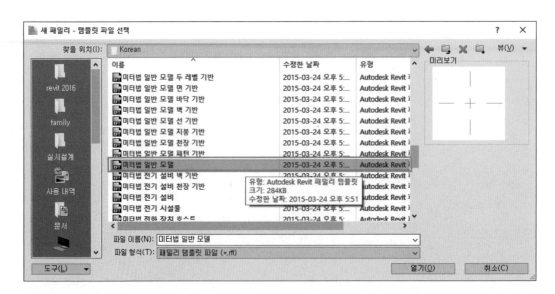

③ 응용 프로그램 메뉴()를 확장하여 저장을 클릭합니다. 적당한 폴더에 '사다리형 주초'란 이름으로 저장합니다.

④ 작성 탭 〉 양식 패널 〉 혼합을 클릭합니다. 사다리형 주초는 윗면과 아랫면의 크기가 다르기 때문에 혼합 도구를 사용합니다.

⑤ 수정 | 혼합 베이스 경계 작성 탭이 활성화되는데 일반 돌출 양식과는 다르게 베이스 편집과 상단 편집으로 구분됩니다. 기본적으로 베이스 편집 모드에서 시작합니다. 그리기 도구 중 직사각형 도구(□)를 클릭합니다.

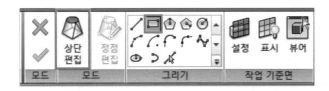

⑥ 도면 영역에서 십반을 중심으로 다음과 같이 스케치합니다. 이때 크기는 무시하고 그립니다.

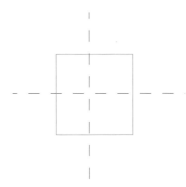

⑦ 스케치된 그림에 치수를 배치하고, 각 치수에 대해 옵션 막대에서 레이블을 확장하여 다음과 같은 이름으로 매개변수를 지정합니다.

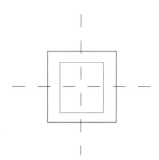

⑧ 주초 상단을 스케치하기 위해 상단 편집을 클릭합니다.

⑨ 그리기 패널에서 직사각형 도구(□)를 클릭하고 다음과 같이 스케치합니다.

⑩ 베이스 편집에서와 같이 치수를 배치하고 다음과 같이 매개변수를 지정합니다.

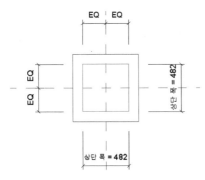

⑪ 특성 창에서 구속 조건 〉 두 번째 끝에 '300'을 입력합니다. 그리고 패밀리 매개변수 연관 아이콘(▓)을 클릭합니다.

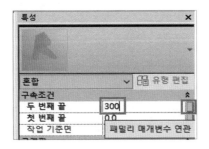

⑫ 패밀리 매개변수 연관 창이 활성화됩니다. 새로운 매개변수로 지정하기 위하여 매개변수 추가를 클릭하고 이름에 '높이'를 입력한 후 확인을 클릭합니다.

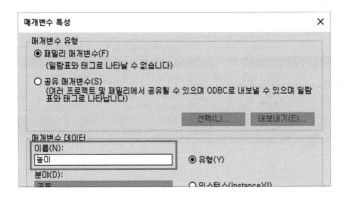

⑬ 편집 모드 완료(✔)를 클릭해서 돌출 작성을 완료합니다.

⑭ 신속 접근 도구 막대에서 기본 3D 보기(⬡)를 클릭합니다.

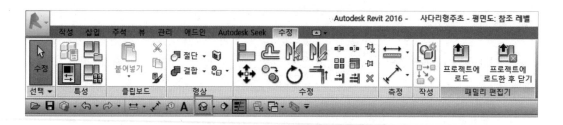

⑮ 패밀리 유형을 클릭합니다.

⑯ 패밀리 유형 창이 활성화되면 매개변수 추가를 클릭합니다.

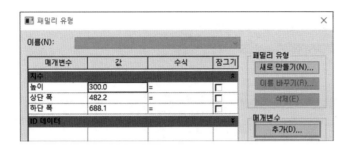

⑰ 주초의 상단 크기는 보통 기둥의 크기에 비례합니다. 그래서 '각기둥 폭'이라는 매개변
수를 추가해서 수식을 이용하여 주초 크기를 조정해 보겠습니다. 매개변수 데이터에서
이름에 '각주 폭'을 입력하고 확인을 클릭합니다. (각기둥 = 각주)

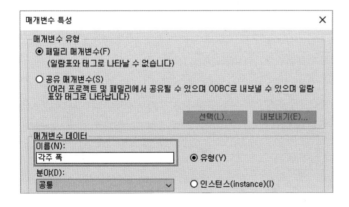

⑱ 패밀리 유형 창으로 돌아와서 다음과 같이 매개변수 값을 조정합니다.

매개변수	값	수식
각주 폭	210	
높이	300	
상단 폭		각주 폭+30
하단 폭		상단 폭+90

⑲ 각주 폭과 높이 값을 조정하면서 적용을 클릭하면 도면 영역에서 주초의 모양이 변하는 것을 확인할 수 있습니다. 매개변수가 잘 적용이 되면 확인을 클릭하여 완료합니다.

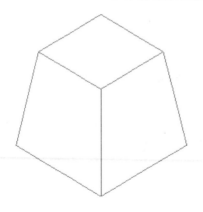

(3) 원형 주초

① 패밀리 〉 새로 작성을 클릭합니다.

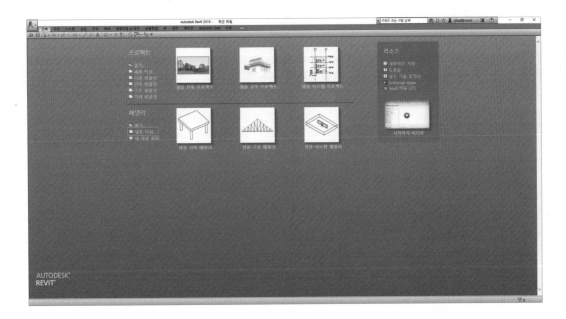

② 다양한 템플릿 파일 중에서 '미터법 일반 모델' 템플릿을 선택하고 열기를 클릭합니다.

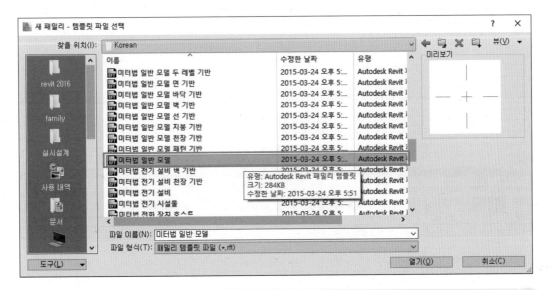

③ 응용 프로그램 메뉴를 확장하여 저장을 클릭합니다. 적당한 폴더에 '원형 주초'란 이름
으로 저장합니다.

④ 작성 탭 > 양식 패널 > 회전을 클릭합니다.

⑤ 프로젝트 탐색기에서 뷰 > 입면도 > 앞면을 클릭해서 이동합니다.

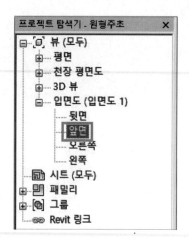

⑥ 수정 | 회전 작성 탭에서 축선을 클릭하고 그리기 도구 중 선 선택(　) 도구를 클릭합
니다.

⑦ 수직 중심선을 클릭하여 회전축으로 설정합니다. 이때 자물쇠 아이콘(🔓)이 나타나는 데 이는 중심선과 회전축이 일치함을 의미하고, 자물쇠 아이콘을 클릭하면(🔒) 회전 축이 중심선에 구속됨을 의미합니다. 이후 이를 줄여서 '정렬 구속'이라고 표현하겠습 니다.

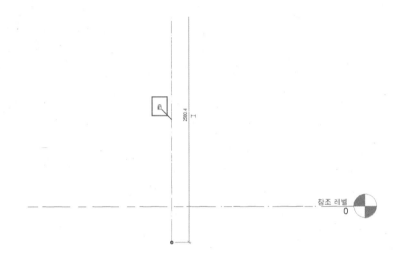

⑧ 그리기 패널에서 선(✏) 도구를 클릭하고 다음처럼 스케치합니다.

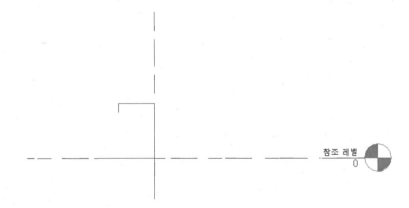

⑨ 시작-끝-반지름 호( ) 도구를 클릭하여 닫힌 선이 되도록 스케치합니다.

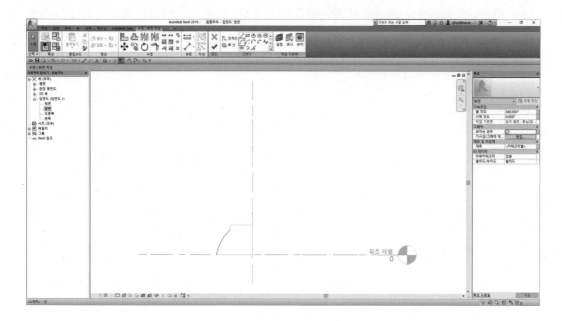

⑩ 수정 패널 〉 정렬( ) 도구를 클릭합니다.

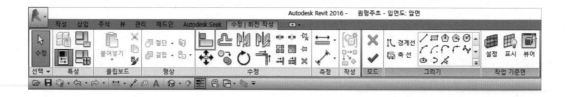

⑪ 도면 영역에서 정렬을 위한 참조선을 선택하기 위하여 수직 중심선을 클릭합니다.

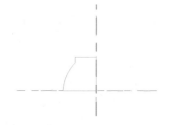

⑫ 정렬할 도면 요소인 선을 선택합니다.

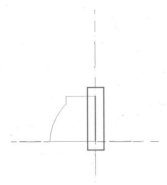

⑬ 이때 나타나는 자물쇠 아이콘을 클릭하여 수직 중심선에 도면 요소인 선을 정렬 구속
합니다.

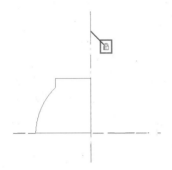

⑭ 주초 아랫부분 선에 대해서도 참조 레벨에 정렬 구속합니다.

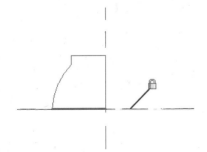

⑮ 측정 패널에서 정렬 치수(✐) 를 클릭하고 다음과 같이 치수를 배치합니다. 이때 직선 이 아닌 곳에서는 점을 선택하여 치수를 배치합니다.

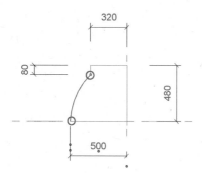

⑯ 각 치수에 대해 옵션 막대에서 레이블을 확장하여 다음과 같은 이름으로 매개변수를 지정합니다.

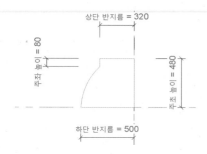

⑰ 특성 창에서 구속 조건 〉 끝 각도는 '360.000°'이고, 시작 각도는 '0.000°'임을 알 수 있 습니다.

⑱ 편집 모드 완료(✔)를 클릭하고 신속 접근 도구 막대에서 기본 3D 뷰(⬡)를 클릭합니다.

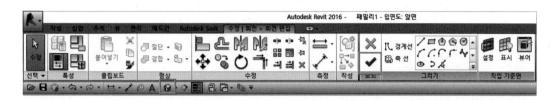

⑲ 패밀리 유형을 클릭하고 매개변수 추가를 클릭합니다.

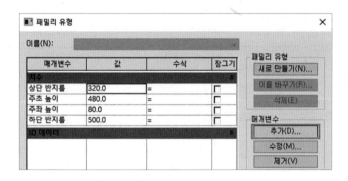

⑳ 매개변수 특성 창에서 매개변수 데이터 이름에 '원주 반지름'을 입력하고 확인을 클릭합니다.

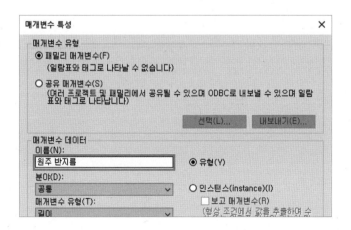

㉑ 패밀리 유형 창으로 돌아와서 각 매개변수에 대해서 다음과 같이 조정합니다.

매개변수	값	수식
매개변수	값	수식
상단 반지름		원주 반지름 + 15
원주 반지름	135	
주초 높이	300	
주좌 높이	30	
하단 반지름		상단 반지름 + 90

㉒ 원주 반지름과 주초 높이 등을 조정하면서 적용을 클릭해 봅니다. 매개변수가 잘 적용
이 되면 확인을 클릭하고 저장하여 완료합니다.

㉓ 주초 모양이 항아리 같다면 모델을 클릭하고 회전 편집을 클릭해서 조정합니다. 프로
젝트 탐색기에서 뷰 〉 입면도 〉 앞면 뷰를 클릭하여 이동합니다. 반지름 호를 마우스
로 끌어서 적당한 크기로 조정할 수 있습니다.

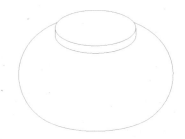

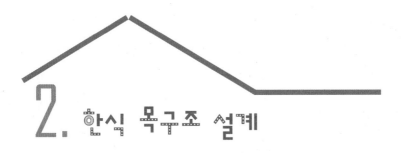

2. 한식 목구조 설계

1) 평면 계획

(1) 칸살잡이

한옥의 평면 구성은 내부 공간 구성에 따른 기둥의 위치를 설정하는 것이라고 할 수 있습니다. 한옥에서 칸(間: 간)은 기둥과 기둥 사이 공간의 수를 세는 단위이면서 면적 개념으로 사용되기도 합니다. 따라서 한옥의 규모를 이야기할 때 '정면 ○칸, 측면 ○칸', '○칸집'이라고 이야기합니다.

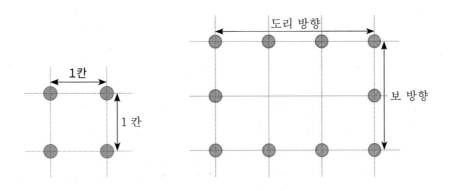

예를 들어 위의 오른쪽 그림의 경우 정면 3칸, 측면 2칸인 6칸집(3X2=6)이 됩니다.

한옥의 공간 확장은 칸의 수평적 확장을 의미합니다. 'ㅡ'자집의 경우 보통 도리 방향으로 확장해서 정면 칸수가 늘어나는 반면 측면의 칸수는 보의 길이, 즉 목재 길이의 한계상 제한적입니다. 도리 방향으로 확장할 때 한 칸의 길이는 보통 7자에서 12자(1尺≒300㎜) 이내에서 결정되며 더 큰 경우에는 구조 내력상 도리의 춤(높이)이 증가하므로 12자 이내가 구조상으로나 경제적으로 유리합니다. 보 칸은 중간에 샛기둥이 없는 보의 경우 8자 3칸, 즉 24자까지 사용된 사례가 있으나 일반 살림집에서는 거의 볼 수 없으며 보 칸이 클 경우 그만큼 보에 가해지는 하중이 증가하기 때문에 구조적으로 문제가 발생할 수 있고 재료 구하기도 쉽지 않습니다.

칸살잡이는 가구(架構)의 구성과 밀접한 관련이 있습니다. 특히 칸의 크기에 따라 주요 부재의 규격이 결정되는데 다음은 조선 시대 사대부 집의 주요 부재 치수를 근거로 칸과 부재 규격의 비례 체계를 정리한 것입니다.

부재 • 부위		부재 규격(칸 기준)
기둥	지름 또는 단면 한 변 길이	주간의 1/10 ~ 1/12
대보	높이	주간의 1/5 ~ 1/8
	너비	주간의 1/8 ~ 1/10
도리	지름 또는 단면 한 변 길이	주간의 1/8 ~1/11
벽	수장폭(벽 두께)	주간의 1/22 ~ 1/30

〈출처 :『한옥 설계의 원리와 실무』국토교통부〉

(2) 평면 유형

한옥의 평면은 정방형인 정자나 목탑 등을 제외하고는 도리 방향을 확장한 장방형이 대부분입니다. 보칸의 규모와 퇴의 위치에 따라서 홑집, 겹집, 툇집으로 분류할 수 있으며 전체적인 모양에 따라 '一'자형과 꺾음집으로 구분할 수 있습니다.

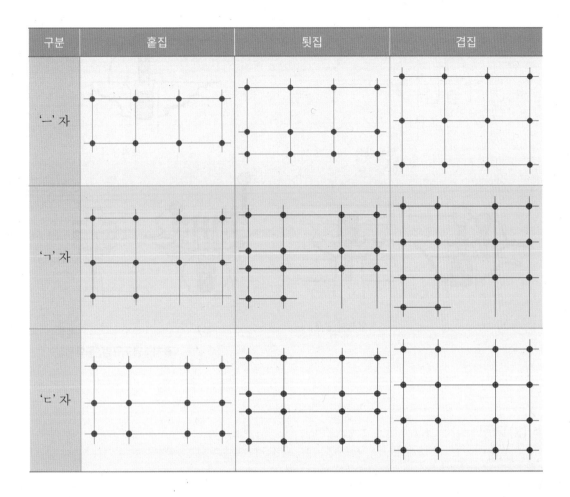

구분	홑집	툇집	겹집
'一' 자			
'ㄱ' 자			
'ㄷ' 자			

2) 입면 계획

(1) 양식

입면은 건물의 성격과 주변 환경 및 비용 등을 고려하여 결정해야 합니다. 일반적으로 민가에서는 민도리나 익공 등을 많이 하고 공공건물이나 사찰에서는 공포 양식을 사용하였습니다.

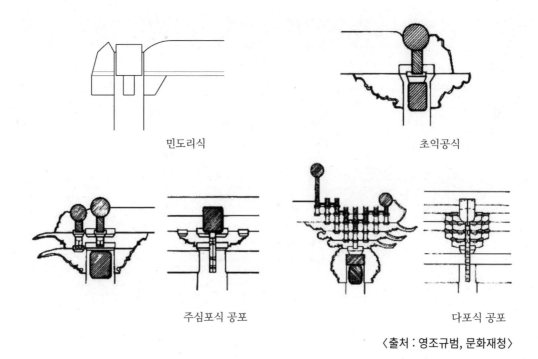

민도리식

초익공식

주심포식 공포

다포식 공포

〈출처 : 영조규범, 문화재청〉

(2) 가구

가구(架構)는 한옥의 주요 부재인 기둥, 보, 도리의 구성을 말합니다. 보통 지붕 가구를 의미하며 단면상 도리의 수에 따라 3량, 5량, 7량으로 구분합니다. 5량집은 평면 규모와 내부 공간의 쓰임 등을 고려하여 고주를 사용하기도 하며 동자주의 위치에 따라서 3분변작과 4분변작으로 나눌 수 있습니다.

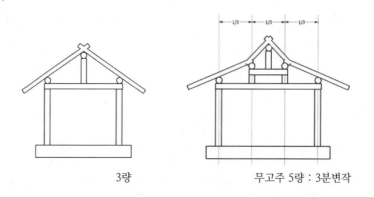

3량

무고주 5량 : 3분변작

무고주 5량 : 4분변작

1고주 5량

(3) 처마와 지붕

처마는 부연의 유무에 따라 겹처마와 홑처마로 구분합니다. 서까래만 가지고는 처마를 깊이 빼는데 한계가 있어서 서까래 끝에 부연을 덧붙이기도 합니다. 부연은 처마를 깊이 빼는 이외에 장식적 효과도 있어서 건물의 격을 높이고자 할 때도 덧붙입니다. 그래서 대부분 정전에는 부연이 있고 부속건물에는 부연을 달지 않는 경우가 많습니다. 또한 경제적인 여유가 없을 때는 전면만 부연을 달고 후면은 달지 않는 경우도 있습니다.

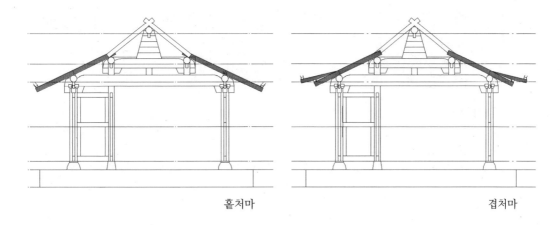

홑처마   겹처마

지붕은 형태에 따라 맞배지붕, 우진각지붕, 팔작지붕으로 구분합니다. 맞배지붕은 추녀가 없어 비교적 간단하고 만들기도 쉬워 비용이 제일 적게 소요됩니다. 우진각지붕과 팔작지붕은 추녀를 사용한다는 점은 같지만 팔작지붕은 측면에 합각이 설치된다는 차이점이 있습니다.

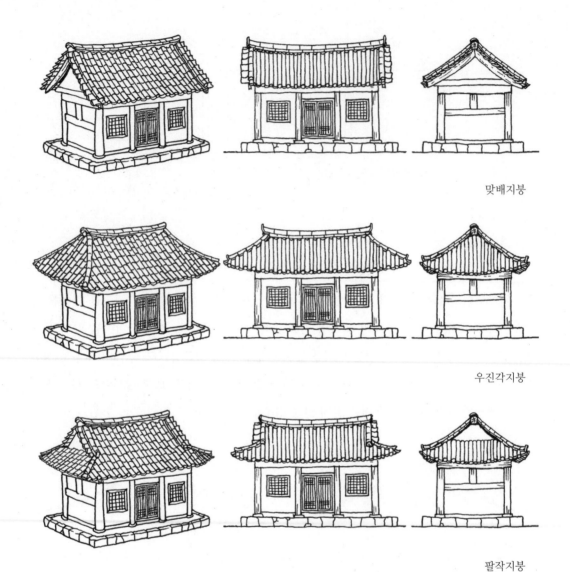

맞배지붕

우진각지붕

팔작지붕

〈출처 : 『알기쉬운 목조고건축 구조』, 국립문화재 연구소〉

위에서 살펴본 바와 같이 한식 목구조는 평면과 입면 계획에 따라 다양한 형태로 개발할 수 있습니다. 하지만 한옥이 대중화하기 위해서는 상대적으로 비싼 건축비용을 최소화할 수 있는 구조를 고려해야 할 것입니다. 우선 평면에서는 '一'자형 〉 'ㄱ'자형 〉 'ㄷ'자형 순으로 목구조에 소요되는 목재량이 증가하기 때문에 건축비용 또한 증가합니다. 입면 양식에서는 일반 살림집에서 가장 많이 볼 수 있는 민도리 양식, 처마는 홑처마로 계획한다면 공사비를 절감할 수 있습니다. 특히 지붕 구조는 주변 환경과 잘 어울리도록 하는 게 중요하지만, 팔작지붕이 맞배지붕에 비하여 30~50%가량 목재 소요량이 증가하므로 지붕의 형태 또한 충분히 고려해야 할 것입니다.

2015년 6월 국토교통부에서 제정한 '한옥 등 건축 자산의 진흥에 관한 법률'이 시행되었습니다. 이에 따라 많은 자치단체에서는 우수 한옥 건축물과 신규 한옥 활성화를 위해 지방조례를 제정해서 기존 한옥의 보수 또는 한옥 신축 시 보조금을 지원하고 있습니다. 본 책에서 실습하는 예제 모델은 2016년 4월 공개 배포된 「경북형 한옥 모델」을 대상으로 하였습니다. 그 중에서 'ㄷ'자 모델을 치목 및 조립할 수 있도록 구성하였습니다. 그 외에 'ㄱ'자 'ㅁ'자 형식의 한옥도 적용할 수 있도록 패밀리 및 완성된 목구조를 추가하였습니다. 「경북형 한옥 모델」은 경상북도건축사회에서 개발한 모델과 함께 경상북도청 홈페이지 내에 건설도시국 자료실에서 내려받기할 수 있습니다.

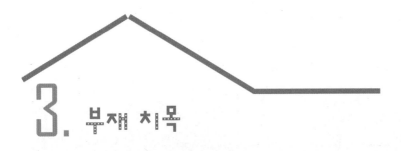

3. 부재 치목

1) 기둥부

(1) 기둥

기둥은 지붕의 하중을 주초로 전달하는 역할을 합니다. 기둥 머리는 수평 부재와 결구되고 결구되는 부재에 따라 다양한 모양으로 치목됩니다.

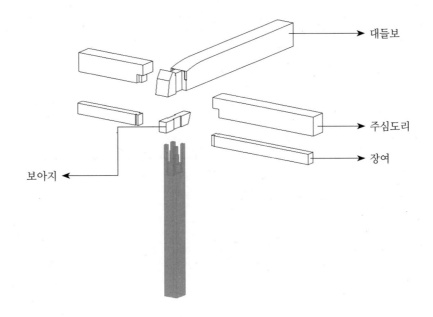

대들보

주심도리

장여

보아지

① 기둥 부재를 만들기 위해 패밀리 〉 새로 작성을 클릭합니다. '미터법 구조 기둥' 템플릿
을 선택하고 열기를 클릭합니다.

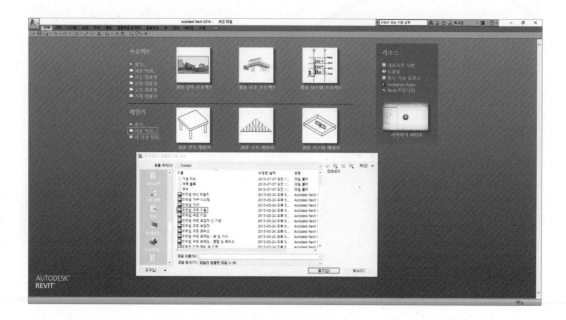

② 응용 프로그램 메뉴()를 확장하여 저장을 클릭한 후 적당한 폴더에 '각주_평주'란 이
름으로 저장합니다.

③ 도면 영역에서 중심선을 제외한 참조 평면을 선택하고 Del 키를 이용하여 제거합니다.

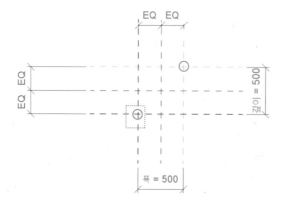

④ 패밀리 유형(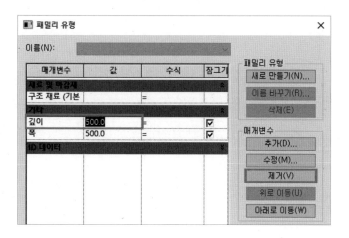)을 클릭합니다. 불필요한 매개변수를 제거하기 위하여 '깊이'와 '폭'을 각각 선택한 후 '제거'를 클릭합니다.

⑤ 이때 '패밀리 매개변수 '깊이'을(를) 삭제하시겠습니까?'라는 메시지가 나오면 예를 클릭합니다.

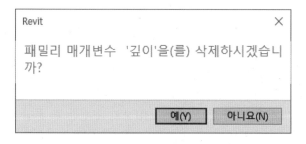

⑥ 작성 탭 〉 양식 패널에서 돌출을 클릭합니다. 그리기 패널에서 직사각형(□)을 이용하여 다음과 같이 중심선이 교차하는 중앙에 스케치합니다. (Revit 템플릿에서는 도면 영역에 일반적으로 두 개의 중심선이 직교하여 제공됩니다. 두 개 모두 참조 평면이며 작업 기준면으로 활용됩니다. 한옥 실무에서는 부재를 치목하기 전에 수평과 수직의 기준선을 설정하는데 이를 십반이라고 합니다. 한옥 실무에서의 십반과 Revit에서의 두 개의 참조 평면은 작업 과정에서 같은 역할을 한다고 볼 수 있습니다.)

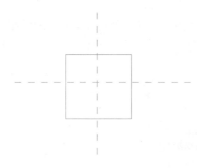

⑦ 치수를 배치하고 각 치수에 대해서 '기둥 폭'으로 매개변수를 지정합니다.

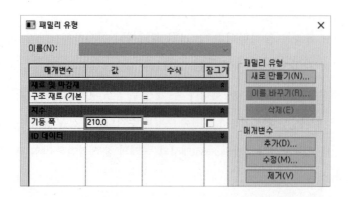

⑧ 패밀리 유형(▦)을 클릭하고 매개변수 '기둥 폭' 값을 '210'으로 조정한 후 편집 모드 완료를 클릭합니다.

⑨ 프로젝트 탐색기에서 뷰 〉 입면도 〉 앞면을 클릭하여 입면도 앞면으로 이동합니다.

('미터법 구조 기둥' 템플릿에서는 하단 참조 레벨과 상단 참조 레벨이 제공됩니다. 상단 참조 레벨은 프로젝트 내에서 부재를 조립할 때 상위 레벨로 인식하게 됩니다. 따라서 부재를 상단 참조 레벨에 정렬 구속하게 되면 프로젝트에서 레벨 값이 조정될 때마다 상단 참조 레벨에 정렬 구속된 부재도 같이 조정됩니다.)

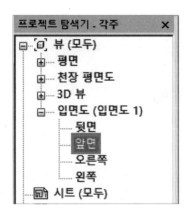

⑩ 상단 참조 레벨을 드래그하여 작업하기 좋은 적당한 높이로 조절합니다.

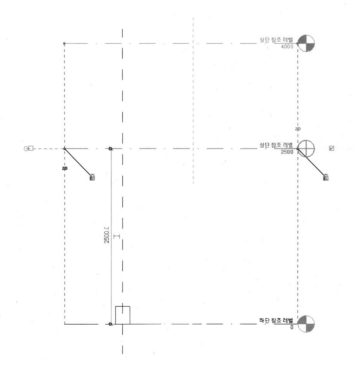

⑪ 작성 탭 〉 기준 패널 〉 참조 평면을 클릭합니다. 그리기 도구를 이용하여 상단 참조 레벨 위에 참조 평면을 스케치합니다.

(프로젝트에서 기둥이 주심도리와 결구될 때 기준이 되는 주심도리 하단 레벨보다 높게 올라갑니다. 따라서 그 높이만큼 기준선을 상단 참조 레벨보다 높게 만들어서 정렬 구속시키면 프로젝트에서 조립할 때 정확한 결구가 이루어집니다.)

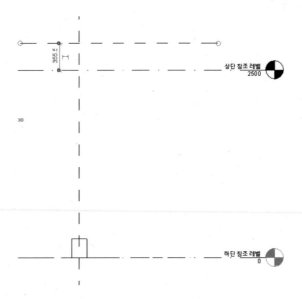

⑫ 참조 평면을 클릭하고 특성 창에서 ID 데이터 이름에 '기준선'으로 입력합니다.

⑬ 치수를 배치하고 치수에 대해서 '도리_기둥 물림 깊이'란 이름으로 매개변수를 지정합니다.

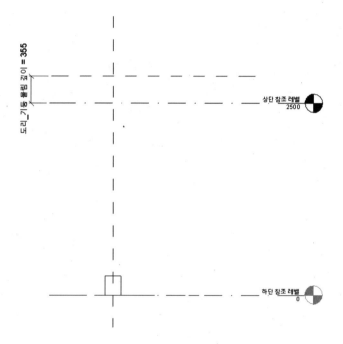

⑭ 패밀리 유형(▦)을 클릭하여 매개변수 '도리_기둥 물림 깊이' 값을 '120'으로 조정합니다. 이때 잠그기에 체크하면 '상단 참조 레벨'이 상하로 움직여도 변동되지 않습니다.

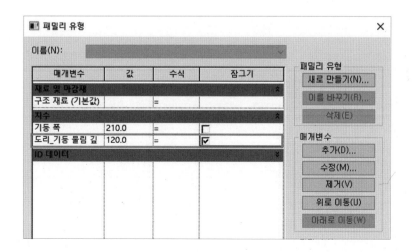

⑮ 수정 탭에서 정렬 도구(▤)를 이용하여 돌출로 생성된 기둥을 '기준선'에 정렬 구속합니다.

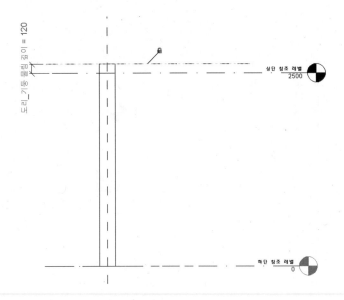

⑯ 상단 참조 레벨을 상하로 드래그하여 기둥 상단이 같이 움직이는지 확인해 봅니다.

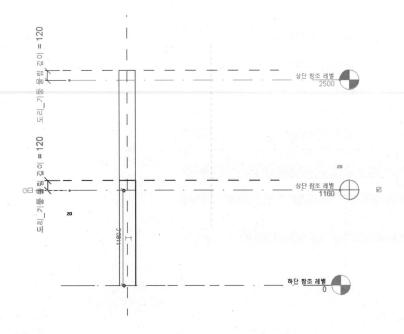

⑰ 다른 부재들이 기둥에 결구될 수 있도록 기둥 윗면에 사괘(화통가지)를 만들어 보도록
하겠습니다. 먼저 대들보 아래에서 대들보를 받쳐주는 보아지가 결구될 수 있도록 보
이드를 이용하여 장부를 만들겠습니다. 작성 탭에서 보이드 돌출을 클릭합니다. 작업
기준면 패널에서 설정을 클릭하고 새 작업 기준면 지정에서 이름 > 레벨: 상단 참조
레벨을 선택하고 확인을 클릭합니다.

⑱ 이때 뷰로 이동 창이 활성화되면 평면도: 하단 참조 레벨을 선택하고 뷰 열기를 클릭합
니다.

⑲ 그리기 도구를 이용하여 그림과 같이 스케치하고 정렬 구속합니다.

　(정렬 구속할 때 위에서 아래로, 왼쪽에서 오른쪽으로와 같은 순서를 정해서 하면 선을 누락시키

　지 않고 할 수 있으며, 서로 마주 보는 선에 대해서도 정렬 구속하게 되면 치수 배치해서 매개변

　수로 지정하는 시간을 줄일 수 있습니다.)

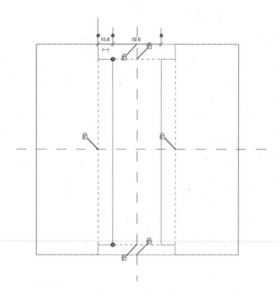

⑳ 치수를 배치하고 각 치수에 대해 매개변수를 지정합니다.

㉑ 특성 창에서 구속 조건 〉 돌출 끝에 '-300'을 입력한 후 패밀리 매개변수 연관 아이콘 (▥)을 클릭합니다.

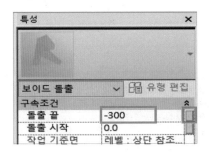

㉒ 패밀리 매개변수 연관 창이 활성화되면 매개변수 추가를 클릭하고 이름에 '보아지 돌출 끝'을 입력한 후 확인을 클릭합니다.

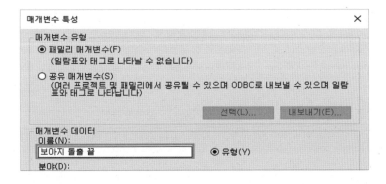

㉓ 특성 창에서 구속조건 〉 돌출 시작에 '-150'을 입력한 후 패밀리 매개변수 연관 아이콘 (▥)을 클릭합니다.

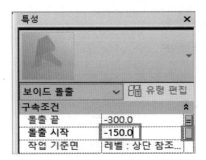

㉔ 패밀리 매개변수 연관 창이 활성화되면 매개변수 추가를 클릭하고 이름에 '보아지 돌출 시작'을 입력한 후 확인을 클릭합니다.

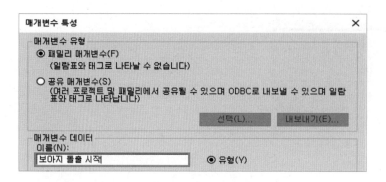

㉕ 패밀리 유형(🗒)을 클릭하고 매개변수를 다음과 같이 조정한 후 편집 모드 완료(✔)를 클릭합니다.

매개변수	값	수식	비고
장여 높이	150		추가
보아지 높이	150		추가
보아지 돌출 끝		−장여 높이 −보아지 높이	
보아지 돌출 시작		−장여 높이	
보아지 폭	120		
턱물림	15		

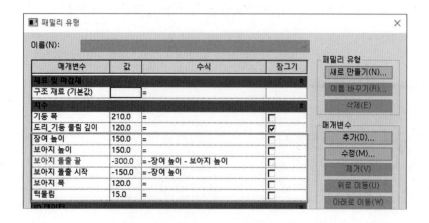

㉖ 다음으로 대들보가 결구되는 장부를 만들어 보겠습니다. 보이드 돌출을 클릭합니다. 작업 기준면 패널 〉 설정을 클릭하여 작업 기준면이 '상단 참조 레벨'인지 다시 한번 확인합니다. 직사각형 도구(□)를 이용하여 다음처럼 스케치하고 정렬 구속합니다.

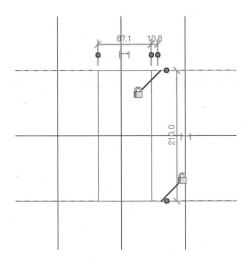

㉗ 치수를 배치하고 치수에 대하여 매개변수를 지정합니다.

EEQ

대들보 목 폭 = 92

㉘ 특성 창에서 구속조건 > 돌출 끝 > 패밀리 매개변수 연관 아이콘(▨)을 클릭합니다. 패밀리 매개변수 연관 창에서 '도리_기둥 물림 깊이'를 선택하고 확인을 클릭합니다.

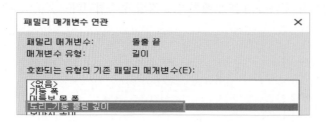

㉙ 마찬가지로 돌출 시작 > 패밀리 매개변수 연관 아이콘을 클릭하여 '보아지 돌출 시작' 아이콘을 클릭합니다.

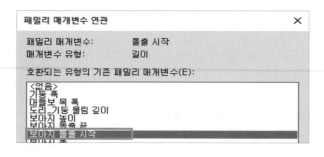

㉚ 패밀리 유형을 클릭하고 매개변수를 다음과 같이 조정한 후 편집 모드 완료를 클릭합니다.

매개변수	값	수식	비고
대들보 목 폭	120		

㉛ 이번에는 장여가 결구되는 장부를 만들어 보겠습니다. 보이드 돌출을 클릭합니다. 이 때도 작업 기준면은 '상단 참조 레벨'인지 확인합니다. 그리기 도구를 이용하여 다음과 같이 스케치하고 정렬 구속합니다.

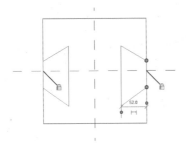

㉜ 치수를 배치하고 각 치수에 대해 매개변수를 지정합니다.

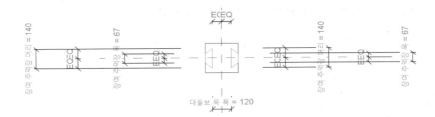

㉝ 특성 창에서 구속 조건 〉 돌출 끝 〉 패밀리 매개변수 연관 아이콘(▮)을 클릭합니다. 매개변수 추가를 클릭하고 이름에 '장여 돌출 끝'을 입력한 후 확인을 클릭합니다.

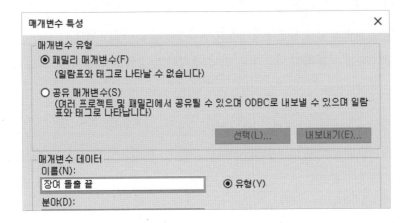

㉞ 특성 창에서 구속 조건 〉 돌출 시작에는 '0'을 입력합니다.

㉟ 패밀리 유형을 클릭하고 매개변수를 다음과 같이 조정한 후 편집 모드 완료를 클릭합니다.

매개변수	값	수식	비고
장여 주먹장 머리	120		
장여 주먹장 목	75		
장여 돌출 끝		-장여 높이	

㊱ 끝으로 도리가 결구되는 장부를 만들어 보겠습니다. 보이드 돌출을 클릭합니다. 작업 기준면 패널이 '상단 참조 레벨'인지 확인합니다. (돌출이나 보이드 돌출 생성 시 항상 작업 기준면을 확인하는 습관을 갖게 되면 부재 치목할 때 실수를 줄일 수 있습니다.)
직사각형 도구(□)를 이용하여 다음과 같이 스케치하고 정렬 구속합니다.

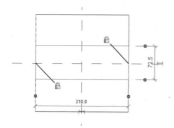

㊲ 치수를 배치하고 각 치수에 대해 매개변수를 지정합니다.

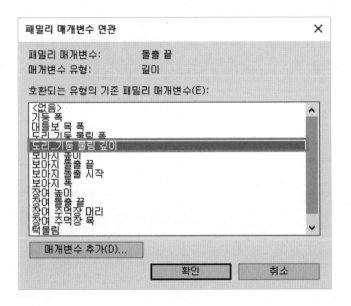

㊳ 특성 창에서 구속 조건 〉 돌출 끝에 패밀리 매개변수 연관 아이콘(▨)을 클릭한 후 '도리_기둥 물림 깊이' 선택하고 확인을 클릭합니다.

㊴ 패밀리 유형을 클릭하고 매개변수를 다음과 같이 조정한 후 편집 모드 완료를 클릭합니다.

매개변수	값	수식	비고
도리_기둥 물림 폭	120		

패밀리 유형

이름(N):

매개변수	값	수식	잠그기
재료 및 마감재			⌄
구조 재료 (기본값)		=	
치수			⌄
기둥 폭	210.0	=	☐
대들보 목 폭	120.0	=	☐
도리_기둥 물림 깊이	120.0	=	☑
도리_기둥 물림 폭	120.0	=	☐
보아지 높이	150.0	=	☐
보아지 돌출 끝	-300.0	=-장여 높이 - 보아지	☐
보아지 돌출 시작	-150.0	=-장여 높이	☐
보아지 폭	120.0	=	☐
장여 높이	150.0	=	☐
장여 돌출 끝	-150.0	=-장여 높이	☐
장여 주먹장 머리	120.0	=	☐
장여 주먹장 목	75.0	=	☐
턱물림	15.0	=	☐
ID 데이터			⌄

패밀리 유형
새로 만들기(N)...
이름 바꾸기(R)...
삭제(E)

매개변수
추가(D)...
수정(M)...
제거(V)
위로 이동(U)
아래로 이동(W)

정렬 순서
오름차순(S)
내림차순(C)

조회 테이블
관리(G)...

확인　　취소　　적용(A)　　도움말(H)

④ 신속 접근 도구 막대에서 '기본 3D 뷰'(⬡)를 클릭하여 3D 뷰로 전환합니다.

㊶ 기둥을 클릭하고 특성 창에서 재료 및 마감재 〉 재료 〉 패밀리 매개변수 연관 아이콘
(▯)을 클릭합니다.

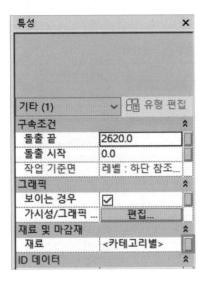

㊷ 매개변수 추가를 클릭하고 이름에 '소나무'를 입력한 후 확인을 클릭합니다.

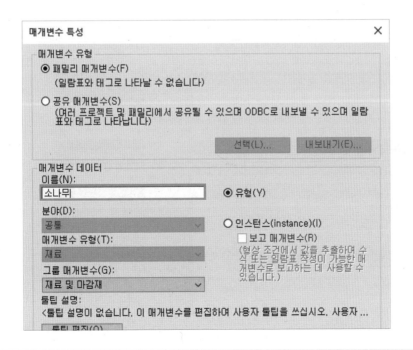

㊸ 패밀리 유형(⬛)을 클릭하고 재료 및 마감재에서 매개변수 '소나무'에서 카테고리 아
이콘을 클릭합니다.

매개변수	값	수식	잠그기
재료 및 마감재			
구조 재료 (기본값)		=	
소나무	<카테고리별>	=	
치수			
기둥 폭	210.0	=	☐
대들보 목 폭	120.0	=	☐
도리_기둥 물림 깊이	120.0	=	☑
도리_기둥 물림 폭	120.0	=	☐
보아지 높이	150.0	=	☐
보아지 돌출 끝	-300.0	=-장여 높이 - 보아지 높이	☐
보아지 돌출 시작	-150.0	=-장여 높이	☐
보아지 폭	120.0	=	☐
장여 높이	150.0	=	☐
장여 돌출 끝	-150.0	=-장여 높이	☐
장여 주먹장 머리	120.0	=	☐
장여 주먹장 목	75.0	=	☐
턱물림	15.0	=	☐

패밀리 유형
새로 만들기(N)...
이름 바꾸기(R)...
삭제(E)

매개변수
추가(D)...
수정(M)...
제거(V)
위로 이동(U)
아래로 이동(W)

정렬 순서
오름차순(S)
내림차순(C)

㊹ 재료 탐색기 창이 활성화됩니다. 하단에 Autodesk 재료를 아래 확장하여 목재를 클릭
합니다.

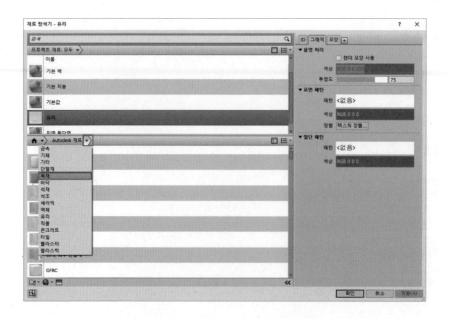

㊺ '소나무'를 찾아서 문서에 재료를 추가할 수 있는 아이콘을 클릭합니다.

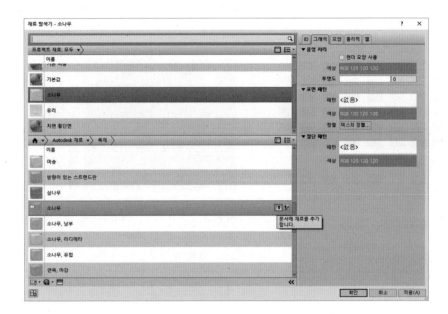

㊻ 오른쪽에 소나무에 대한 물리적 특성 값을 지정할 수 있도록 설정되어 있습니다. 그래
픽 탭 〉 음영 처리 〉 색상을 클릭합니다.

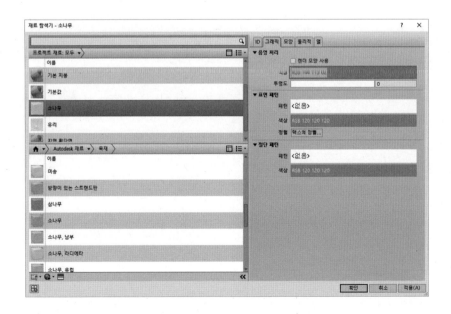

㊼ 색상 창에서 노란색을 선택하고 확인을 클릭합니다.

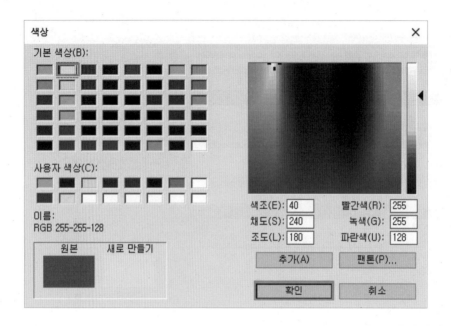

㊽ 도면 영역 하단의 뷰 제어 막대에서 그래픽 화면 표시를 음영 처리로 설정하면 노란색
으로 보여집니다.

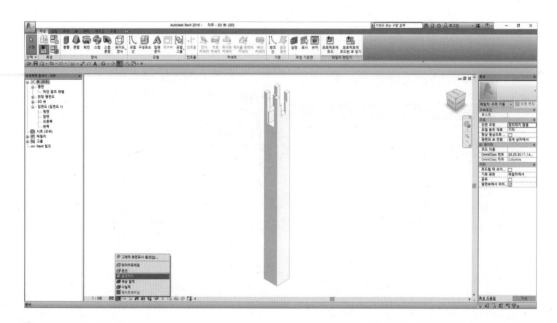

㊾ 인방재를 제외한 기둥과 결구되는 모든 장부들이 만들어졌습니다. 이렇게 만들어진 기둥은 프로젝트에서 부재 크기, 즉 매개변수를 조정해 가면서 조립하게 됩니다. 이때 매개변수를 정리해 놓으면 프로젝트에서 편리하게 사용할 수 있습니다. 패밀리 유형을 클릭합니다. 수식이 있는 임의의 매개변수를 선택하고 수정을 클릭합니다.

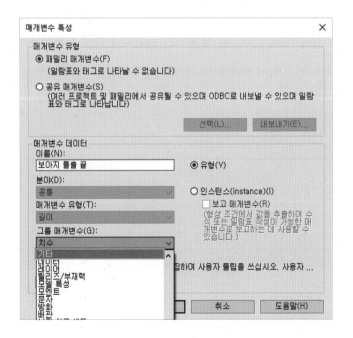

㊿ 매개변수 특성 창에서 그룹 매개변수를 '치수'에서 '기타'로 변경하고 확인을 클릭합니다. 같은 방법으로 다른 수식이 있는 매개변수도 '기타' 그룹 매개변수로 변경합니다.

(51) 정렬 순서에서 오름차순을 클릭하면 이름순으로 정렬이 됩니다.

(52) 이상으로 기둥을 만들어 봤습니다. 기둥은 위치에 따라서 장부 모양에 차이가 있으며 기본 기둥을 응용하여 만들 수 있습니다. 본 책에서는 지면의 한계상 모든 기둥 만드는 방법을 설명하지 않고 기둥의 이름과 사용되는 위치를 구분해서 표로 정리해 놓았습니다. 홈페이지에서 패밀리와 함께 인덱스를 다운로드해서 참고할 수 있습니다.

(2) 판대공

종보 위에 놓여 종도리를 받는 부재로 판재를 가로로 여러 겹 겹쳐서 만든 부재

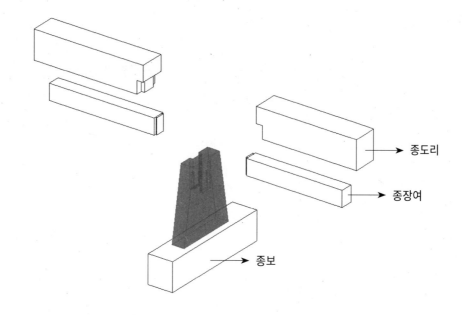

종도리

종장여

종보

① 패밀리 〉 새로 작성 〉 '미터법 구조 기둥' 템플릿을 선택하고 열기를 클릭합니다.

② 응용 프로그램 메뉴(▲)를 확장하여 저장을 클릭한 후 적당한 폴더에 '판대공'이란 이름으로 저장합니다.

③ '기둥'에서와 같이 도면 영역에서 불필요한 참조 선을 제거하고, 패밀리 유형에서도 매개변수를 제거합니다.

④ 프로젝트 탐색기에서 뷰 〉 입면도 〉 앞면을 클릭하여 입면도 앞면으로 이동합니다.

⑤ 상단 참조 레벨에서 레벨 값을 클릭하여 값을 '1000'으로 조정합니다.

⑥ 작성 탭에서 참조 평면을 클릭하고 그리기 도구를 이용하여 다음과 같이 상단 참조 레
벨과, 하단 참조 레벨 윗부분에 스케치합니다.

⑦ 각각의 참조 평면을 클릭하여 특성 창에서 ID 데이터 〉 이름에 상단 참조 레벨 윗부분
에 있는 기준선은 '상단 기준선'으로, 하단 참조 레벨 윗부분에 있는 기준선은 '하단 기
준선'으로 입력합니다.

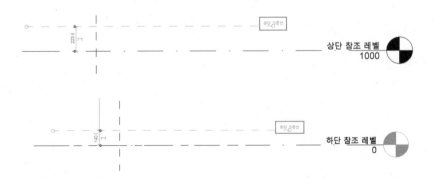

⑧ 치수를 배치하고 치수에 대하여 매개변수를 지정합니다.

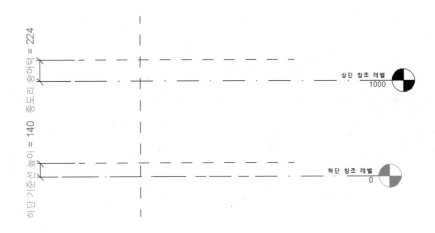

⑨ 패밀리 유형(▦)을 클릭하고 매개변수를 다음과 같이 조정합니다.

매개변수	값	수식
종도리 숭어턱	120	
하단 기준선 높이	120	

패밀리 유형

이름(N):

매개변수	값	수식	잠그기
재료 및 마감재			⌃
구조 재료 (기본값)		=	
지수			⌃
종도리 숭어턱	120.0	=	☐
하단 기준선 높이	120.0	=	☐
ID 데이터			⌄

패밀리 유형
새로 만들기(N)...
이름 바꾸기(R)...
삭제(E)

매개변수
추가(D)...
수정(M)...
제거(V)
위로 이동(U)
아래로 이동(W)

정렬 순서
오름차순(S)
내림차순(C)

⑩ 판대공은 사다리꼴 모양을 하고 있기 때문에 혼합 도구를 이용해서 만들어 보도록 하겠습니다. 작성 탭 〉 양식 패널 〉 혼합을 클릭합니다.

⑪ 작업 기준면 〉 설정을 클릭하고 새 작업 기준면 지정에서 '참조 평면: 하단 기준선'을 선택하고 확인을 클릭합니다.

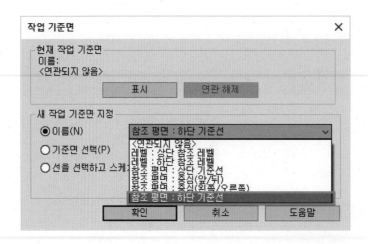

⑫ 뷰로 이동 창이 활성화되면 '평면도: 하단 참조 레벨'을 선택하고 뷰 열기를 클릭합니다.

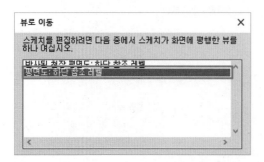

⑬ 직사각형 도구(▭)를 이용하여 다음과 같이 스케치합니다.

⑭ 치수를 배치하고 각 치수에 대하여 매개변수를 지정합니다.

EQ　　EQ

EQ

판대공 윗면 폭 = 163

판대공 아랫면 너비 = 990

⑮ 판대공 상단을 스케치하기 위해서 상단 편집을 클릭합니다.

⑯ 베이스 편집과 동일하게 직사각형 도구를 이용하여 스케치합니다.

⑰ 치수를 배치하고 각 치수에 대하여 매개변수를 지정합니다.

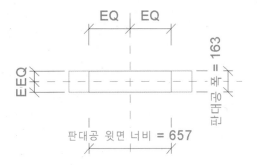

⑱ 패밀리 유형(▦)을 클릭하고 매개변수를 다음과 같이 조정한 후 편집 모드 완료(✔)를 클릭합니다.

매개변수	값	수식
판대공 아랫면 너비	600	
판대공 윗면 너비	360	
판대공 폭	120	

패밀리 유형 ✕

이름(N):

매개변수	값	수식	잠그기
재료 및 마감재			
구조 재료 (기본값)		=	
치수			
종도리 숭어턱	120.0	=	☐
판대공 아랫면 너비	600.0	=	☐
판대공 윗면 너비	360.0	=	☐
판대공 폭	120.0	=	☐
하단 기준선 높이	120.0	=	☐
ID 데이터			

패밀리 유형
새로 만들기(N)...
이름 바꾸기(R)...
삭제(E)

매개변수
추가(D)...
수정(M)...
제거(V)
위로 이동(U)
아래로 이동(W)

정렬 순서
오름차순(S)
내림차순(C)

조회 테이블
관리(G)...

⑲ 프로젝트 탐색기에서 뷰 〉입면도 〉앞면을 클릭하여 입면도 앞면으로 이동합니다. 정렬 도구(▤)를 이용하여 판대공 윗면을 '상단 기준선'에 정렬 구속합니다.

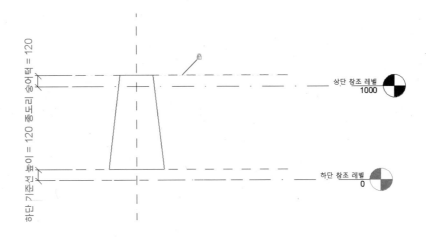

⑳ 장여가 결구되는 장부를 만들겠습니다. 보이드 돌출을 클릭합니다. 작업 기준면 〉설정을 클릭해서 새 작업 기준면 지정에서 '레벨 : 상단 참조 레벨'을 선택한 후 확인을 클릭합니다.

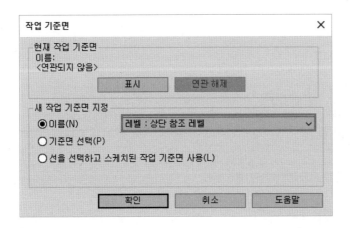

㉑ 뷰로 이동 창에서 '평면도: 하단 참조 레벨'을 선택해서 뷰를 이동합니다.

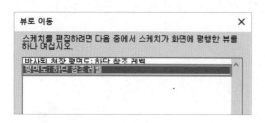

㉒ 그리기 도구를 이용하여 다음과 같이 스케치하고 정렬 구속합니다.

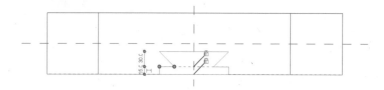

㉓ 치수를 배치하고 각 치수에 대하여 매개변수를 지정합니다.

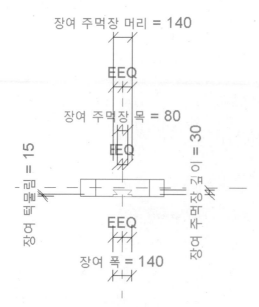

㉔ 특성 창에서 구속 조건 〉 돌출 끝에 '–150'을 입력하고 패밀리 매개변수 연관 아이콘(▤)을 클릭합니다.

㉕ 매개변수 추가를 클릭하고 이름에 '장여 돌출 끝'을 입력한 후 확인을 클릭합니다.

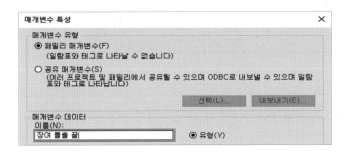

㉖ 패밀리 유형(▦)을 클릭하고 매개변수를 다음과 같이 조정한 후 편집 모드 완료를 클릭합니다.

매개변수	값	수식	비고
장여 높이	150		추가
장여 돌출 끝		−장여 높이	
장여 주먹장 깊이	15		
장여 주먹장 머리	90		
장여 주먹장 목	70		
장여 턱물림	15		
장여 폭	120		추가

매개변수	값	수식	잠그기
재료 및 마감재			
구조 재료 (기본값)		=	
치수			
장여 높이	150.0	=	
장여 돌출 끝	-150.0	= -장여 높이	
장여 주먹장 깊이	15.0	=	
장여 주먹장 머리	90.0	=	
장여 주먹장 목	70.0	=	
장여 턱물림	15.0	=	
장여 폭	120.0	=	
송노리 숭어턱	120.0	=	
판대공 아랫면 너비	600.0	=	
판대공 윗면 너비	360.0	=	
판대공 폭	120.0	=	
하단 기준선 높이	120.0	=	
ID 데이터			

패밀리 유형
- 새로 만들기(N)...
- 이름 바꾸기(R)...
- 삭제(E)

매개변수
- 추가(D)...
- 수정(M)...
- 제거(V)
- 위로 이동(U)
- 아래로 이동(W)

정렬 순서
- 오름차순(S)
- 내림차순(C)

조회 테이블
- 관리(G)...

확인　　취소　　적용(A)　　도움말(H)

㉗ 중심선을 기준으로 마주보는 면에도 동일하게 장여 주먹장 장부를 만들어 줍니다.

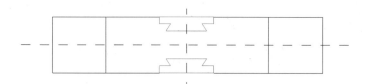

㉘ 도리가 결구되는 장부를 만들겠습니다. 보이드 돌출을 클릭합니다. 작업 기준면 〉설
정을 클릭하고 새 작업 기준면이 '레벨 : 상단 참조 레벨'인지 확인합니다. 직사각형 도
구(□)를 이용하여 다음처럼 스케치하고 정렬 구속합니다.

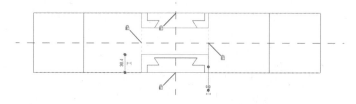

㉙ 치수를 배치하고 각 치수에 대하여 매개변수를 지정합니다.

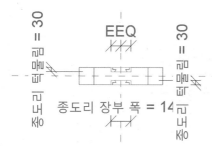

㉚ 특성 창에서 구속 조건 〉 돌출 끝 〉 패밀리 매개변수 연관 아이콘(▤)을 클릭하고 '종도리 숭어턱'으로 매개변수를 지정합니다.

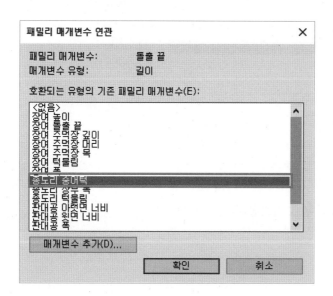

㉛ 패밀리 유형을 클릭하고 매개변수를 다음과 같이 조정한 후 편집 모드 완료를 클릭합니다.

매개변수	값	수식	비고
종도리 장부 폭	120		
종도리 턱물림	30		

매개변수	값	수식	잠그기
재료 및 마감재			⌃
구조 재료 (기본값)		=	
치수			⌃
장여 높이	150.0	=	☐
장여 돌출 끝	-150.0	=-장여 높이	☐
장여 주먹장 길이	15.0	=	☐
장여 주먹장 머리	90.0	=	☐
장여 주먹장 목	70.0	=	☐
장여 턱물림	15.0	=	☐
장여 폭	120.0	=	☐
종도리 숭어턱	120.0	=	☐
종도리 장부 폭	120.0	=	☐
종도리 턱물림	30.0	=	☐
판대공 아랫면 너비	600.0	=	☐
판대공 윗면 너비	360.0	=	☐
판대공 폭	120.0	=	☐
하단 기준선 높이	120.0	=	☐
ID 데이터			⌄

㉜ 신속 접근 도구 막대에서 기본 3D 뷰( )를 클릭합니다. 판대공을 클릭하고 재료 및
마감재의 매개변수를 소나무로 지정합니다. (기둥 참조)

2) 가구부

(1) 도리

도리는 보와 직각으로 설치되어 서까래를 통해 내려오는 지붕 하중을 받아 축부로 전달하는 역할을 합니다.

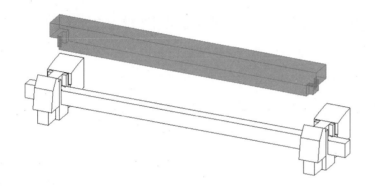

① 패밀리 〉 새로 작성 〉 미터법 일반 모델 템플릿을 선택하고 열기를 클릭합니다.

② 응용 프로그램 메뉴(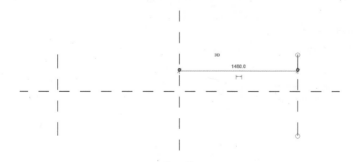)를 확장하여 저장을 클릭한 후 적당한 폴더에 '주심도리'란 이름으로 저장합니다.

③ 작성 탭에서 참조 평면을 클릭합니다. 그리기 도구를 이용하여 다음처럼 스케치합니다.

④ 치수를 배치하고 '칸살이'란 이름으로 매개변수를 지정합니다. 이때 매개변수 '칸살이'
를 선택하고 옵션막대에서 '인스턴스(instance) 매개변수' 항목에 체크를 합니다.

⑤ 또는 패밀리 유형(🖳) 대화상자에서 '칸살이'를 선택한 다음 수정을 통해서 인스턴스
로 변경할 수 있습니다. (인스턴스로 지정된 매개변수는 프로젝트에 배치하면 특성창에 인스
턴스(instance)매개변수에 대한 값을 표시하기 때문에 패밀리 유형 대화상자를 통하지 않고도 매
개변수 값을 쉽게 조정할 수 있습니다. 뿐만 아니라 부재를 조립할 때 그리드에 정렬구속할 수
있어서 그리드간격이 변동될 때 자동으로 인스턴스 매개변수 값도 변경이 됩니다. 그래서 '칸살
이'조정과 같은 도면변경이 있을 때 쉽게 대응할 수 있는 장점이 있습니다.)

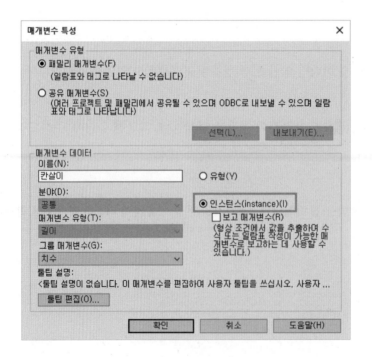

⑥ 돌출을 클릭합니다. 직사각형 도구(□)를 이용해서 다음과 같이 스케치하고 정렬 구속
합니다.

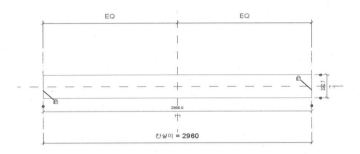

⑦ 치수를 배치하고 '주심도리 폭'이란 이름으로 매개변수를 지정합니다.

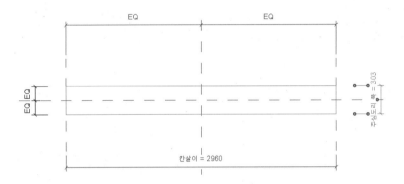

⑧ 특성 창에서 돌출 끝 〉 패밀리 매개변수 연관 아이콘(▦)을 클릭합니다. 매개변수 추가
를 클릭해서 '주심도리 높이'란 이름으로 매개변수를 지정합니다.

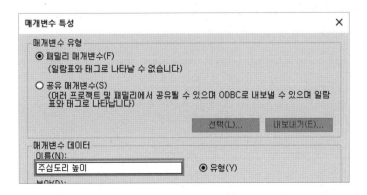

⑨ 패밀리 유형(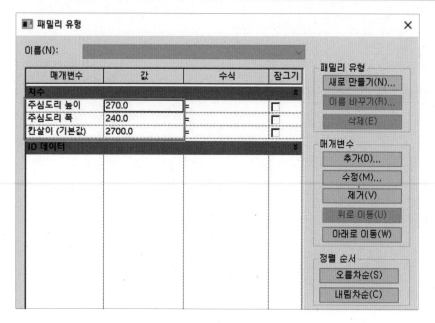)을 클릭하고 매개변수를 다음과 같이 조정한 후 편집 모드 완료(✔)를 클릭합니다.

매개변수	값	수식
주심도리 높이	270	
주심도리 폭	240	
칸살이(기본값)	2700	

⑩ 장부를 만들기 위해 보이드 돌출을 클릭합니다. 그리기 도구를 이용해서 다음과 같이 스케치하고 상호 정렬 구속합니다.

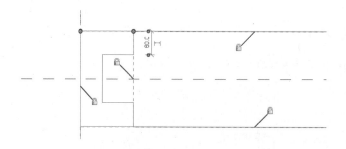

⑪ 치수를 배치하고 각 치수에 대하여 매개변수를 지정합니다.

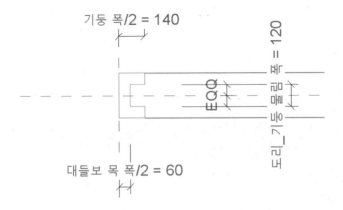

⑫ 특성 창에서 구속 조건 〉 돌출 끝 〉 패밀리 매개변수 연관 아이콘(▨)을 클릭합니다. 매
개변수 추가를 클릭하고 이름에 '도리_기둥 물림 깊이'를 입력하고 확인을 클릭합니다.

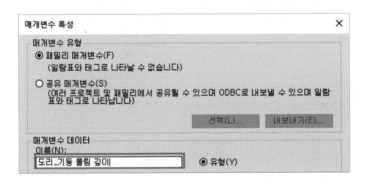

⑬ 패밀리 유형(▦)을 클릭하고 매개변수를 추가하고 다음과 같이 매개변수 값을 조정한
후 편집 모드 완료(✔)를 클릭합니다.

매개변수	값	수식	비고
기둥 폭	210		추가
기둥 폭/2		기둥 폭/2	
대들보 목 폭	120		추가
대들보 목 폭/2		대들보 목 폭/2	

매개변수	값	수식	비고
도리_기둥 물림 깊이	120		
도리_기둥 물림 폭	120		

⑭ 도리 반대쪽에도 보이드 돌출을 이용하여 장부를 만듭니다.

⑮ 주심도리를 클릭하고 재료 및 마감재의 매개변수를 소나무로 지정합니다. (기둥 참조)

⑯ 완성된 주심도리는 '미터법 일반 모델'템플릿에서 제작되어 패밀리 카테고리중에 일반
모델 카테고리에 포함되어 있습니다. 이를 변경하기 위해서 패밀리 카테고리 매개변수
를 클릭합니다.

⑰ 패밀리 카테고리 및 매개변수 대화상자에서 '구조 프레임'을 선택하고 확인을 클릭합니다.

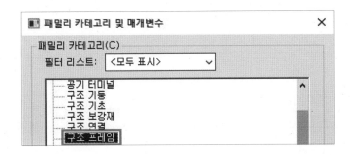

⑱ 주심도리는 건물의 모서리에서 반턱맞춤으로 결구됩니다. 도리의 경우 '왕지맞춤'으로 결구 되는데 완성된 주심도리를 이용하여 왕지맞춤을 만들어 보겠습니다.

⑲ 응용 프로그램 메뉴(🔺)를 확장해서 다른 이름으로 저장을 클릭합니다. 이름에 '주심 도리_받을장'으로 입력하고 저장합니다.

⑳ 주심도리 왼쪽에 있는 장부를 선택하고 Del 키를 이용하여 제거합니다.

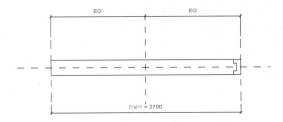

㉑ 주심도리를 선택하고 돌출 편집을 클릭합니다. 왼쪽 참조 평면에 구속된 자물쇠 아이 콘을 클릭해서 구속을 해제합니다.

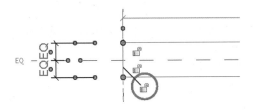

㉒ 해제된 선을 드래그하여 참조 평면 바깥쪽으로 이동하고 치수를 배치하여 매개변수를
지정합니다.

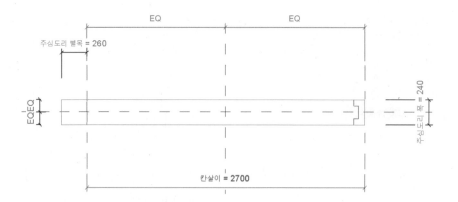

㉓ 패밀리 유형(⊞)을 클릭하고 매개변수 '주심도리 뺄목' 값을 '300'으로 조정한 후 편집
모드 완료(✔)를 클릭합니다.

㉔ 보이드 돌출을 클릭합니다. 기둥과 결구 되는 부위를 만들겠습니다. 직사각형 도구(□
)를 이용하여 다음과 같이 스케치하고 중심선을 기준으로 마주보는 선들끼리 정렬 구
속합니다.

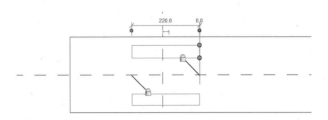

㉕ 치수를 배치하고 각 치수에 대하여 매개변수를 지정합니다.

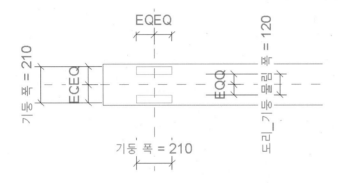

㉖ 특성 창에서 구속 조건 〉 돌출 끝 〉 패밀리 매개변수 연관 아이콘(▨)을 클릭하고 '도리_기둥 물림 깊이'로 매개변수를 지정한 후 편집 모드 완료(✔)를 클릭합니다.

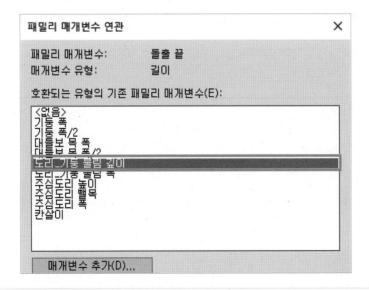

㉗ 왕지맞춤을 위해 보이드 돌출을 클릭합니다. 그리기 도구를 이용하여 다음과 같이 스케치하고 정렬 구속합니다.

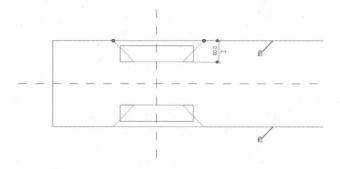

㉘ 치수를 배치하고 각 치수에 대해 매개변수를 지정합니다.

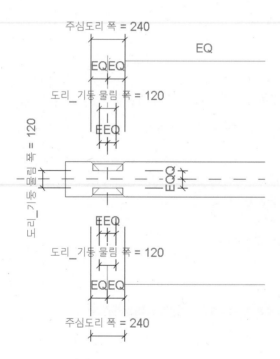

㉙ 특성 창에서 구속 조건 > 돌출 끝 > 패밀리 매개변수 연관 아이콘(▓)을 클릭하고 '주심도리 높이'를 매개변수로 지정하고 편집 모드 완료(✔)를 클릭합니다.

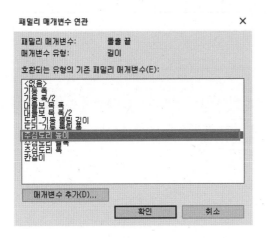

㉚ 받을장 장부를 만들기 위해 보이드 돌출을 클릭합니다. 직사각형 도구(□)를 이용하여 다음과 같이 스케치합니다. 이때 중복되는 선들이 많이 있기 때문에 별도로 정렬 구속은 하지 않습니다.

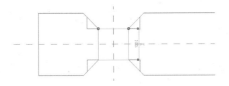

㉛ 치수를 배치하고 치수에 대하여 매개변수를 지정합니다.

＊치수 배치할 때 주의할 점은 스케치선과 기존에 생성된 돌출선이 중복되어 있어서 기존에 생성된 선에 치수가 배치될 수 있다는 것입니다. 이때는 마우스를 스케치선에 위치한 후 〈Tap〉키를 이용하여 상태막대를 확인하면서 스케치선을 선택할 수 있습니다.

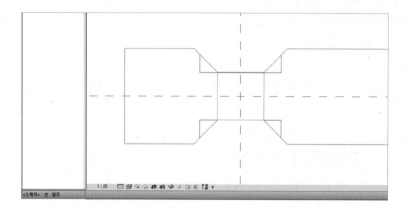

㉜ 특성 창에서 구속 조건 〉 돌출 끝 〉 패밀리 매개변수 연관 아이콘(▮)을 클릭하고 '주심도리 높이'로 매개변수를 지정합니다. 돌출 시작에서는 패밀리 매개변수 연관 아이콘(▮)을 클릭하고 매개변수 추가를 클릭해서 '주심도리 높이/2'란 이름으로 매개변수를 지정합니다.

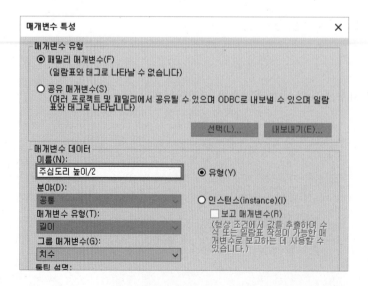

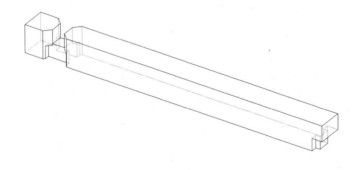

㉝ 패밀리 유형(🖳)을 클릭하고 매개변수 '주심도리 높이/2'의 수식에 '주심도리 높이/2'
를 입력한 후 편집 모드 완료(✔)를 클릭합니다.

매개변수	값	수식	잠그기
재료 및 마감재			
구조 재료 (기본값)		=	
소나무	소나무	=	
치수			
기둥 폭	210.0	=	☐
기둥 폭/2	105.0	=기둥 폭 / 2	☐
대들보 목 폭	120.0	=	☐
대들보 목 폭/2	60.0	=대들보 목 폭 / 2	☐
도리_기둥 물림 깊이	120.0	=	☐
도리_기둥 물림 폭	120.0	=	☐
주심도리 높이	270.0	=	☐
주심도리 높이/2	135.0	=주심도리 높이 / 2	☐
주심도리 뺄목	300.0	=	☐
주심도리 폭	240.0	=	☐
칸살이 (기본값)	2700.0	=	☐
ID 데이터			

패밀리 유형
이름(N):

패밀리 유형
새로 만들기(N)...
이름 바꾸기(R)...
삭제(E)

매개변수
추가(D)...
수정(M)...
제거(V)
위로 이동(U)
아래로 이동(W)

정렬 순서
오름차순(S)
내림차순(C)

㉞ 신속 접근 도구 막대에서 기본 3D 뷰를 클릭합니다. 주심도리_받을장을 저장하도록
하겠습니다.

㉟ 이어서 업을장을 만들기 위해 응용 프로그램 메뉴(🔺)를 확장해서 다른 이름으로 저장
을 클릭합니다. 이름에 '주심도리_업을장'으로 입력하고 저장합니다.

㊱ 받을장 보이드 돌출을 클릭합니다.

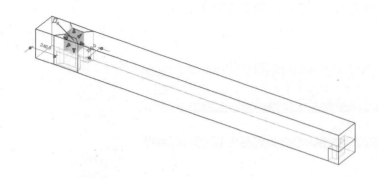

㊲ 특성 창에서 구속 조건 > 돌출 끝 > 패밀리 매개변수 연관 아이콘(▯)을 클릭해서 '없음'을 선택한 후 확인을 클릭합니다. 돌출 시작 값에는 '0'을 입력합니다.

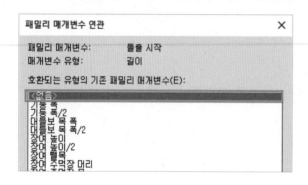

㊳ 돌출 끝 > 매개변수 연관 아이콘(▯)을 클릭해서 '주심도리 높이/2'로 매개변수를 지정합니다. 도면 영역에서 장여가 받을장에서 업을장으로 변경된 것을 확인할 수 있습니다.

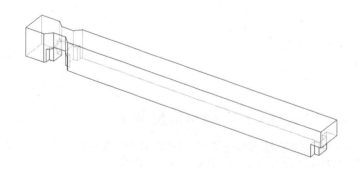

(2) 대들보

대들보는 집의 앞뒤 기둥을 연결하고 지붕 전체의 하중을 받아 기둥으로 전달

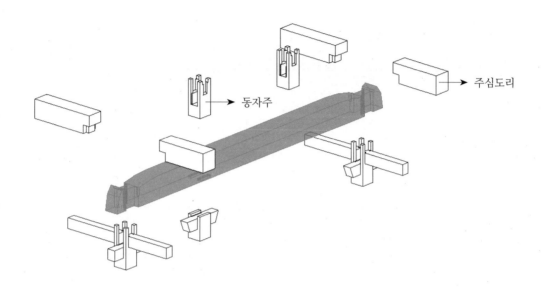

동자주

주심도리

① 패밀리 〉 새로 작성을 클릭하고 '미터법 일반 모델' 템플릿을 선택하고 열기를 클릭합
니다.

② 응용 프로그램 메뉴()를 확장하여 저장을 클릭한 후 적당한 폴더에 '대들보'란 이름
으로 저장합니다.

③ 작성 탭에서 참조 평면을 클릭하고 그리기 도구를 이용하여 다음과 같이 스케치합니다.

④ 치수를 배치하고 치수에 대해 '대들보 길이'란 이름으로 매개변수를 지정합니다. 이때
인스턴스(instance) 매개변수로 지정합니다.

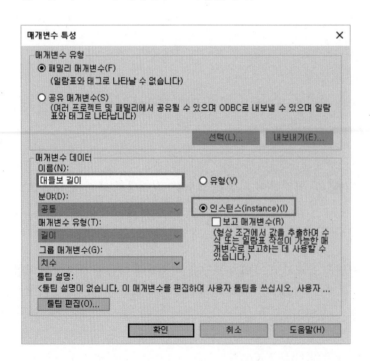

⑤ 프로젝트 탐색기에서 뷰 〉 입면도 〉 앞면을 클릭해서 뷰를 이동합니다. 기준선을 만들기 위해서 참조 평면을 클릭하고 그리기 도구를 이용하여 참조 레벨 아래에 다음과 같이 스케치합니다.

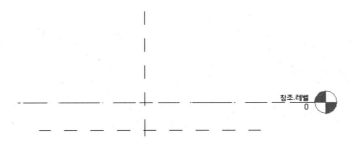

⑥ 참조 평면을 클릭하고 특성 창에서 ID 데이터 이름에 '기준선'으로 입력합니다.

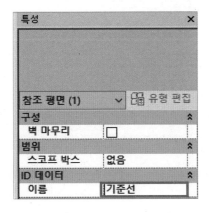

⑦ 치수를 배치하고 치수에 대하여 '기준선 높이'란 이름으로 매개변수를 지정합니다.

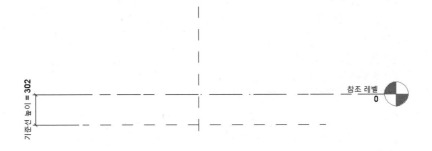

⑧ 패밀리 유형(🖳)을 클릭하고 매개변수를 다음과 같이 조정합니다.

매개변수	값	수식
기준선 높이	150	
대들보 길이	4200	

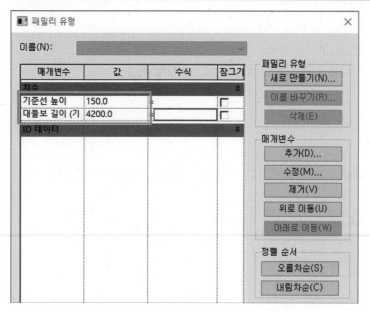

⑨ 돌출을 클릭합니다. 작업 기준면 〉 설정을 클릭하고 새 작업 기준면 지정에서 '참조 평면: 기준선'으로 지정한 후 확인을 클릭합니다.

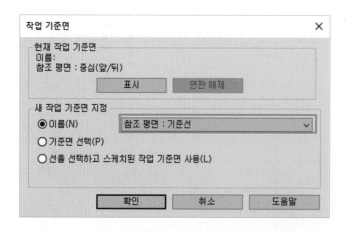

⑩ 뷰로 이동 창에서 '평면도 : 참조 레벨'을 선택하고 뷰를 이동합니다.

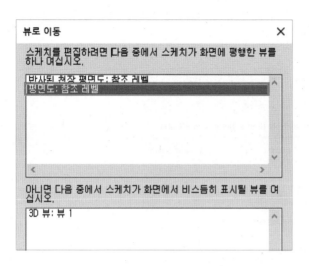

⑪ 직사각형 도구(▭)를 이용하여 스케치한 다음 치수를 배치하고 치수에 대하여 매개변수를 지정합니다.

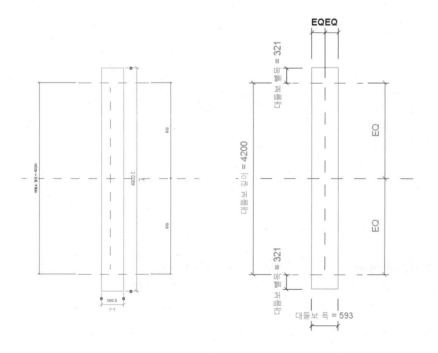

⑫ 특성 창에서 구속 조건 〉 돌출 끝 〉 패밀리 매개변수 연관 아이콘( )을 클릭합니다.
매개변수 추가를 클릭하고 이름에 '대들보 높이'로 입력한 후 확인을 클릭합니다.

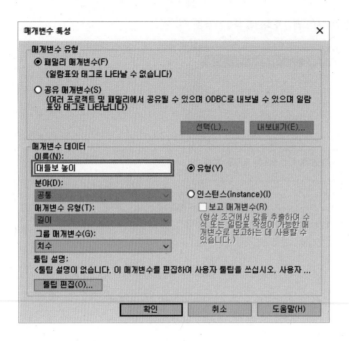

⑬ 패밀리 유형( )을 클릭하고 매개변수를 다음과 같이 조정한 후 편집 모드 완료( )를
클릭합니다.

매개변수	값	수식
대들보 높이	330	
대들보 빼목	300	
대들보 폭	270	

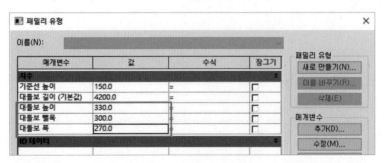

⑭ 기둥이 결구되는 장부를 만들겠습니다. 보이드 돌출을 클릭합니다. 작업 기준면이 '기준선'인지 작업 기준면 설정을 통해 확인합니다. 직사각형 도구(▢)를 이용하여 스케치하고 정렬 구속한 다음 치수를 배치하고 치수에 대하여 매개변수를 지정합니다.

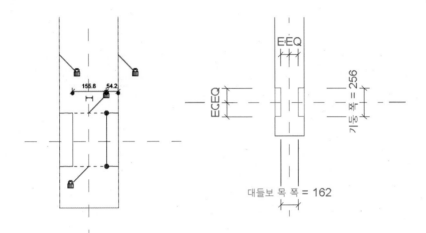

⑮ 특성 창에서 구속 조건 〉 돌출 끝 〉 패밀리 매개변수 연관 아이콘(▮)을 클릭합니다. 매개변수 추가를 클릭하고 '대들보_기둥 물림 깊이'란 이름으로 매개변수를 지정합니다.

⑯ 패밀리 유형(▦)을 클릭하고 매개변수를 다음과 같이 조정한 후 편집 모드 완료(✔)를 클릭합니다.

매개변수	값	수식	비고
도리_기둥 물림 깊이	120		추가
대들보 목 폭	120		
대들보_기둥 물림 깊이		기준선 높이+도리_기둥 물림 깊이	
기둥 폭	210		

⑰ 도리가 결구되는 장부를 만들어 보겠습니다. 보이드 돌출을 클릭합니다. 작업 기준면이 '기준선'인지 설정을 클릭해서 확인해 봅니다. 직사각형 도구(▭)를 이용하여 스케치하고 정렬 구속한 다음 치수를 배치하고 치수에 대하여 매개변수를 지정합니다.

⑱ 패밀리 유형(▦)을 클릭하고 매개변수 '주심도리 폭' 값을 '240'으로 설정합니다.

⑲ 특성 창에서 구속 조건 돌출 끝 〉 패밀리 매개변수 연관 아이콘(▮)을 클릭하고 '대들보 높이'로 지정합니다. 돌출 시작 〉 패밀리 매개변수 연관 아이콘을 클릭(▮)하고 '기준선 높이'로 매개변수를 지정한 후 편집 모드 완료(✔)를 클릭합니다.

⑳ 도리와 보가 반턱으로 결구되는 숭어턱을 만들어 보겠습니다. 보이드 돌출을 클릭합니다. 직사각형 도구(□)를 이용해서 스케치하고 정렬 구속합니다. 이때에도 작업 기준면은 '기준선'으로 설정되어 있어야 합니다. 그리고 치수를 배치하고 치수에 대하여 '주심도리 폭'으로 매개변수를 지정합니다.

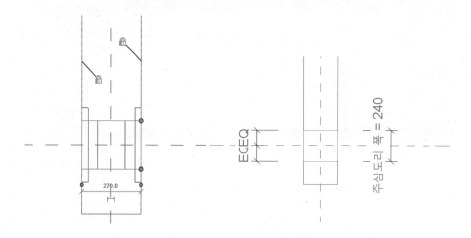

㉑ 특성 창에서 구속조건 〉 돌출 끝 〉 패밀리 매개변수 연관 아이콘(▉)을 클릭하고 '대들보 높이'를 매개변수로 지정합니다. 돌출 시작 〉 패밀리 매개변수 연관 아이콘(▉)을 클릭하고 '대들보_기둥 물림 깊이'를 매개변수로 지정하고 편집 모드 완료(✔)를 클릭합니다.

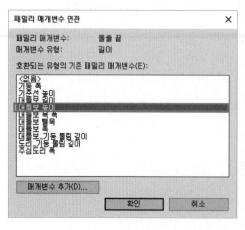

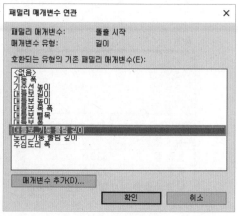

㉒ 보 머리 및 보 등을 만들어 보겠습니다. 프로젝트 탐색기에서 뷰 〉입면도 〉오른쪽을 클릭해서 뷰를 이동합니다. 보이드 돌출을 클릭합니다. 작업 기준면 〉설정을 클릭하고 새 작업 기준면 지정에서 '기준면 선택'을 클릭하고 확인을 클릭합니다.

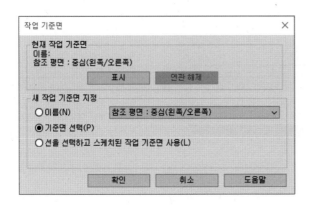

㉓ 마우스를 움직여서 측면(전면이 모두 파란색으로 활성화될 때)을 선택하고 마우스 왼쪽 버튼을 클릭하여 작업 기준면으로 지정합니다.

㉔ 보 머리 모양은 형상이 복잡할 경우 매개변수 적용 시 오작동이 날 확률이 많기 때문에 최대한 단순하게 스케치하겠습니다. 그리기 도구를 이용하여 다음과 같이 스케치하고 정렬 구속합니다.

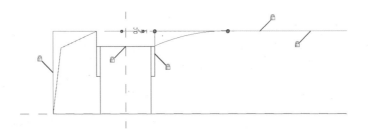

㉕ 특성 창에서 구속 조건 〉 돌출 끝 〉 패밀리 매개변수 연관 아이콘(▮)을 클릭하고 '대들보 폭'으로 매개변수를 지정한 후 편집 모드 완료(✔)를 클릭합니다.

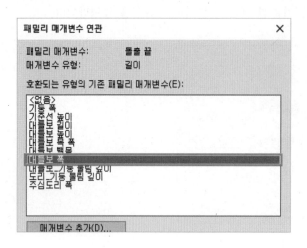

㉖ 기둥 밖으로 돌출되는 보 머리는 기둥 폭과 같거나 작게 만듭니다. 실무에서는 볼 따내기라고도 표현합니다. 보이드 돌출을 클릭합니다. 작업 기준면은 '기준선'으로 설정되어 있는 상태에서 직사각형 도구(□)를 이용해서 스케치하고 정렬 구속한 다음 치수를 배치하고 치수에 대하여 매개변수를 지정합니다.

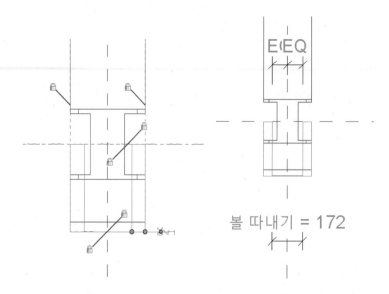

㉗ 패밀리 유형을 클릭하고 매개변수 '볼 따내기'의 수식을 다음과 같이 입력합니다.

매개변수	값	수식
볼 따내기		기둥 폭-30

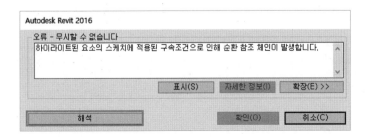

㉘ 특성 창에서 구속 조건 〉 돌출 끝 〉 패밀리 매개변수 연관 아이콘(▊)을 클릭하고 '대들보 높이'를 매개변수로 지정한 후 편집 모드 완료(✔)를 클릭합니다.

㉙ 아래와 같은 오류 메시지가 나타날 경우 무시하고 해석을 클릭합니다.(머리 부분에 많은 스케치선들이 중첩되면서 발생할 수 있는 메시지입니다.)

㉚ 반대편에도 동일하게 치목을 해서 완성합니다.

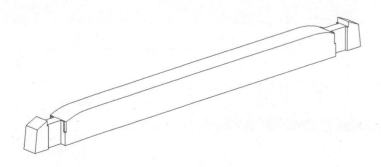

㉛ 간주(샛기둥)이 결구 될 장부를 만들어 보겠습니다. 보이드 돌출을 클릭합니다. 작업 기준면은 '기준선'으로 설정되어야 합니다. 작성 탭에서 참조 평면을 클릭하고 그리기 도구를 이용해서 스케치한 다음 치수를 배치하고 치수에 대하여 매개변수를 새로 지정 합니다.

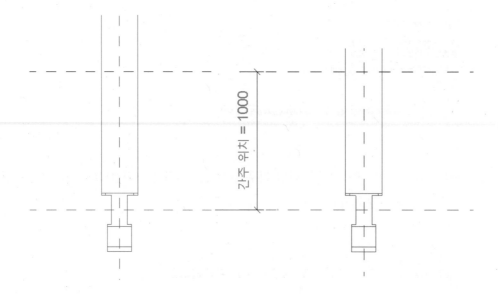

간주 위치 = 1000

㉜ 보이드 돌출을 클릭합니다. 직사각형 도구를 이용해서 스케치하고 마주 보는 선끼리
상호 정렬 구속한 다음 치수를 배치하고 치수에 대하여 매개변수를 지정합니다.

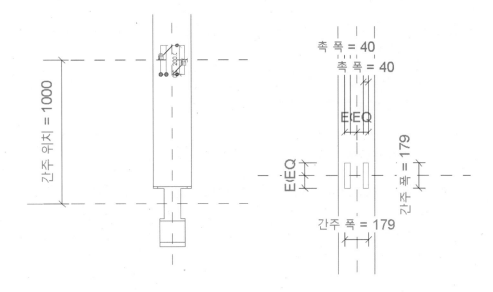

㉝ 특성 창에서 구속 조건 〉 돌출 끝에 '30'을 입력합니다.

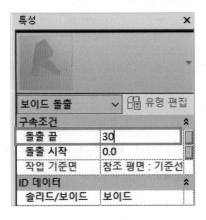

㉞ 패밀리 유형(▦)을 클릭하고 다음과 같이 매개변수를 조정한 후 편집 모드 완료(✔)를 클릭합니다.

매개변수	값	수식
간주 위치	1500	
간주 폭	210	
촉 폭	45	

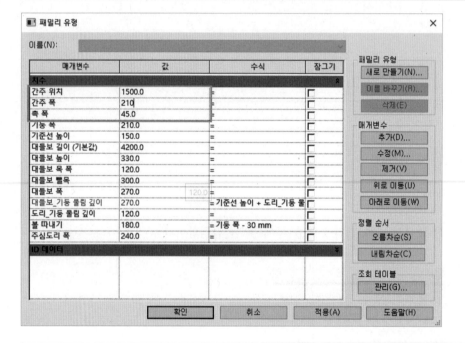

㉟ 신속 접근 도구 막대에서 기본 3D 뷰(⬢)를 클릭합니다. 대들보를 클릭하고 재료 및 마감재의 매개변수를 소나무로 지정합니다. (기둥 참조)

㊱ 완성된 대들보는 패밀리 카테고리 및 매개변수 대화상자에서 '구조 프레임'을 선택하고 확인을 클릭합니다.

3) 지붕부

(1) 서까래

서까래의 종류에는 주심도리와 중도리에 걸려 지붕을 형성하는 장연(長椽)과 중도리와 종도리에 걸려 지붕 모양을 형성하는 단연(短椽)이 있습니다.

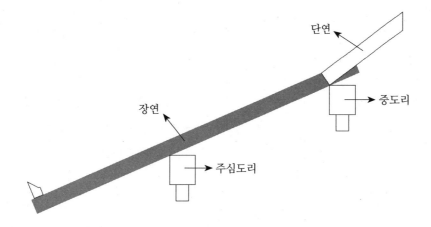

(가) 장연

① 패밀리 〉새로 작성을 클릭하고 '미터법 일반 모델 두 레벨 기반' 템플릿을 선택하고 확인을 클릭합니다.

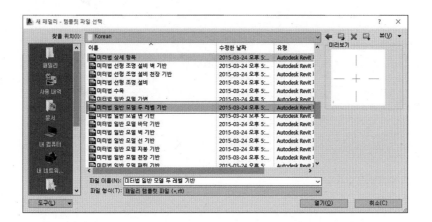

② 응용 프로그램 메뉴(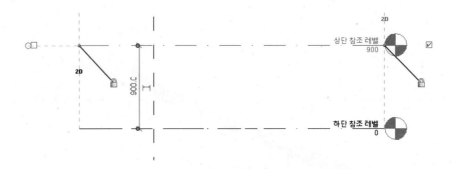)를 확장하여 저장을 클릭한 후 적당한 폴더에 '장연'이란 이름
　으로 저장합니다.

③ 프로젝트 탐색기에서 뷰 〉 입면도 〉 앞면을 클릭해서 뷰를 이동합니다.

④ 상단 참조 레벨 높이 값을 클릭해서 '900'으로 조정합니다.

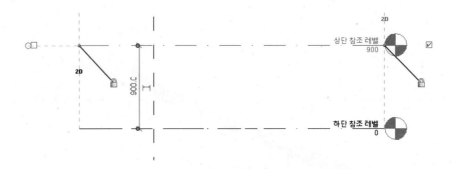

⑤ 작성 탭 〉 참조 평면을 클릭하고 그리기 도구를 이용해서 다음과 같이 스케치합니다.

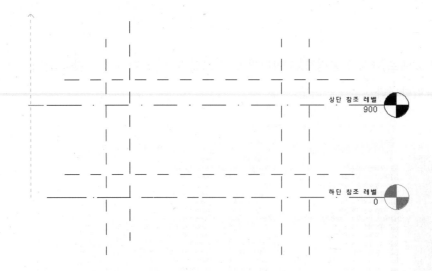

⑥ 치수를 배치하고 치수에 대하여 매개변수를 지정합니다.

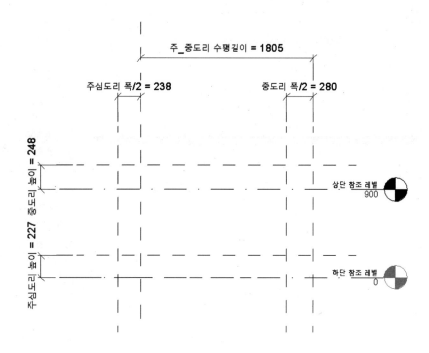

⑦ 패밀리 유형(▦)을 클릭하고 매개변수를 다음과 같이 조정합니다.('중도리 높이'와 '중도리 폭'은 잠그기에 체크해서 상단 참조 레벨이나 주_중도리 수평 길이가 변화해도 값이 변하지 않도록 합니다.)

매개변수	값	수식	비고
주_중도리 수평길이(기본값)	1500		
주심도리 높이	270		
주심도리 폭	240		추가
주심도리 폭/2		주심도리 폭/2	
중도리 높이	270		
중도리 폭	240		추가
중도리 폭/2		중도리 폭/2	

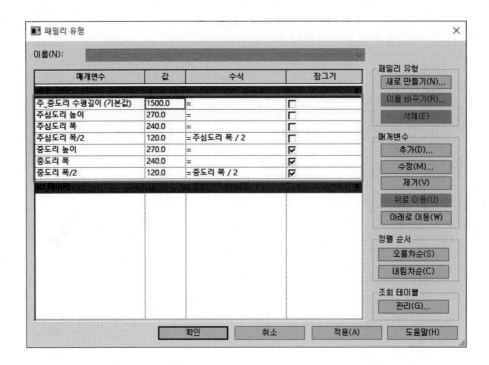

⑧ 특히 '주_중도리 수평 길이'는 매개변수 지정 시 '인스턴스(instance) 매개변수'로 지정합
니다.

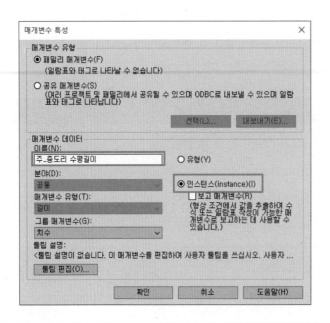

⑨ 이번에는 참조 선을 이용해서 스케치를 하겠습니다. 작성 탭 〉 기준 패널 참조 선을 클릭합니다. 그리기 도구를 이용해서 다음과 같이 스케치합니다. 이때 직사각형을 유지하도록 안내 보조 선이 직각을 나타낼 때 선을 스케치합니다.

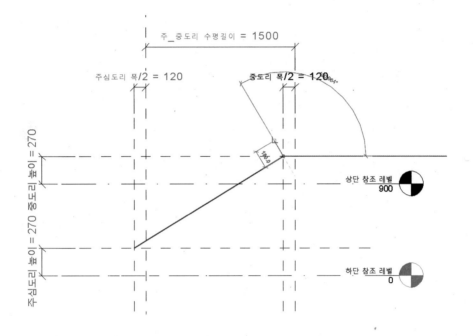

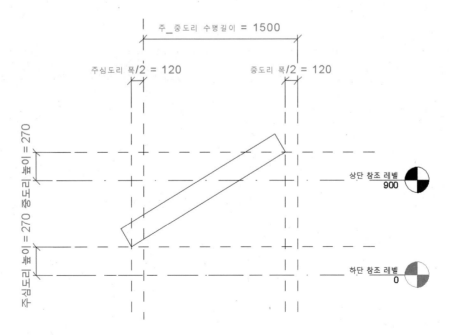

⑩ 치수를 배치하고 치수에 대하여 매개변수를 지정합니다.

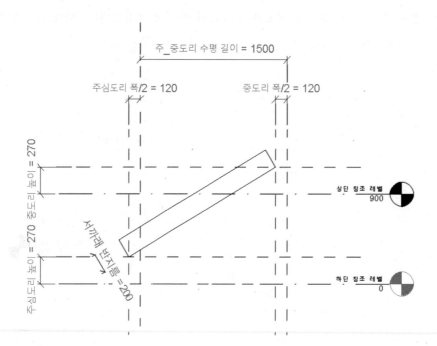

⑪ 4개의 참조 선 중 임의의 참조 선을 클릭한 후 작업 기준면 편집을 클릭합니다.

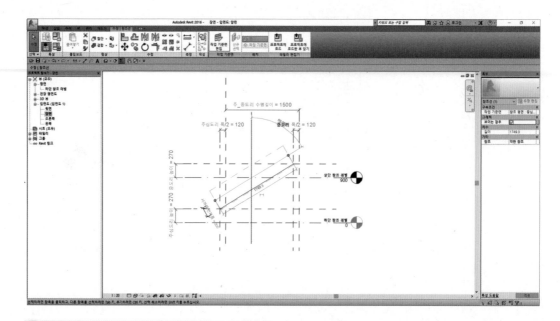

⑫ 작업 기준면 대화상자가 활성화되면 새 작업 기준면 지정에서 '참조 평면: 중심(앞/뒤)' 를 선택한 후 확인을 클릭합니다. 나머지 참조 선에 대해서도 작업 기준면을 '중심(앞/ 뒤)로 변경합니다.

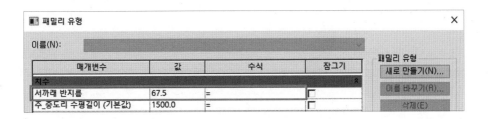

⑬ 패밀리 유형(▦)을 클릭하고 매개변수 '서까래 반지름'값을 '67.5'로 조정합니다.

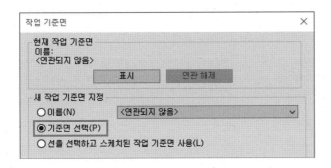

⑭ 돌출을 클릭합니다. 신속 접근 도구 막대에서 기본 3D 뷰(◉) 보기를 클릭합니다. 작 업 기준면 〉 설정을 클릭합니다. 새 작업 기준면 지정에서 기준면 선택을 클릭합니다.

⑮ 작업 기준면 패널에서 표시를 클릭해서 작업 기준면이 보이도록 설정합니다. Tab 키를 이용해서 다음처럼 작업 기준면을 설정합니다.

⑯ 그리기 패널에서 '원'(◉)을 선택한 후 원의 중심이 다음처럼 참조 선의 교차점이 되도록 해서 원을 스케치합니다.

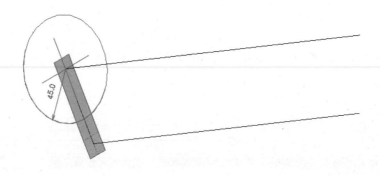

⑰ 반지름 치수를 이용해서 치수를 배치하고 치수에 대해 '서까래 반지름'으로 매개변수를 지정하고 편집 모드 완료(✔)를 클릭합니다.

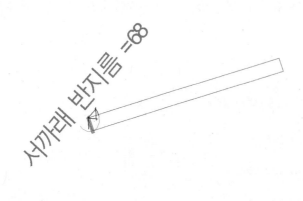

⑱ 프로젝트 탐색기에서 뷰 〉 입면도 〉 앞면을 클릭해서 뷰를 이동합니다. 서까래 돌출을 클릭하고 위쪽 모양 핸들을 드래그하여 다음과 같이 배치합니다.

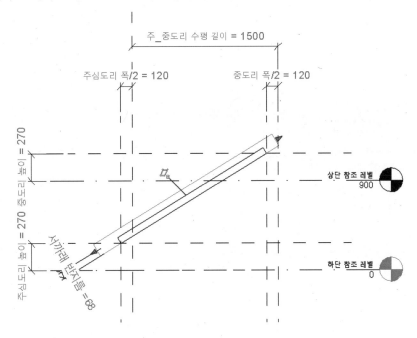

⑲ 치수를 배치하고 치수에 대하여 다음과 같이 매개변수를 지정합니다.

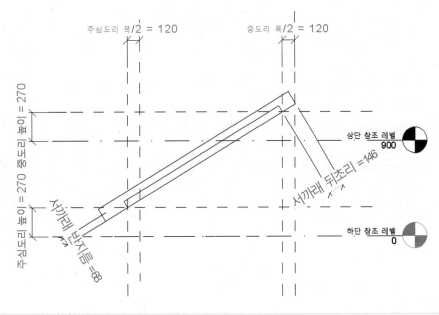

⑳ 도면 영역에서 서까래를 선택하고 특성 창에서 구속 조건 〉 돌출 끝 〉 패밀리 매개
변수 연관 아이콘(▮)을 클릭합니다. 매개변수 추가를 클릭하고 이름에 '서까래 내밀
기'란 이름으로 매개변수를 지정합니다. 이때 매개변수 '서까래 내밀기'는 인스턴스
(instance) 매개변수로 지정합니다.

<table>
<tr><td colspan="2">매개변수 특성</td><td>×</td></tr>
<tr><td colspan="3">매개변수 유형</td></tr>
<tr><td colspan="3">◉ 패밀리 매개변수(F)
　(일람표와 태그로 나타날 수 없습니다)</td></tr>
<tr><td colspan="3">○ 공유 매개변수(S)
　(여러 프로젝트 및 패밀리에서 공유될 수 있으며 ODBC로 내보낼 수 있으며 일람
　표와 태그로 나타납니다)</td></tr>
<tr><td></td><td>선택(L)...</td><td>내보내기(E)...</td></tr>
<tr><td colspan="3">매개변수 데이터</td></tr>
<tr><td>이름(N):</td><td></td><td></td></tr>
<tr><td>서까래 내밀기</td><td colspan="2">○ 유형(Y)</td></tr>
<tr><td>분야(D):</td><td></td><td></td></tr>
<tr><td>공통</td><td colspan="2">◉ 인스턴스(instance)(I)</td></tr>
<tr><td>매개변수 으형(T):</td><td colspan="2">□ 부고 매개변수(R)</td></tr>
</table>

㉑ 패밀리 유형(▦)을 클릭하고 매개변수를 다음과 같이 조정합니다. 이때 매개변수 '서
까래 뒤초리'는 잠금기에 체크해서 주_중도리 수평 길이가 변화해도 영향을 받지 않도
록 합니다.

매개변수	값	수식
서까래 내밀기	1350	
서까래 뒤초리	300	

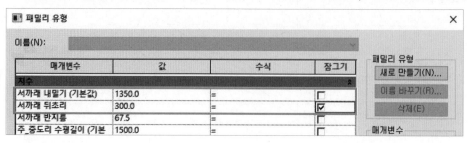

매개변수	값	수식	잠그기
지수			
서까래 내밀기 (기본값)	1350.0	=	□
서까래 뒤초리	300.0	=	☑
서까래 반지름	67.5	=	□
주_중도리 수평길이 (기본	1500.0	=	□

㉒ 장연을 클릭하고 재료 및 마감재의 매개변수를 소나무로 지정합니다. (기둥 참조)

(나) 선자서까래

선자서까래(선자연)은 추녀 좌우에 붙는 부채꼴 모양의 서까래입니다. 갈모산방을 중심으로 주심도리 외부는 원형이지만 내부는 삼각형의 복잡한 형상으로 실제 현장에서도 치목하는데 많은 시간을 필요로 하는 부재입니다.

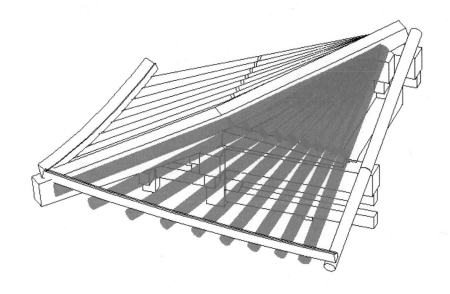

① 패밀리 〉 새로 작성을 클릭하고 '미터법 일반 모델 두 레벨 기반' 템플릿을 선택하고 확인을 클릭합니다.

② 응용 프로그램 메뉴(📙)를 확장하여 저장을 클릭한 후 적당한 폴더에 '선자연_막장'이란 이름으로 저장합니다.

③ 프로젝트 탐색기에서 뷰 〉 입면도 〉 앞면을 클릭해서 뷰를 이동합니다.

④ 상단 참조 레벨 높이 값을 클릭해서 '900'으로 조정합니다.

⑤ 작성탭 〉 참조 평면을 클릭하고 그리기 도구를 이용해서 다음과 같이 스케치합니다.

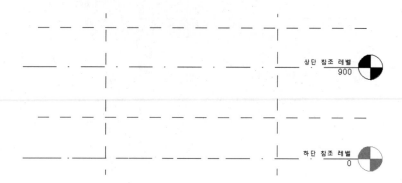

⑥ 치수를 배치하고 치수에 대하여 매개변수를 지정합니다.

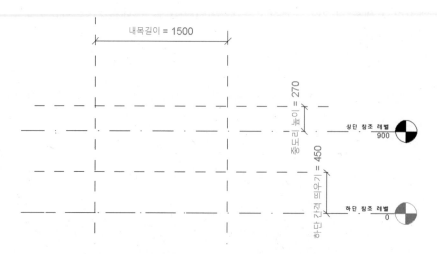

⑦ 패밀리 유형(▦)을 클릭하고 다음과 같이 매개변수를 조정합니다. 이때 '내목길이'와 '하단 간격 띄우기'는 인스턴스(instance) 매개변수로 지정합니다. '중도리 높이'는 잠그기에 체크해서 상단 참조 레벨이 이동하더라도 영향을 받지 않도록 합니다.

매개변수	값	수식	비고
내목길이	1500		
중도리 높이	270		
하단 간격 띄우기	450		

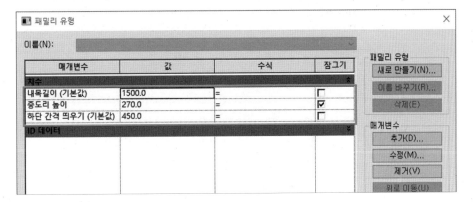

⑧ 서까래에서와 같이 참조 선을 이용해서 다음과 같이 스케치합니다.

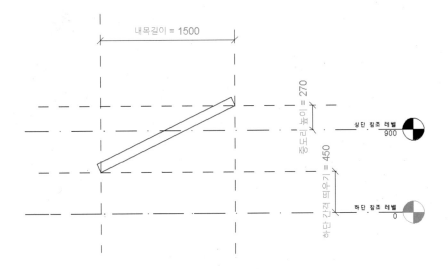

⑨ 이.참조 선을 각각 하나씩 클릭합니다. 이때 나타나는 작업 기준면 편집을 클릭하고 '참조 평면: 중심(앞/뒤)'로 설정합니다.

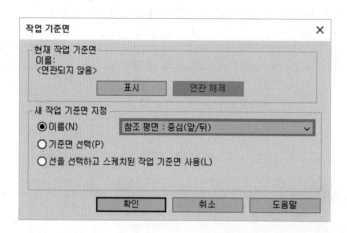

⑩ 치수를 배치하고 치수에 대하여 '서까래 반지름'으로 매개변수를 지정합니다.

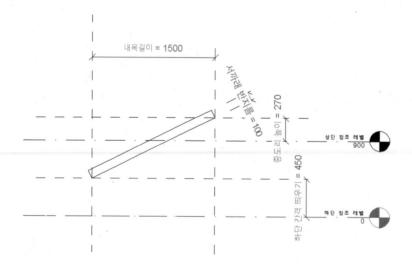

⑪ 앞에서 선자연 내목길이에 관련해서 참조 선을 스케치하였습니다. 이번에는 외목길이에 대해서 참조 선을 이용하여 다음과 같이 스케치합니다. 이때 사각형은 직사각형이 되도록 스케치합니다.

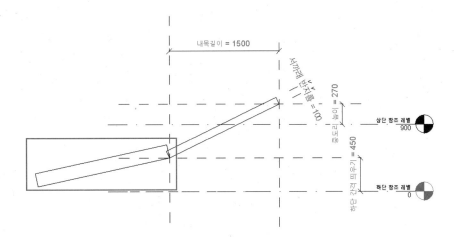

⑫ 마찬가지로 직사각형을 이루는 네 개의 참조 선을 각각 클릭해서 작업 기준면을 '참조 평면: 중심(앞/뒤)'로 설정합니다.

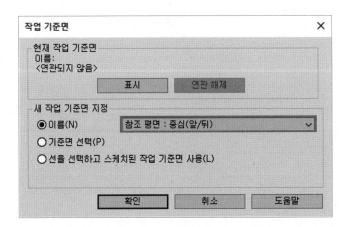

⑬ 각도 치수를 이용하여 다음과 같이 치수를 배치하고 매개변수를 지정합니다. 이때 '선자연 곡'은 인스턴스(instance) 매개변수로 지정합니다. 그리고 각도 '90°'는 내목길이와 관련된 참조 선과 겹쳤을 때 동화되지 않고 '90°'를 유지하기 위해서 치수를 배치하는데 이때 치수는 매개변수로 지정하지 않았기 때문에 변수가 아닌 상수입니다.

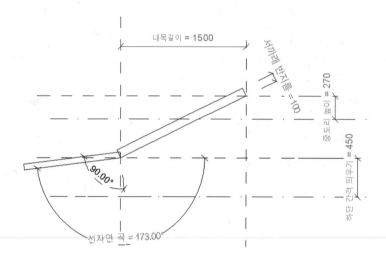

⑭ 다음과 같이 치수를 배치하고 매개변수를 지정합니다. 이때 '서까래 내밀기'는 인스턴스(instance) 매개변수로 지정합니다.

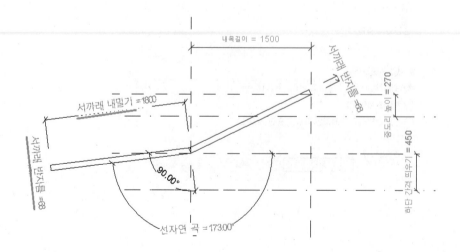

⑮ 패밀리 유형을 클릭하고 매개변수를 다음과 같이 조정합니다.

매개변수	값	수식	비고
서까래 내밀기	1500		
서까래 반지름	67.5		
선자연 곡	175		

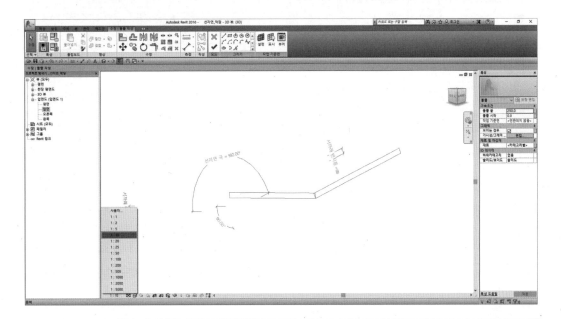

⑯ 선자연은 곡이 있기 때문에 돌출을 두 번 이용해서 내목 서까래와 외목 서까래로 구분
해서 만들어 보겠습니다. 돌출을 클릭합니다. 신속 접근 도구 막대에서 기본 3D 뷰를
클릭해서 뷰를 이동합니다. 치수선을 작게 하기 위해 뷰 제어 막대에서 비율을 1 : 10
으로 조정합니다.

⑰ 작업 기준면 〉 설정을 클릭하고 새 작업 기준면 지정에서 '기준면 선택'을 선택하고 확
　인을 클릭합니다.

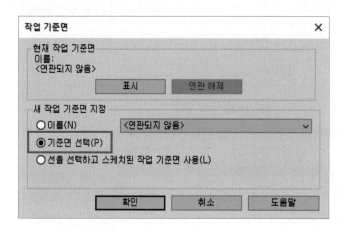

⑱ 내목길이와 관련된 참조 선이 선택되도록 Tab 키를 이용하여 방향을 조정해서 기준면
　을 선택합니다. 선택된 작업 기준면은 작업 기준면 표시를 클릭해서 알맞게 설정되었
　는지 확인합니다.

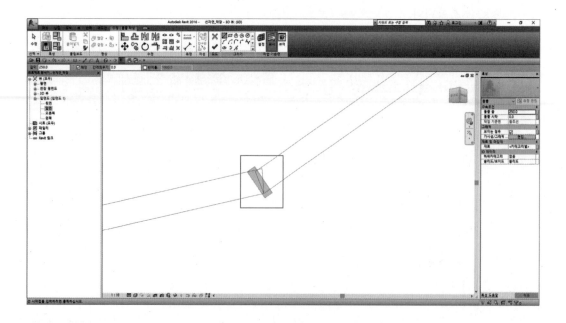

⑲ 그리기 탭 〉 원(◉)을 선택하고 다음과 같이 스케치합니다. 이때 원의 중심은 참조 선이 교차하는 사각형의 윗부분이 되도록 합니다.

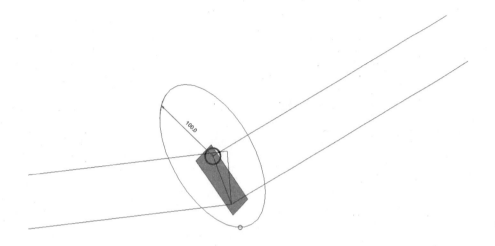

⑳ 반지름 치수를 배치하고 매개변수를 '서까래 반지름'으로 지정한 후 편집 모드 완료를 클릭합니다.

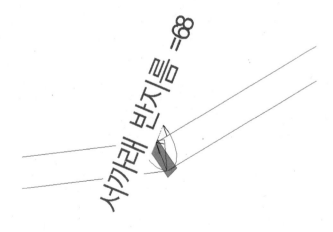

㉑ 프로젝트 탐색기에서 뷰 〉 입면도 〉 앞면을 클릭해서 뷰를 이동합니다. 수정 패널 〉
정렬 도구(📐)를 이용해서 다음과 같이 참조 선에 정렬 구속합니다.

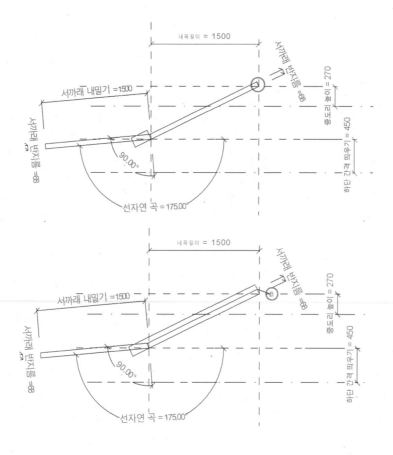

㉒ 특성 창에서 구속 조건 〉 돌출 끝은 '0'을 입력합니다.

㉓ 외목 서까래를 만들어 보겠습니다. 돌출을 클릭합니다. 신속 접근 막대에서 기본 3D
뷰( )를 클릭해서 뷰를 이동합니다. 작업 기준면 〉 설정을 클릭하고 기준면 선택을
선택한 후 확인을 클릭합니다.

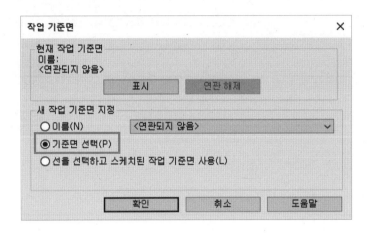

㉔ 내목서까래에 의해서 참조 선이 보이지 않을 경우 뷰 제어 막대에서 그래픽 화면 표시
를 와이어 프레임으로 설정합니다.

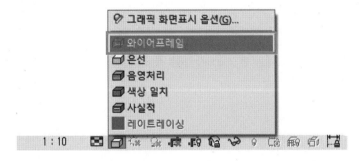

㉕ 다음과 같이 외목길이 관련 참조 선을 선택합니다. 이때에도 Tab 키를 이용해서 방향이
잘 설정되도록 한 후 작업 기준면 표시를 클릭해서 알맞게 설정되었는지 확인합니다.

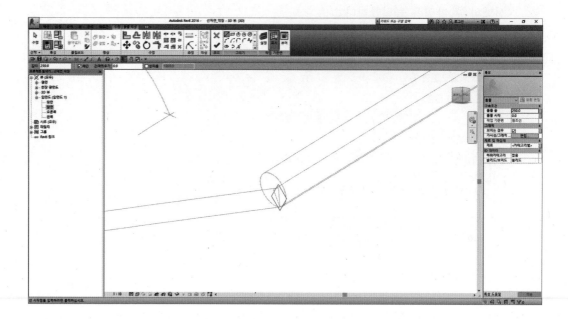

㉖ 그리기 도구 〉 원(⊙)을 이용해서 다음과 같이 스케치합니다. 이때 원의 중심은 참조
선이 교차하는 사각형의 윗부분이 되도록 합니다. 그 다음 반지름 치수를 배치하고 치
수에 대해 '서까래 반지름'으로 매개변수를 지정한 후 편집 모드 완료(✔)를 클릭합
니다.

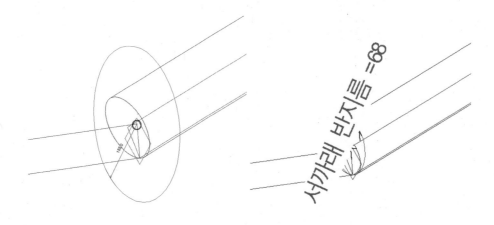

㉗ 프로젝트 탐색기에서 〉뷰 〉입면도 〉앞면을 클릭해서 뷰를 이동합니다. 서까래 외 목을 클릭하고 특성 창에서 구속 조건 〉돌출 끝 〉패밀리 매개변수 연관 아이콘(▮)을 클릭한 후 '서까래 내밀기'로 매개변수를 지정합니다.

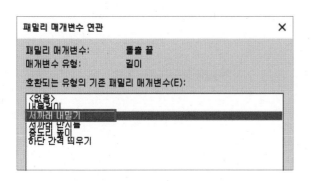

㉘ 선자연은 추녀를 기준으로 추녀 왼쪽과 오른쪽의 위치에 따라서 모양에 차이가 있습니다. 따라서 어느 한쪽만 만들어서 프로젝트에서 조립할 때는 '대칭-축 선택' 도구를 이용해서 조립합니다. 지금 만들고 있는 '선자연 막장'은 건물 외부에서 봤을 때 추녀 왼쪽에 붙는 '선자연'을 만들어 보도록 하겠습니다.

㉙ 작성 탭 〉양식 패널 〉보이드 양식을 확장해서 '보이드 혼합'을 클릭합니다. 신속 접근 도구 막대에서 기본 3D 뷰를 클릭합니다. 작업 기준면 〉설정을 클릭하고 기준면 선택에 체크한 후 확인을 클릭합니다.

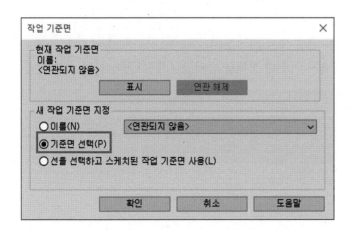

㉚ 서까래 돌출에서처럼 내목길이와 관련된 참조 선이 선택되도록 Tab 키를 이용하여 방
향을 조정해서 기준면을 선택합니다.

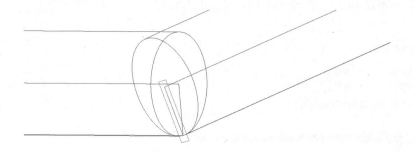

㉛ 프로젝트 탐색기에서 뷰 〉 입면도 〉 오른쪽을 클릭해서 뷰를 이동합니다. 그리기 도구
를 이용해서 스케치한 다음 치수를 배치하고 치수에 대하여 '서까래 반지름'으로 매개
변수를 지정합니다.

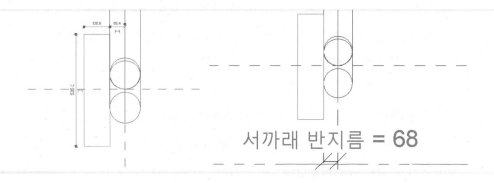

㉜ 상단 편집을 클릭합니다. 신속 접근 막대에서 기본 3D 뷰(🏠)를 클릭해서 뷰를 이동합
니다. 작업 기준면 설정에서 기준면 선택을 클릭합니다. 다음과 같이 참조 선을 선택해
서 작업 기준면으로 지정합니다.

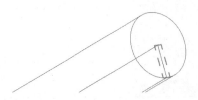

㉝ 프로젝트 탐색기에서 뷰 〉 입면도 〉 오른쪽을 클릭해서 뷰를 이동합니다. 그리기 도구
를 이용해서 직사각형을 스케치하고 정렬 구속한 다음 치수를 배치하고 치수에 대하여
'서까래 반지름'으로 매개변수를 지정합니다.

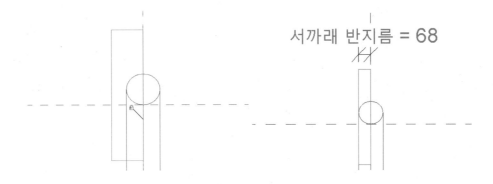

㉞ 특성 창에서 구속 조건 〉 두 번째 끝에 '0'을 입력한 후 편집 모드 완료(✔)를 클릭합니다.

㉟ 다음과 같은 경고 창은 무시하고 진행하시면 됩니다.

㊱ 내목서까래와 외목서까래를 각각 클릭해서 재료 및 마감재를 '소나무'로 매개변수를 지
정하고 저장해서 완료합니다. (기둥 참조)

㊲ 이어서 '선자연_일반'을 만들어 보겠습니다. 응용 프로그램 메뉴(🗔)를 확장하여 다른
이름으로 저장을 클릭한 후 적당한 폴더에 '선자연_일반'이란 이름으로 저장합니다.

㊳ '선자연_일반'은 내목서까래 양쪽을 보이드 돌출을 이용해서 서까래 끝이 뾰족하게 만
들어 줍니다.

㊴ 보이드 혼합을 클릭하고 '선자연_막장'에서처럼 내목서까래 반대쪽에도 동일하게 보이
드를 생성해서 완료합니다. (선자연_일반 참조)

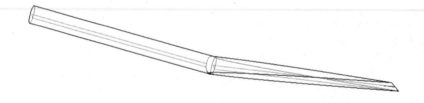

㊵ '선자연_일반'을 이용해서 '선자연_초장'을 만들어 보겠습니다. '선자연_초장'도 추녀를
기준으로 왼쪽과 오른쪽으로 구분이 되는데 '선자연_막장'에서처럼 건물 외부에서 봤
을 때 추녀 왼쪽에 배치되도록 만들어 보도록 하겠습니다.

㊶ 응용 프로그램 메뉴(🗔)를 확장하여 다른 이름으로 저장을 클릭한 후 적당한 폴더에
'선자연_초장'이란 이름으로 저장합니다.

㊷ 프로젝트 탐색기에서 뷰 〉 입면도 〉 오른쪽을 클릭해서 뷰를 이동합니다. 중심선을 기준으로 서까래 왼쪽에 생성된 보이드 혼합을 클릭하고 베이스 편집을 클릭합니다.

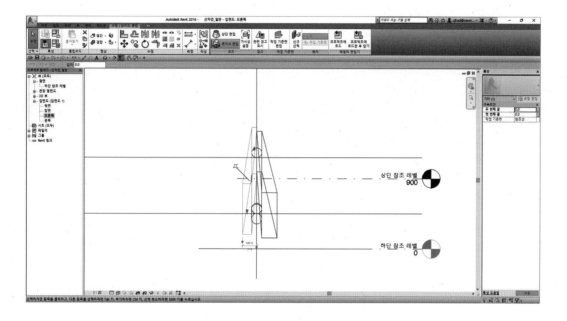

㊸ 매개변수로 지정된 '서까래 반지름'을 삭제하고 수직 참조 평면에 정렬 구속합니다. 그리고 치수를 배치하고 치수에 대하여 '서까래 반지름'으로 매개변수를 지정한 후 편집 모드 완료(✔)를 클릭합니다.

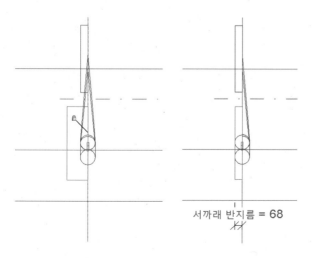

서까래 반지름 = 68

㊹ 외목서까래에도 적용해 보겠습니다. 보이드 돌출을 클릭합니다. 3D 뷰 상태에서 작업 기준면 〉 설정을 클릭하고 기준면 설정에 체크한 후 확인을 클릭합니다. 외목과 관련된 참조 선을 Tab 키를 이용해 작업 기준면을 설정합니다.

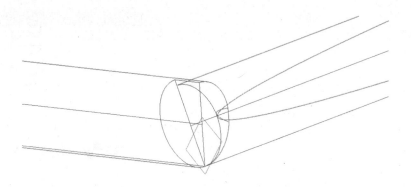

㊺ 프로젝트 탐색기에서 뷰 〉 입면도 〉 오른쪽을 클릭해서 뷰를 이동합니다. 그리기 도구를 이용해서 스케치한 후 정렬 구속합니다. 치수를 배치하고 치수에 대하여 '서까래 반지름'으로 매개변수를 지정한 후 편집 모드 완료(✔)를 클릭합니다.

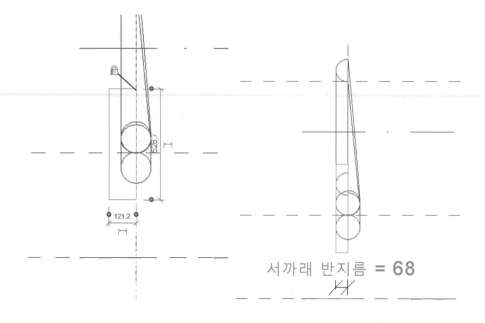

서까래 반지름 = 68

(51) 프로젝트 탐색기에서 뷰 〉 입면도 〉 앞면을 클릭해서 뷰를 이동합니다. 방금 생성된 보이드 돌출을 정렬 도구를 이용해서 다음과 같이 정렬 구속합니다.

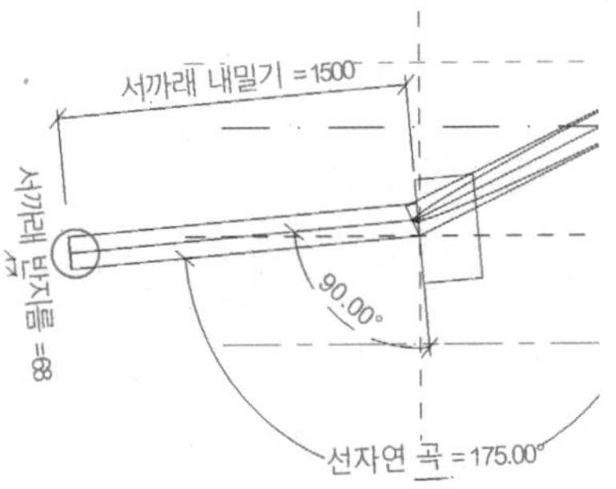

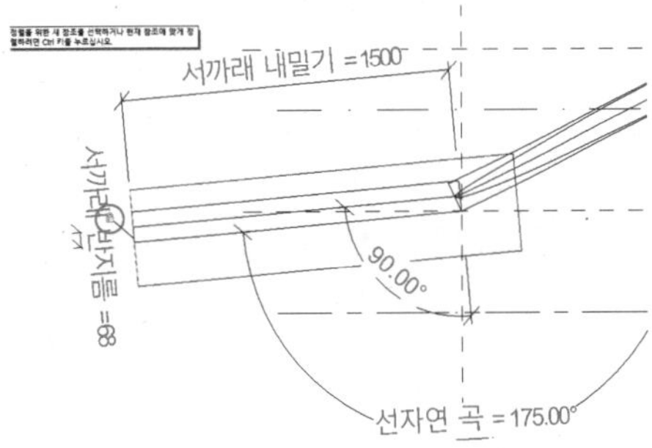

(52) 특성 창에서 구속 조건 〉 돌출 끝에 '0'을 입력합니다.

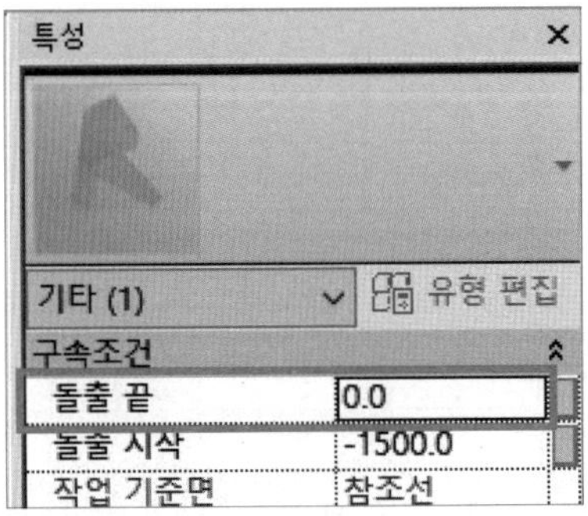

(53) 신속 접근 도구 막대에서 기본 3D 뷰( )를 클릭해서 뷰를 이동합니다. 형상 패널 〉 절단 도구를 이용해서 돌출 솔리드와 절단될 보이드 돌출을 각각 클릭해서 절단합니다.

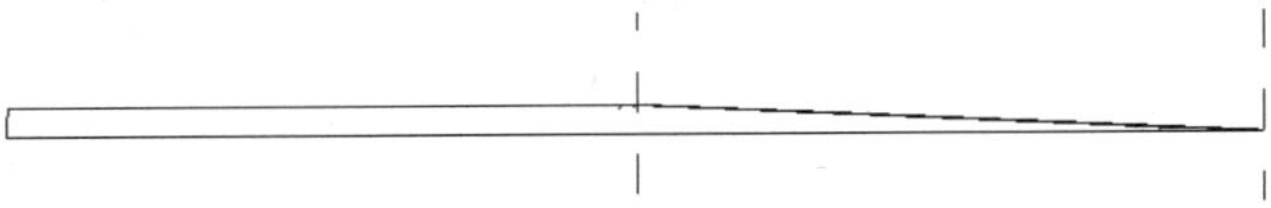

평면 뷰에서 본 모습

(54) 저장 후 '선자연_초장'을 완료합니다.

(2) 추녀

추녀는 지붕 모서리에서 45도 방향으로 결구 되는 부재입니다. 팔작지붕이나 우진각지붕에는 추녀가 있지만 맞배지붕에는 추녀가 없습니다. 지붕을 만들 때 가장 먼저 조립되는 부재가 추녀입니다. 모서리에 먼저 추녀를 조립하고 여기에 평고대를 건너지른 다음 평고대에 맞춰 서까래를 조립해 나갑니다. 따라서 추녀는 평고대와 함께 추녀곡을 결정하는 중요한 부재입니다.

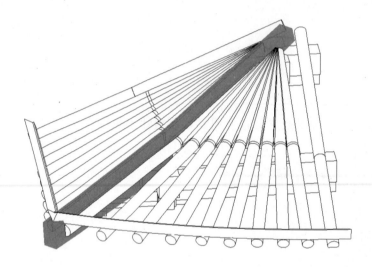

① 패밀리 〉 새로 작성을 클릭합니다. '미터법 일반 모델 두 레벨 기반' 템플릿을 선택하고 열기를 클릭합니다.

② 응용 프로그램 메뉴(🔺)를 확장하여 저장을 클릭한 후 적당한 폴더에 '추녀'란 이름으로 저장합니다.

③ 프로젝트 탐색기에서 뷰 〉 입면도 〉 앞면을 클릭해서 뷰를 이동합니다. 상단 참조 레벨을 '900'으로 조정합니다.

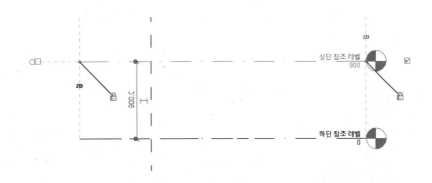

④ 작성 탭 〉참조 평면을 클릭하고 그리기 도구를 이용하여 다음과 같이 스케치합니다.

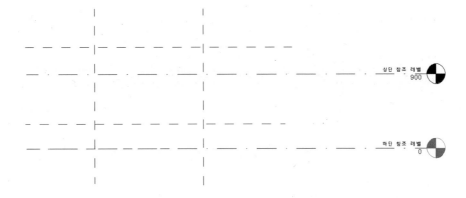

⑤ 치수를 배치하고 치수에 대하여 매개변수를 지정합니다.

⑥ 패밀리 유형(🖳)을 클릭하고 매개변수를 다음과 같이 조정합니다. 이때 '중도리 높이'
는 잠그기에 체크해서 상단 참조 레벨이 이동하더라도 영향을 받지 않도록 합니다.

매개변수	값	수식	비고
주_중도리 평면거리	1500		추가
a		주_중도리 평면거리	추가
주_중도리 대각갈이		a * sqrt(2)	
주심도리 높이	270		
중도리 높이	270		

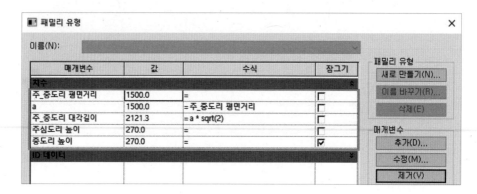

⑦ 돌출을 클릭합니다. 작업 기준면 〉 설정을 클릭하고 새 작업 기준면 지정에서 '참조 평
면: 중심(앞/뒤)'를 선택하고 확인을 클릭합니다.

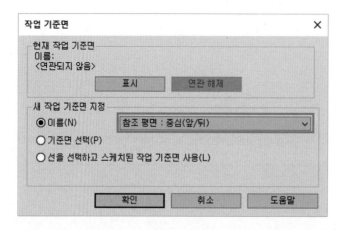

⑧ 선(✎) 도구를 이용해서 다음과 같은 순서로 스케치합니다. 세 번째 그림은 이해를 돕기 위해 치수를 입력했습니다. 직각 방향으로 '270' 길이만큼 스케치합니다.

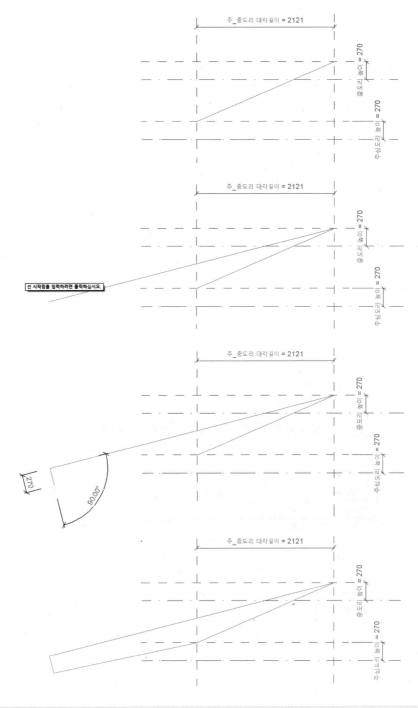

⑨ 치수를 배치하고 치수에 대하여 매개변수를 지정합니다. 이때 '270'은 매개변수가 아닌
상수입니다.

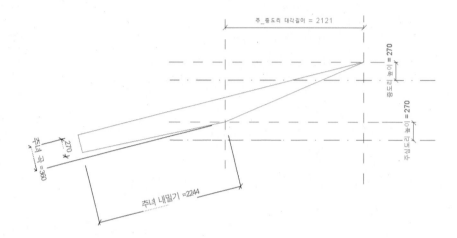

⑩ 특성 창에서 구속 조건 〉 돌출 끝 〉 패밀리 매개변수 연관 아이콘(▮)을 클릭합니다.
매개변수 추가를 클릭하고 '추녀 돌출 끝'이란 이름으로 매개변수를 지정합니다.

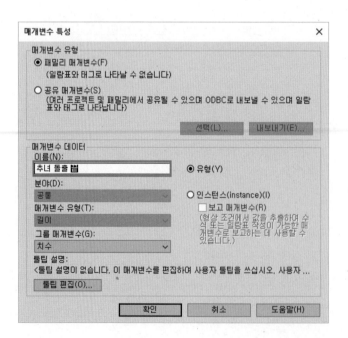

⑪ 돌출 시작 〉 패밀리 매개변수 연관 아이콘(▣)을 클릭합니다. 매개변수 추가를 클릭하고 '추녀 돌출 시작'이란 이름으로 매개변수를 지정합니다.

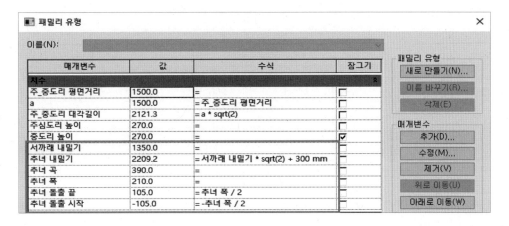

⑫ 패밀리 유형(▦)을 클릭하고 매개변수를 다음과 같이 조정한 후 편집 모드 완료(✔)를 클릭합니다.

매개변수	값	수식	비고
서까래 내밀기	1350		추가
추녀 내밀기		서까래 내밀기 * sqrt(2) + 300	
추녀 곡	390		
추녀 폭	210		추가
추녀 돌출 끝		추녀 폭/2	
추녀 돌출 시작		−추녀 폭/2	

⑬ 다시 돌출을 클릭합니다. 작업 기준면은 '참조 평면: 중심(앞/뒤)'로 설정되어 있어야
합니다. 그리기 도구를 이용해서 다음과 같은 순서로 스케치합니다. 세 번째 그림은 이
해를 돕기 위해 치수를 입력했습니다. 직각 방향으로 '180' 길이만큼 스케치합니다.

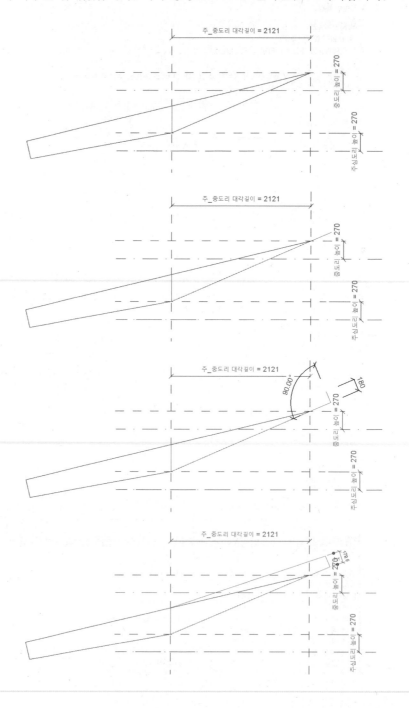

⑭ 매개변수로서 활용하기 위해서는 정렬 구속이 잘 이루어져야 합니다. 파란 점선이 정렬을 위한 참조 선이고 굵은 파란 선이 정렬할 도면 요소(선/점)입니다. 정렬한 후 자물쇠를 클릭해서 참조 선에 구속합니다.

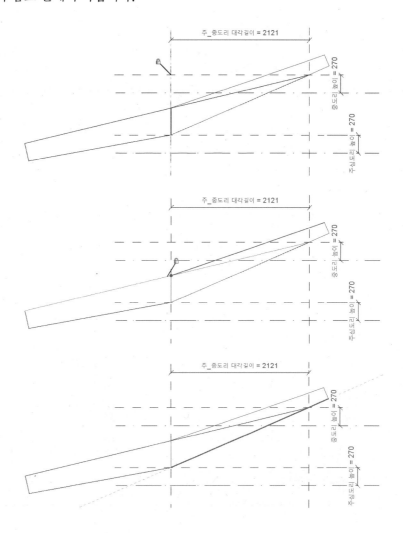

⑮ 치수를 배치하고 치수에 대하여 매개변수를 지정합니다. 이때 '180'은 매개변수가 아닌 상수입니다.

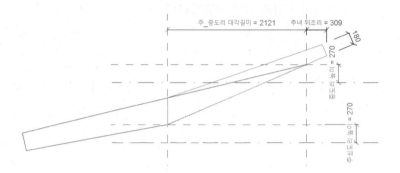

⑯ 특성 창에서 구속 조건 〉 돌출 끝 〉 패밀리 매개변수 연관 아이콘(▢)을 클릭하고 '추녀 돌출 끝'으로 매개변수를 지정합니다. 돌출 시작 〉 패밀리 매개변수 연관 아이콘(▢)을 클릭하고 '추녀 돌출 시작'으로 매개변수를 지정합니다.

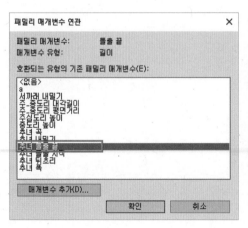
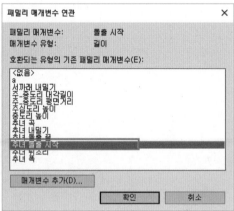

⑰ 패밀리 유형(■)을 클릭합니다. '추녀 뒤초리' 값을 '240'으로 조정한 후 편집 모드 완료를 클릭합니다.

패밀리 유형				
이름(N):				
매개변수	**값**	**수식**	**잠그기**	
치수				
주_중도리 평면거리	1500.0	=	☐	
a	1500.0	= 주_중도리 평면거리	☐	
주_중도리 대각길이	2121.3	= a * sqrt(2)	☐	
주심도리 높이	270.0	=	☐	
중도리 높이	270.0	=	☑	
서까래 내밀기	1350.0	=	☐	
추녀 내밀기	2209.2	= 서까래 내밀기 * sqrt(2) + 3	☐	
추녀 곡	390.0	=	☐	
추녀 뒤초리	240.0	=	☐	
추녀 폭	210.0	=	☐	
추녀 돌출 끝	105.0	= 추녀 폭 / 2	☐	
추녀 돌출 시작	-105.0	= -추녀 폭 / 2	☐	

패밀리 유형
새로 만들기(N)...
이름 바꾸기(R)...
삭제(E)

매개변수
추가(D)...
수정(M)...
제거(V)
위로 이동(U)
아래로 이동(W)

⑱ 수정 탭 > 형상 패널 > 결합을 클릭하고 두 개의 돌출을 각각 클릭해서 결합합니다.

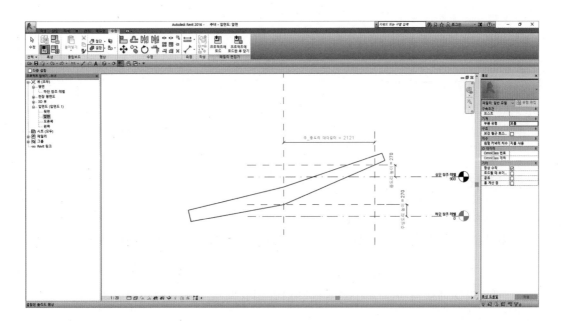

⑲ 완성된 추녀를 클릭해서 재료 및 마감재의 매개변수를 소나무로 지정합니다. (기둥 참조)

4) 수장재

문얼굴이라고도 불리는 수장재의 형태는 여러 가지가 있습니다. 그중 머름이 들어간 '머름창'을 만들어 보겠습니다.

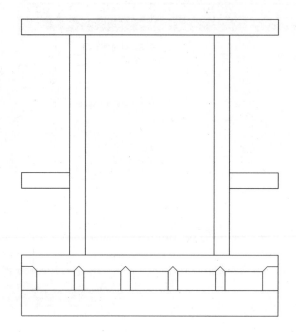

(1) 머름창

머름 창은 머름 부위를 먼저 만들고 전체적인 머름 얼굴을 만들어 보겠습니다.

① 패밀리 〉 새로 작성을 클릭합니다. '미터법 일반 모델'을 선택하고 확인을 클릭합니다.

② 응용 프로그램 메뉴(▣)를 확장하여 저장을 클릭한 후 적당한 폴더에 '머름'이란 이름으로 저장합니다.

③ 작성 탭에서 참조 평면을 클릭하고 다음과 같이 스케치합니다.

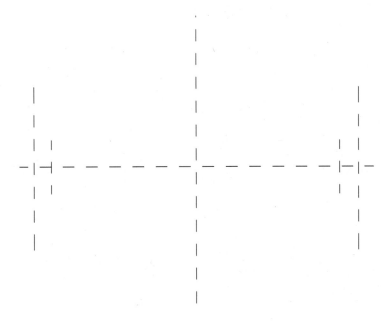

④ 치수를 배치하고 치수에 대하여 다음과 같이 매개변수를 지정합니다.

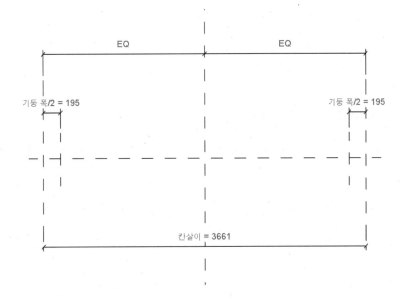

⑤ 프로젝트 탐색기에서 뷰 〉 입면도 〉 앞면을 클릭해서 뷰를 이동합니다. 이번에도 참조 평면을 클릭하고 다음과 같이 스케치합니다.

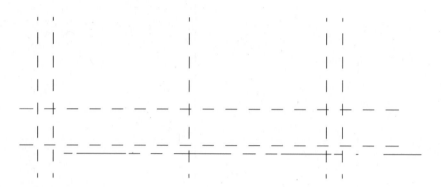

⑥ 아래 참조 평면과 윗 참조 평면을 각각 클릭하고 특성 창 ID 데이터 〉 이름에 '하인방 기준선'과 '머름중방 기준선'으로 입력합니다.

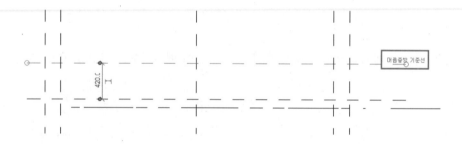

⑦ 치수를 배치하고 치수에 대해 다음과 같이 매개변수를 지정합니다.

⑧ 패밀리 유형(▦)을 클릭하고 매개변수를 다음과 같이 조정합니다.

매개변수	값	수식	비고
기둥 폭	210		추가
기둥 폭/2		기둥 폭/2	
머름중방 기준선 높이	520		
칸살이	2700		
하인방 기준선 높이	100		

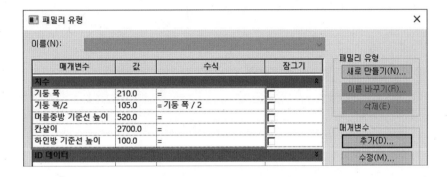

⑨ 머름은 어미동자와 머름동자(새끼동자)로 구분됩니다. 먼저 어미동자부터 만들어 보겠습니다. 돌출을 클릭합니다. 작업 기준면 〉 설정을 클릭하고 새 작업 기준면 지정에서 '참조 평면: 하인방 기준선'을 선택하고 확인을 클릭합니다. 뷰로 이동 창에서 '평면도: 하인방 기준선'을 선택해서 뷰 열기를 클릭합니다.

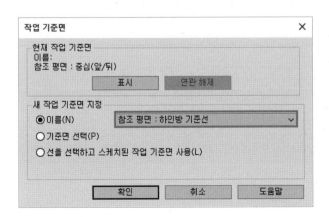

⑩ 그리기 도구를 이용해서 다음과 같이 스케치하고 상호 정렬 구속합니다.

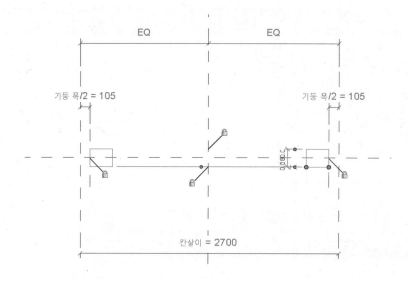

⑪ 치수를 배치하고 치수에 대하여 매개변수를 지정합니다.

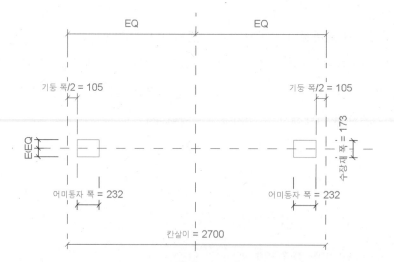

⑫ 특성 창에서 구속 조건 〉 돌출 시작 〉 패밀리 매개변수 연관 아이콘( )을 클릭합니다. 매개변수 추가를 클릭하고 이름에 '하인방 높이'로 매개변수를 지정합니다.

⑬ 패밀리 유형( )을 클릭하고 매개변수를 다음과 같이 조정한 후 편집 모드 완료( )를 클릭합니다.

매개변수	값	수식	비고
수장재 폭	120		
어미동자 폭	150		
하인방 높이	240		

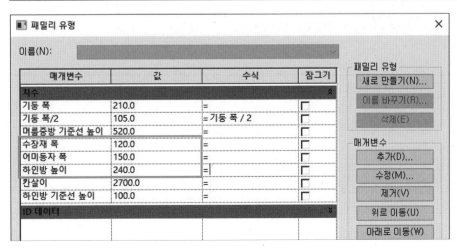

⑭ 프로젝트 탐색기에서 뷰 〉 입면도 〉 앞면을 클릭해서 뷰를 이동합니다. 정렬 도구를 이용해서 다음과 같이 '머름중방 기준선'에 정렬 구속합니다.

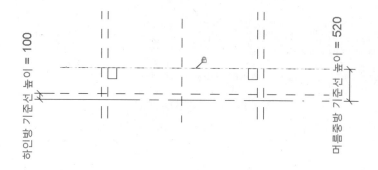

⑮ 어미동자가 머름 중인방과 반연귀로 결구 되도록 장부를 만들겠습니다. 돌출을 클릭합니다. 작업 기준면 〉 설정을 클릭하고 새 작업 기준면 지정에서 기준면 선택에 체크하고 확인을 클릭합니다.

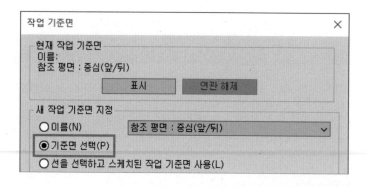

⑯ Tab 키를 이용하여 어미동자 앞면을 작업 기준면으로 설정합니다.

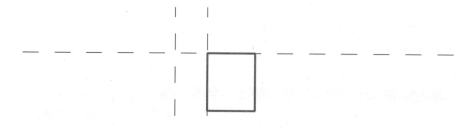

⑰ 그리기 도구를 이용해서 다음과 같이 스케치하고 정렬 구속합니다. 이때 사선은 '머름 중방 기준선'과 45°가 되도록 스케치합니다.

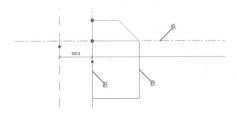

⑱ 정렬 치수와 각도 치수를 이용해서 치수를 배치하고 치수에 대하여 매개변수를 지정합니다.

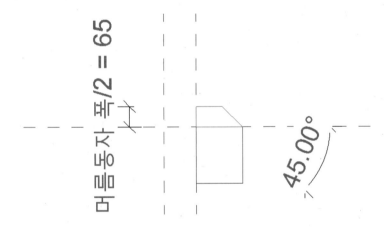

⑲ 특성 창에서 구속 조건 돌출 끝에 '-21'를 입력합니다.

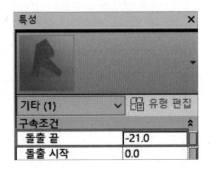

⑳ 패밀리 유형(▦)을 클릭합니다. 매개변수를 다음과 같이 조정한 후 편집 모드 완료(✔)
를 클릭합니다.

매개변수	값	수식	비고
머름동자 폭	90		추가
머름동자 폭/2		머름동자 폭/2	

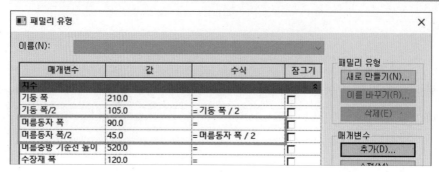

㉑ 반대쪽에도 동일한 방법으로 반연귀 장부를 만들어 줍니다.

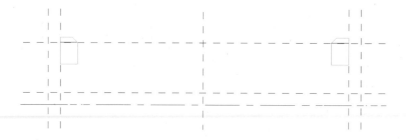

㉒ 수정 탭 〉 형상 패널 〉 결합을 클릭하고 어미동자와 반연귀 장부를 클릭해서 결합합니다.

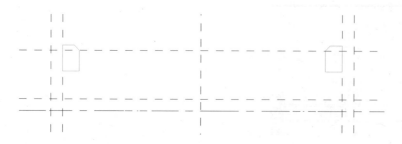

㉓ 이번에는 머름동자를 만들어 보겠습니다. 돌출을 클릭합니다. 작업 기준면 〉 설정을 클릭하고 새 작업 기준면 지정에서 '참조 평면 : 하인방 기준선'을 선택한 후 확인을 클릭합니다. 뷰로 이동 창에서 '평면도 : 참조 레벨'을 선택한 후 뷰 열기를 클릭합니다.

㉔ 작성 탭 〉 참조 평면을 클릭하고 다음과 같이 6개의 참조 평면을 스케치합니다.

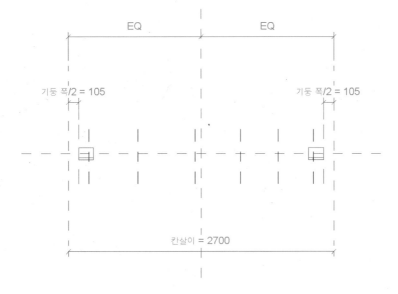

㉕ 양 끝에 있는 참조 평면은 어미동자 연귀꼭짓점에 정렬 구속합니다.

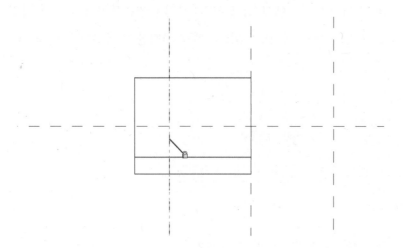

㉖ 다른 참조 평면에 대해서는 다음과 같이 치수를 배치하고 균등 배분합니다.

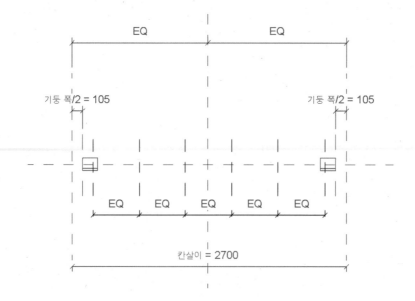

㉗ 직사각형 도구(□)를 이용해서 다음과 같이 스케치하고 상호 정렬 구속합니다.

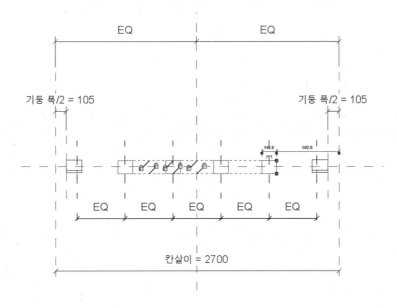

㉘ 치수를 배치하고 치수에 대하여 다음과 같이 매개변수를 지정합니다.

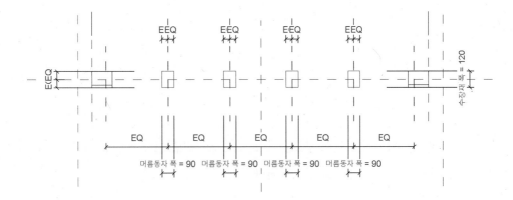

㉙ 특성 창에서 구속 조건 〉 돌출 끝에 '450'을 입력합니다. 돌출 시작 〉 패밀리 매개변수 연관 아이콘(▓)을 클릭합니다. '하인방 높이'로 매개변수를 지정하고 편집 모드 완료를 클릭합니다.

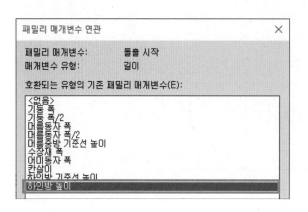

㉚ 프로젝트 탐색기에서 〉 뷰 〉 입면도 〉 앞면을 클릭해서 뷰를 이동합니다. 머름동자를 '머름중방 기준선'에 정렬 구속합니다.

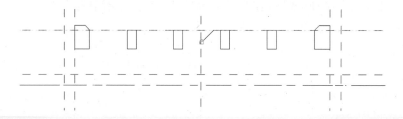

㉛ 머름중방에 연귀를 만들어 보겠습니다. 돌출을 클릭합니다. 어미동자에서처럼 작업 기준면을 머름동자 앞면으로 설정합니다.

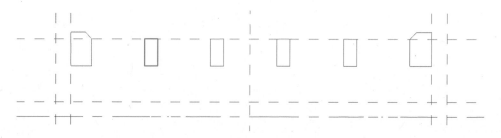

㉜ 선 도구를 이용해서 다음과 같이 스케치하고 '머름중방 기준선'에 정렬 구속합니다. 이
때 사선은 45° 스냅(snap)이 되었을 때 스케치합니다.

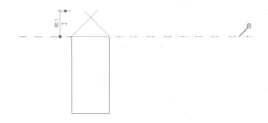

㉝ 수정 패널에서 '코너 자르기/연장' 도구를 이용해서 닫힌 삼각형이 되도록 합니다.

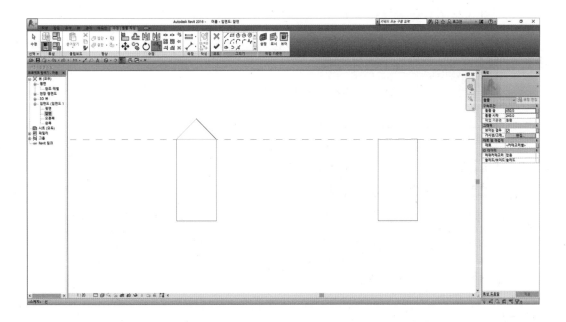

㉞ 각도 치수를 이용해서 다음과 같이 치수를 배치합니다.

㉟ 다른 머름동자에 대해서도 동일한 방법으로 연귀를 생성합니다.

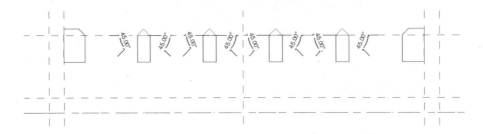

㊱ 특성 창에서 구속 조건 〉 돌출 끝에 '–21'을 입력합니다. 돌출 시작에는 '0'을 입력한 후 편집 모드 완료를 클릭합니다.

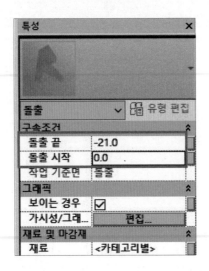

㊲ 형상 패널에서 결합 도구를 이용하여 머름동자와 연귀를 결합합니다.

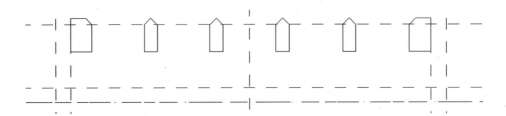

㊳ 머름청판을 만들어 보겠습니다. 프로젝트 탐색기에서 뷰 〉 평면 〉 참조 레벨을 클릭해서 뷰를 이동합니다. 돌출을 클릭합니다. 작업 기준면을 '하인방 기준선'으로 설정합니다.

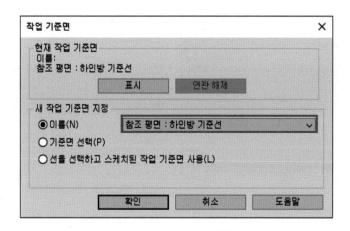

㊴ 직사각형 도구(□)를 이용해서 다음과 같이 스케치하고 정렬 구속합니다.

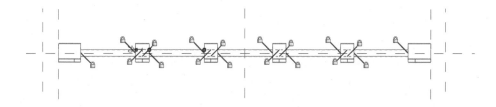

㊵ 치수를 배치하고 치수에 대해 '머름청판 두께'로 매개변수를 지정합니다.

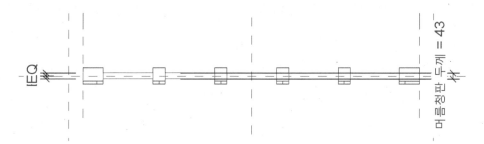

㊶ 특성 창에서 구속 조건 〉 돌출 끝에 '450'을 입력합니다. 돌출 시작 〉 패밀리 매개변수
연관 아이콘(▮)을 클릭하고 '하인방 높이'로 매개변수를 지정합니다.

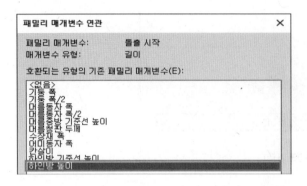

㊷ 패밀리 유형(▦)을 클릭하고 '머름청판 두께' 값을 '45'로 조정한 후 편집 모드 완료(✔)
를 클릭합니다.

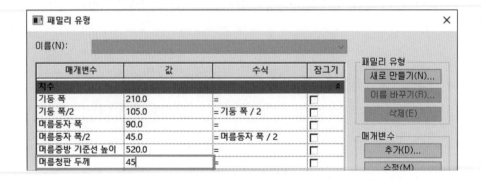

㊸ 프로젝트 탐색기에서 〉 뷰 〉 입면도 〉 앞면을 클릭해서 뷰를 이동합니다. 머름청판을
'머름중방 기준선'에 정렬 구속합니다.

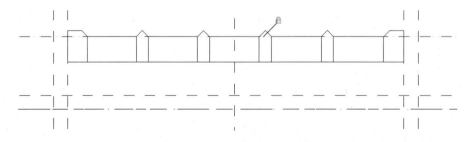

㊹ 완성된 각각의 돌출을 클릭하고 재료 및 마감재의 매개변수를 '소나무'로 지정합니다. (기둥 참조)

㊺ 이렇게 해서 머름창을 형성하는 머름이 완성되었습니다. 이번에는 전체적인 머름창을 만들어서 위에서 완성된 머름을 삽입시켜 보도록 하겠습니다. 완성된 머름은 그대로 두고 다음 작업으로 이어집니다.

㊻ 응용 프로그램 메뉴(▲)를 확장해서 새로 만들기 〉 패밀리를 클릭합니다. '미터법 일반 모델 두 레벨 기반'을 선택하고 확인을 클릭합니다.

㊼ 응용 프로그램 메뉴(▲)를 확장하여 저장을 클릭한 후 적당한 폴더에 '2짝 머름창'이란 이름으로 저장합니다.

㊽ 작성 탭에서 참조 평면을 클릭하고 다음과 같이 스케치합니다.

㊾ 치수를 배치하고 치수에 대하여 매개변수를 지정합니다.

EQ   EQ

기둥 폭/2 = 90   기둥 폭/2 = 90

칸살이 = 1760

(50) 프로젝트 탐색기에서 뷰 〉 입면도 〉 앞면을 클릭해서 뷰를 이동합니다. 상단 참조 레벨의 레벨 값을 클릭해서 레벨을 '2700'으로 입력합니다.

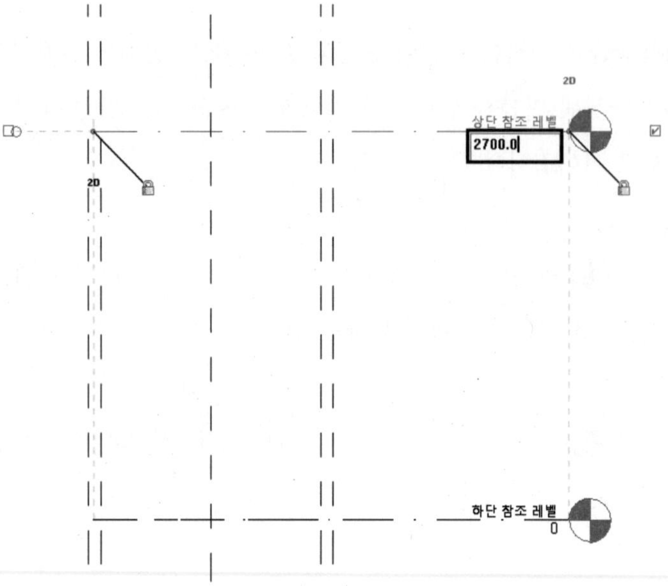

(51) 작성 탭 〉 참조 평면을 클릭하고 다음과 같이 4개의 참조 평면을 스케치합니다.

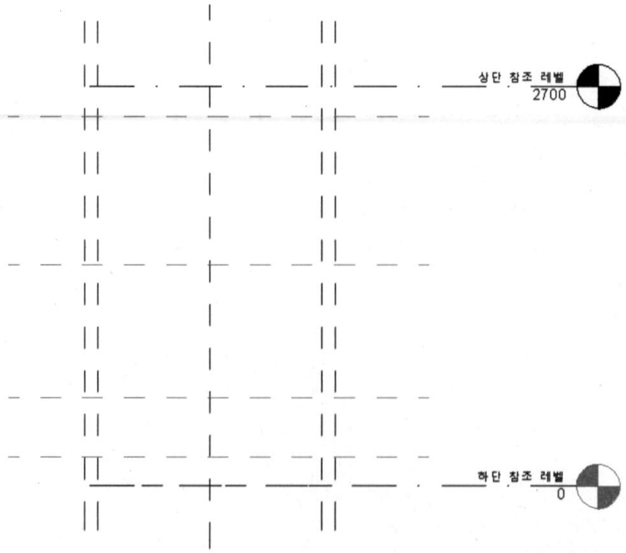

(52) 아래부터 참조 평면을 클릭하고 특성 창에서 ID 데이터 〉 이름에 각각 다음과 같이 입력합니다. '하인방 기준선', '머름중방 기준선', '중인방 기준선', '상인방 기준선'

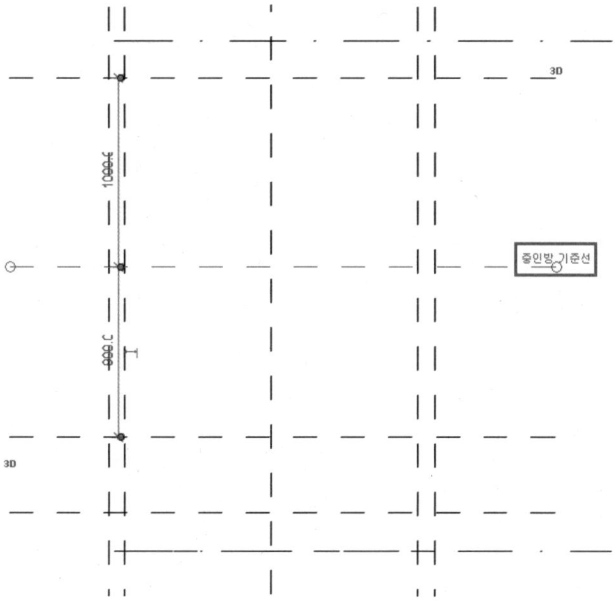

(53) 치수를 배치하고 치수에 대하여 매개변수를 지정합니다.

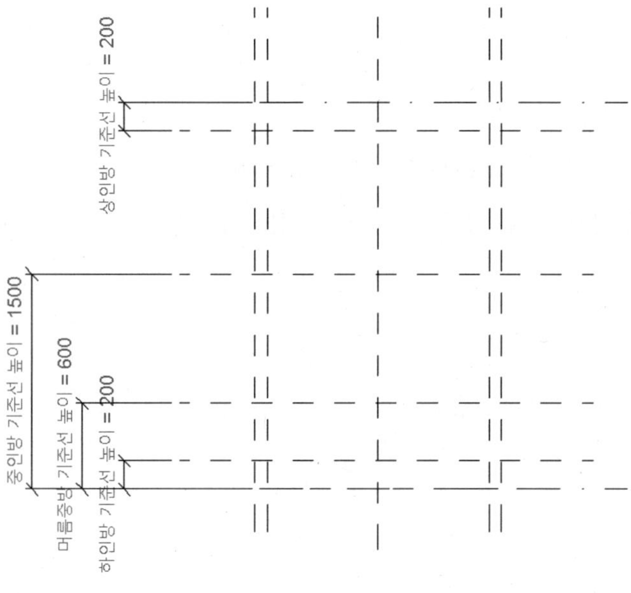

(54) 패밀리 유형( )을 클릭하고 매개변수를 다음과 같이 조정합니다. 이때 '상인방 기준선 높이'는 상단 참조 레벨이 변동해도 영향을 받지 않도록 잠그기에 체크합니다.

매개변수	값	수식	비고
기둥 폭	210		
기둥 폭/2		기둥 폭/2	
머름중방 기준선 높이	520		
상인방 기준선 높이	450		
중인방 기준선 높이	880		
칸살이	2700		
하인방 기준선 높이	100		

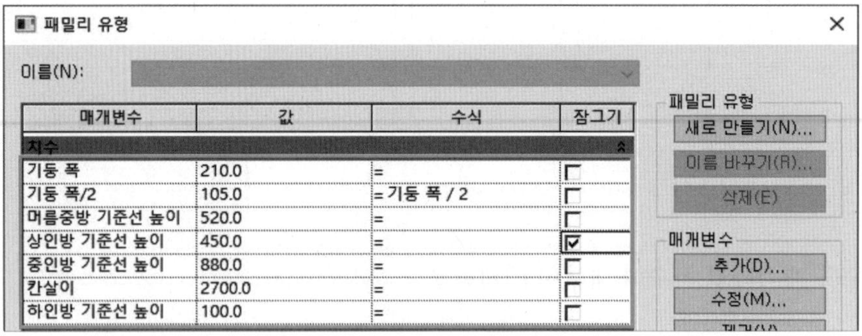

(55) 하인방부터 만들어 보겠습니다. 돌출을 클릭합니다. 작업 기준면 〉 설정을 클릭하고 새 작업 기준면 지정에서 '참조 평면: 하인방 기준선'을 선택하고 확인을 클릭합니다. 뷰로 이동 창에서 '평면도: 하단 참조 레벨'을 선택하고 뷰 열기를 클릭합니다.

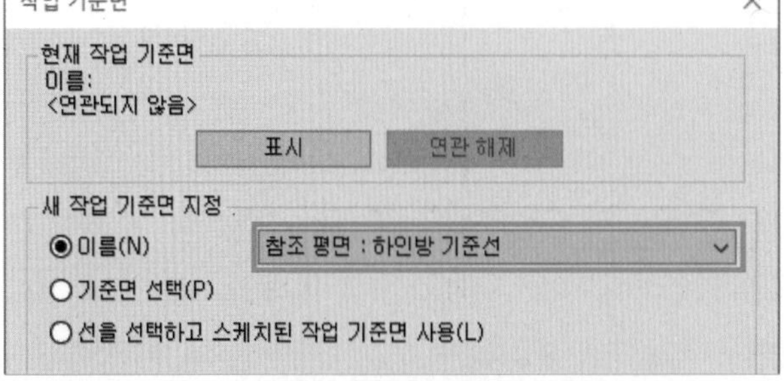

(56) 직사각형 도구( )를 이용해서 다음과 같이 스케치하고 정렬 구속합니다.

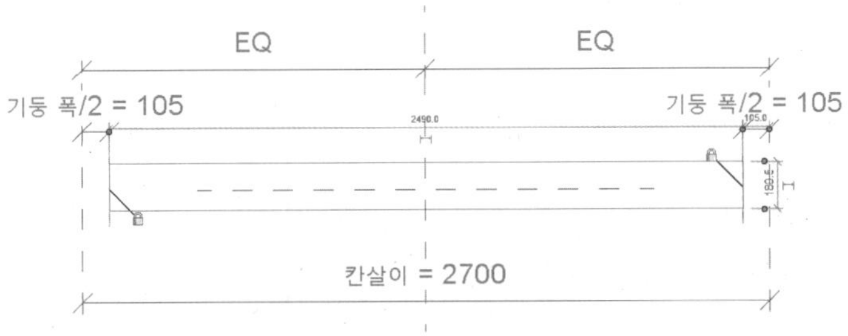

(57) 치수를 배치하고 치수에 대하여 매개변수를 지정합니다.

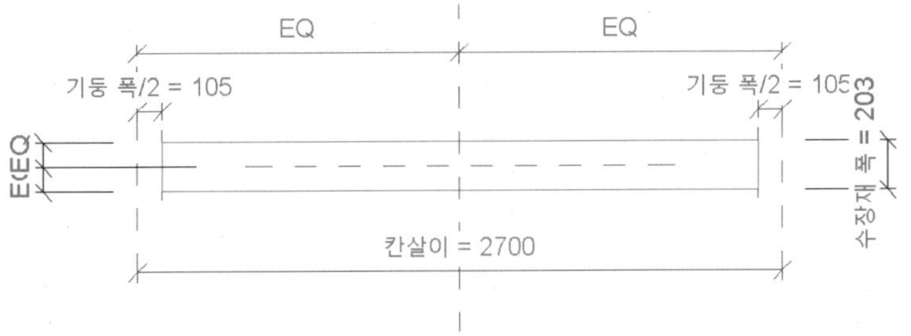

(58) 특성 창에서 구속 조건 〉 돌출 끝 〉 패밀리 매개변수 연관 아이콘( )을 클릭합니다. 매개변수 추가를 클릭하고 '하인방 높이'란 이름으로 매개변수를 지정하고 편집 모드 완료( )를 클릭합니다.

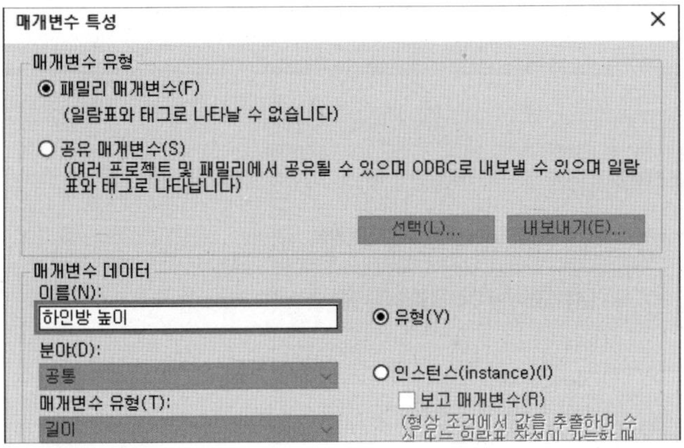

59 머름중방을 만들어 보겠습니다. 머름중방도 하인방과 동일한 방법으로 만들어지지만
작업 기준면을 '머름중방 기준선'으로 설정합니다.

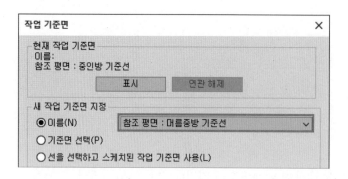

60 직사각형 도구(□)를 이용해서 다음과 같이 스케치하고 정렬 구속합니다.

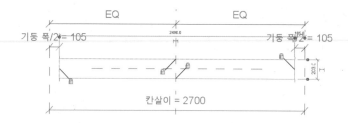

61 특성 창에서 구속 조건 〉 돌출 끝 〉 패밀리 매개변수 연관 아이콘(▤)을 클릭합니다.
매개변수 추가를 클릭하고 이름에 '머름중방 높이'란 이름으로 매개변수를 지정한 후
편집 모드 완료(✔)를 클릭합니다.

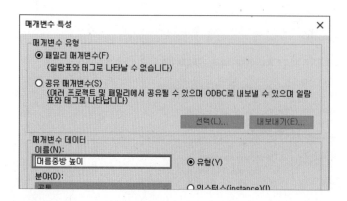

(62) 상인방을 만들어 보겠습니다. 방법은 머름중방과 동일하며 작업 기준면은 '상인방 기준선'입니다.

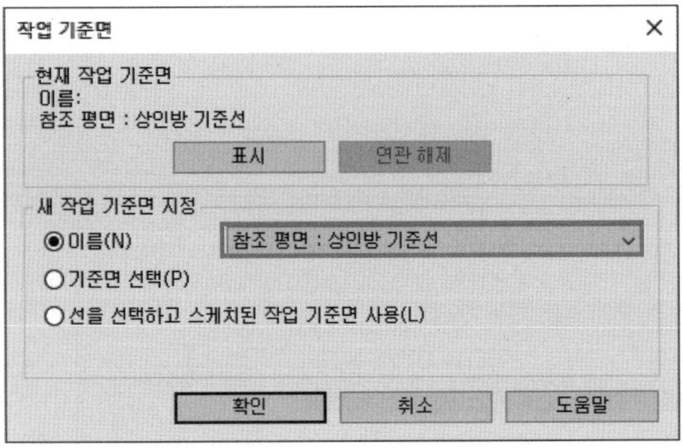

(63) 특성 창에서 구속 조건 > 돌출 끝 > 패밀리 매개변수 연관 아이콘( )을 클릭합니다. 매개변수 추가를 클릭하고 이름에 '상인방 높이'란 이름으로 매개변수를 지정한 후 편집 모드 완료( )를 클릭합니다.

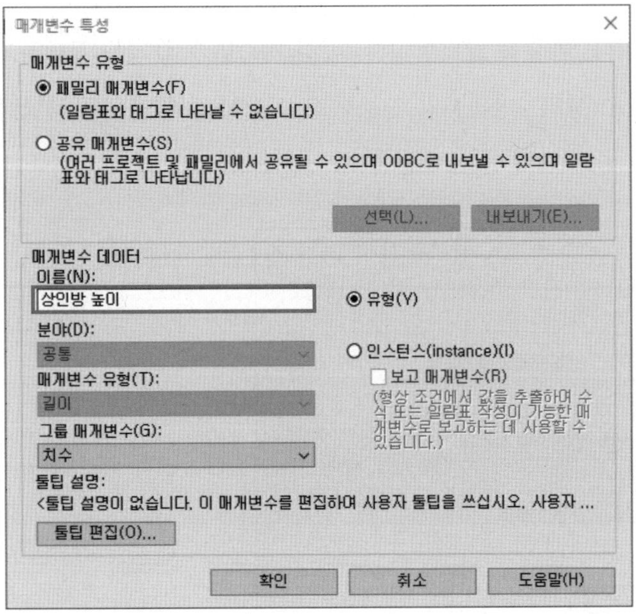

(64) 패밀리 유형( )을 클릭하고 다음과 같이 매개변수를 조정합니다.

매개변수	값	수식	비고
머름중방 높이	150		
상인방 높이	150		
수장재 폭	120		
하인방 높이	240		

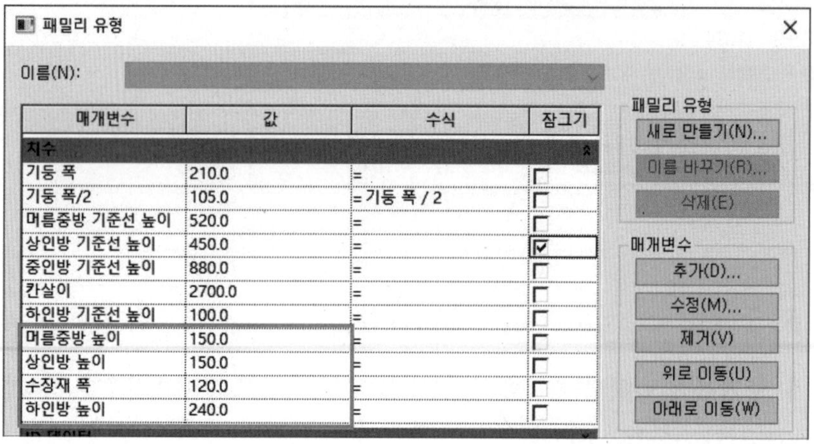

(65) 문선을 만들어 보겠습니다. 돌출을 클릭합니다. 작업 기준면 > 설정을 클릭하고 새 작업 기준면 지정에서 '참조 평면: 머름중방 기준선'을 선택하고 확인을 클릭합니다. 뷰 열기에서 '평면도: 하단 참조 레벨'을 선택한 후 뷰 열기를 합니다.

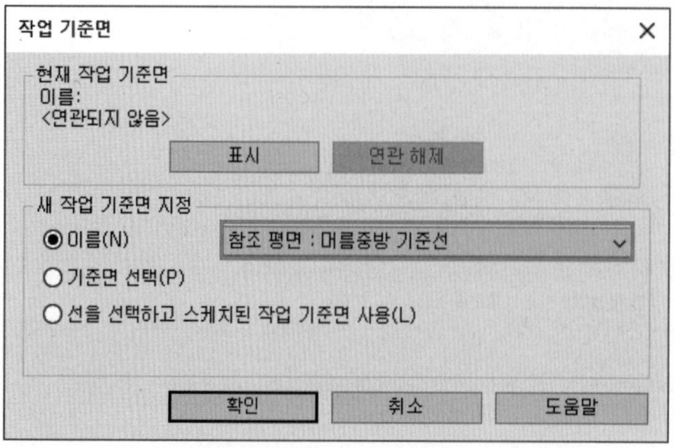

⑥⑥ 직사각형 도구(▢)를 이용해서 다음과 같이 스케치하고 정렬 구속합니다.

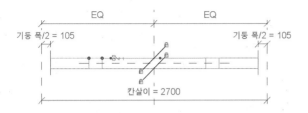

⑥⑦ 치수를 배치하고 치수에 대하여 매개변수를 지정합니다.

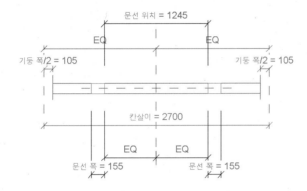

(문선은 기둥과 기둥 사이가 전체 창호로 구성된다면 벽선이 곧 문선이 되지만, 본 실습에서처럼 가운데 2짝 여닫이문이 설치되는 경우 문선의 위치는 기둥 안목치수의 1/4 지점이 됩니다.)

⑥⑧ 특성 창에서 구속 조건 〉 돌출 끝에 '500'으로 입력합니다. 돌출 시작 〉 패밀리 매개변수 연관 아이콘(▯)을 클릭하고 '머름중방 높이'로 매개변수를 지정합니다.

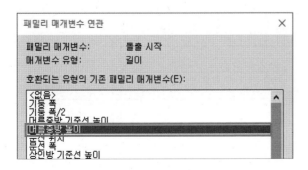

⑥⑨ 패밀리 유형(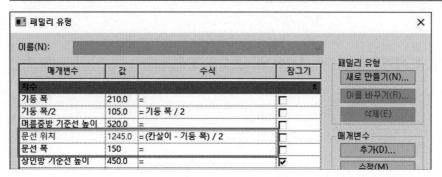)을 클릭하고 다음과 같이 매개변수를 조정한 후 편집 모드 완료(✔)를 클릭합니다.

매개변수	값	수식	비고
문선 위치		(칸살이−기둥 폭)/2	
문선 폭	150		

⑦⓪ 프로젝트 탐색기에서 뷰 〉 입면도 〉 앞면을 클릭해서 뷰를 이동합니다. 정렬 도구를 이용하여 문선을 상인방 기준선에 정렬 구속합니다.

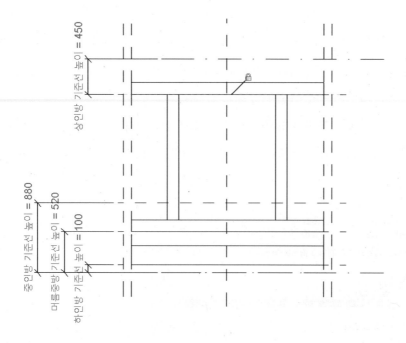

⑦ 이번에는 보이드를 이용해서 머름중방에 연귀를 만들어 보겠습니다. 보이드 돌출을 클릭합니다. 작업 기준면 〉 설정을 클릭하고 새 작업 기준면 지정에서 기준면 선택에 체크하고 확인을 클릭합니다.

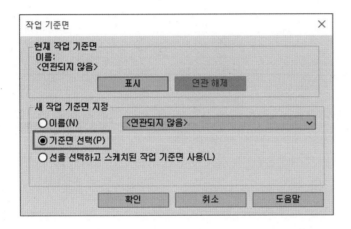

⑦ Tab 키를 이용해서 머름중방 앞면을 작업 기준면으로 설정합니다.

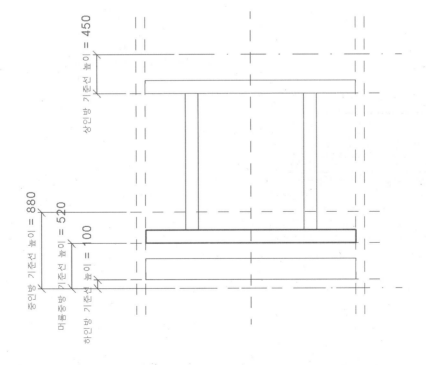

⑦ 그리기 도구를 이용해서 다음과 같이 스케치하고 정렬 구속합니다. 이때 사선은 '머름 중방 기준선'과 45°가 되도록 스케치합니다.

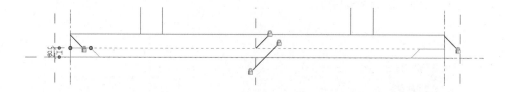

⑦ 정렬치수와 각도치수를 이용해서 치수를 배치하고 치수에 대해 매개변수를 지정합니다.

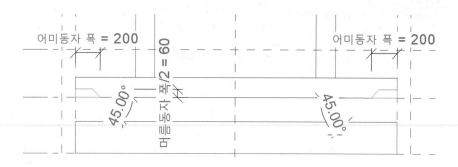

⑦ 특성 창에서 구속 조건 돌출 끝에 '21', 돌출 시작에 '0'을 입력합니다.

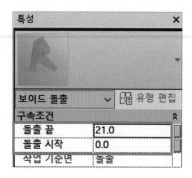

⑦ 패밀리 유형(📑)을 클릭하고 매개변수를 다음과 같이 조정한 후 편집 모드 완료(✔)를 클릭합니다.

매개변수	값	수식	비고
머름동자 폭	90		추가
머름동자 폭/2		머름동자 폭/2	
어미동자 폭	150		

⑦ 머름동자가 결구 될 장부 홈을 만들어 보겠습니다. 보이드 돌출을 클릭합니다. 작업 기준면은 어미동자 장부에서처럼 머름중방 앞면을 작업 기준면으로 설정합니다.

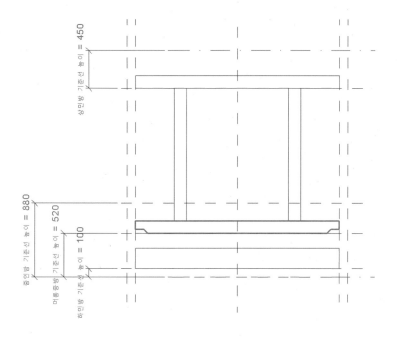

⑱ 작성 탭 〉참조 평면을 클릭하고 다음과 같이 6개의 참조 평면을 스케치합니다.

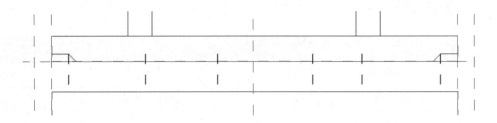

⑲ 양 끝에 있는 참조 평면은 어미동자 연귀꼭짓점에 정렬 구속합니다. 이때 Tab 키를 이용해서 연귀꼭짓점이 참조점이 되도록 선택합니다.

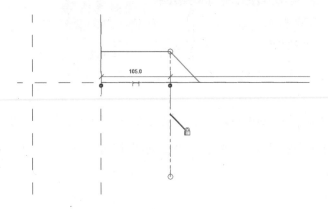

⑳ 다른 참조 평면에 대해서는 다음과 같이 치수를 배치하고 균등 배분합니다.

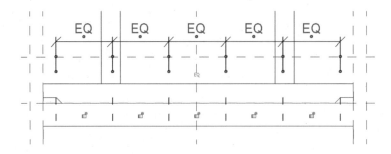

⑧¹ 그리기 도구를 이용해서 다음과 같이 스케치하고 정렬 구속합니다. 각각의 연귀꼭짓점
은 참조 평면에 정렬 구속합니다.

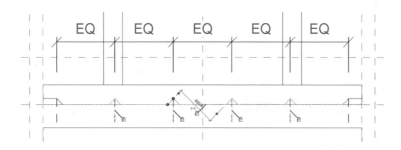

⑧² 치수를 배치하고 치수에 대해 매개변수를 지정합니다.

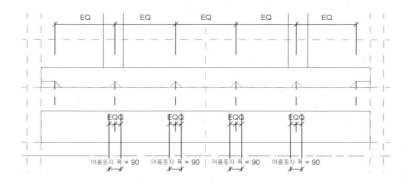

⑧³ 특성 창에서 구속 조건 〉 돌출 끝에 '21', 돌출 시작에 '0'을 입력하고 편집 모드 완료(✔)
를 클릭합니다.

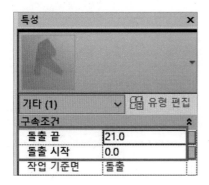

⑧⑧ 쪽중인방이라고도 부르는 중인방을 만들어 보겠습니다. 돌출을 클릭합니다. 작업 기준면 〉 설정을 클릭하고 새 작업 기준면 지정에서 '참조 평면: 중인방 기준선'을 선택하고 확인을 클릭합니다. 뷰 열기에서 '하단 참조 레벨'을 선택하고 뷰 열기를 클릭합니다.

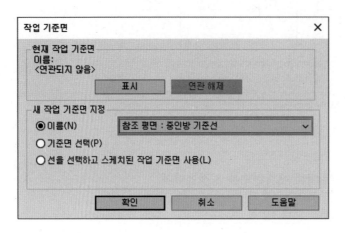

⑧⑤ 직사각형 도구(□)를 이용해서 다음과 같이 스케치하고 정렬 구속합니다.

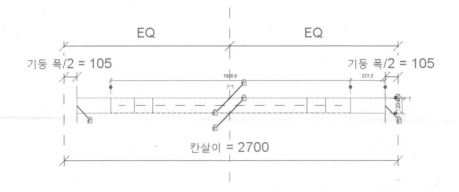

⑧⑥ 특성 창에서 구속 조건 돌출 끝에 '150'을 입력하고 패밀리 매개변수 연관 아이콘(▨)을 클릭합니다. 매개변수 추가를 클릭하고 '중인방 높이'란 이름으로 매개변수를 지정한 후 편집 모드 완료를 클릭합니다.

⑧⑦ 프로젝트 탐색기에서 뷰 〉 입면도 〉 앞면을 클릭해서 뷰를 이동합니다. 정렬 도구를 이용해서 문선 바깥쪽 참조 선에 정렬 구속합니다.

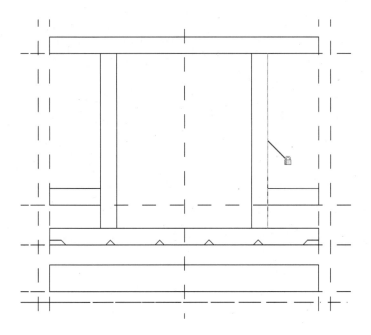

(중인방 기준선은 패밀리 또는 프로젝트 내에서 조립할 때 매개변수로 조정할 수 있습니다.)

⑧⑧ 각각의 돌출을 클릭하고 재료 및 마감재의 매개변수를 '소나무'로 지정합니다. (기둥 참조)

⑧⑨ 이제 '머름' 패밀리를 불러와서 결합하도록 하겠습니다. 신속 접근 도구 막대에서 창 전환을 확장합니다. 머름을 클릭해서 머름창으로 전환합니다.

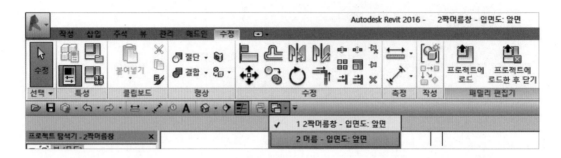

⑨⑩ 패밀리 편집기 패널에서 프로젝트에 로드한 후 닫기를 클릭합니다. '변경 사항을 머름에 저장하시겠습니까?'라는 메시지가 나오면 '예'를 클릭합니다.

⑨① 머름 패밀리는 평면 뷰에서만 배치할 수 있습니다. 프로젝트 탐색기에서 뷰 〉 평면 〉 하단 참조 레벨을 클릭해서 뷰를 이동합니다. '머름' 패밀리는 프로젝트 탐색기에서 패밀리 〉 일반 모델 카테고리에서 찾을 수 있습니다.

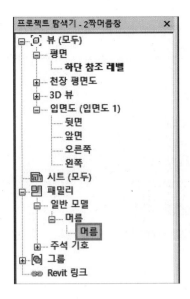

㉒ '머름' 패밀리를 드래그해서 십반 중심에 배치합니다.

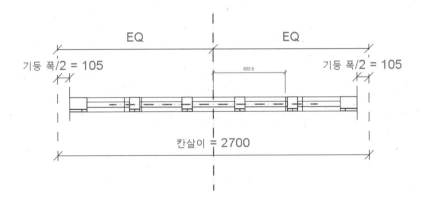

㉓ 도면 영역에서 머름을 클릭하고 특성 패널 〉 유형 특성을 클릭합니다.

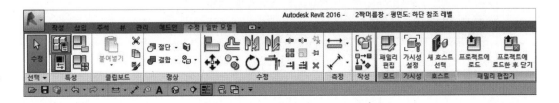

㉞ 유형 특성 대화 창에서 각각의 매개변수의 오른쪽 끝에 패밀리 매개변수 연관 아이콘
(▊)이 있습니다. 이 아이콘을 클릭해서 같은 이름의 매개변수를 찾아 지정합니다.

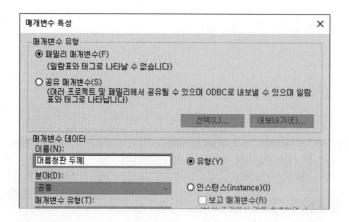

㉟ '머름청판 두께'의 경우 같은 이름이 없기 때문에 매개변수 추가를 클릭하고 '머름청판
두께'란 동일한 이름으로 매개변수를 지정합니다.

⑨⑥ 이렇게 해서 '2짝머름창'이라는 문얼굴이 만들어졌습니다. 신속 접근 막대에서 기본
3D 뷰(⬡)를 클릭해서 확인해 봅니다.

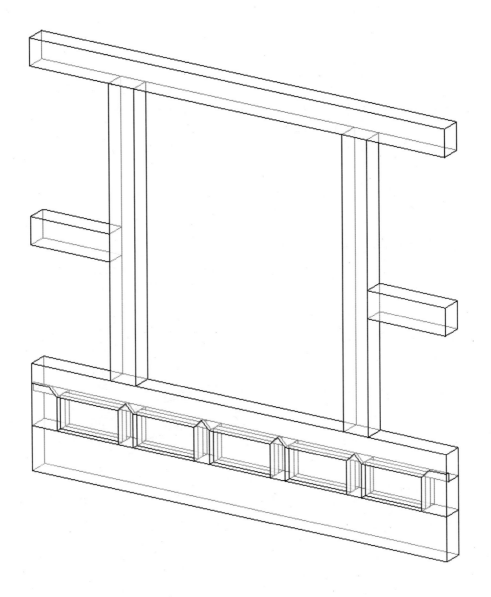

* 다음의 그림에서 보시면 실무에서는 좀 더 복잡한 형상으로 구성되어 있습니다. 처음
  학습하시는 일반 독자분들이 많은 매개변수와 용어들로 어려움을 느낄 수 있기 때문에
  본 교재에서는 간단하게 실습해 보았습니다.

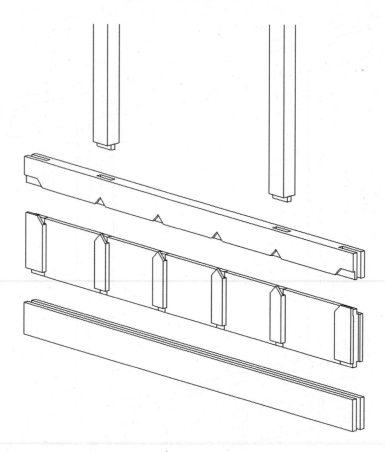

5) 평난간

평난간은 계자각이 없이 구성된 난간으로 난간동자 사이에 청판 대신 창처럼 살대로 엮은 '교란'으로 구성된 난간입니다. 교란은 살대의 모양에 따라 아자교란, 완자교란, 빗살교란 등으로 구분합니다. 본 실습에서는 아자교란으로 구성된 아자난간을 만들어 보겠습니다.

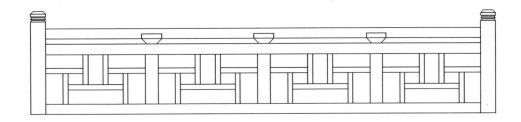

(1) 아자난간

아자난간은 아자교란, 하엽, 난간동자를 각각의 패밀리로 만들어서 조합하는 형식으로 만들어 보겠습니다.

(가) 아자교란

① 패밀리 〉 새로 작성을 클릭합니다. '미터법 일반 모델' 템플릿을 선택하고 열기를 클릭합니다.

② 응용 프로그램 메뉴()를 확장하여 저장을 클릭한 후 적당한 폴더에 '아자교란'이란 이름으로 저장합니다.

③ 작성 탭 〉 참조 평면을 클릭합니다. 그리기 도구를 이용해서 다음과 같이 스케치합니다.

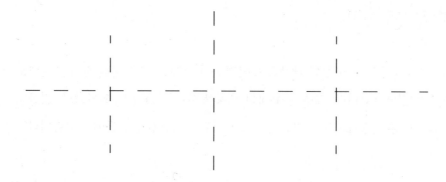

④ 스케치한 참조 평면을 클릭하고 특성 창에서 ID 데이터 이름에 각각 '왼쪽', '오른쪽'을 입력합니다.

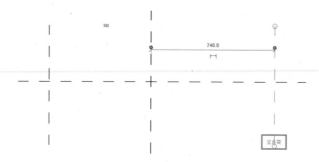

⑤ 치수를 배치하고 치수에 대하여 '아자교란 폭'으로 매개변수를 지정합니다.

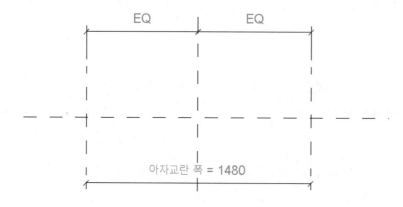

⑥ 프로젝트 탐색기에서 뷰 〉 입면도 〉 앞면을 클릭해서 뷰를 이동합니다. 작성 탭에서
참조 평면을 클릭하고 다음과 같이 스케치합니다.

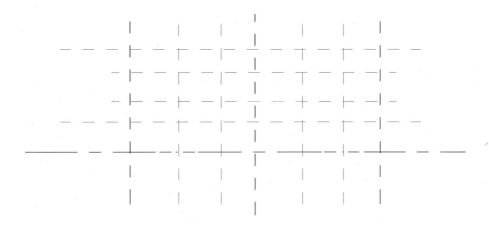

⑦ 가로 참조 평면 중에 위에 있는 참조 평면을 클릭하고 특성 창에서 ID 데이터 이름에
'난간상대 기준선'으로 입력합니다.

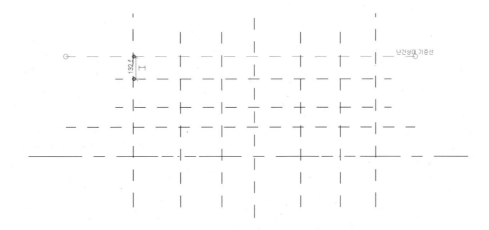

⑧ 치수를 배치하고 치수에 대하여 매개변수를 지정합니다.

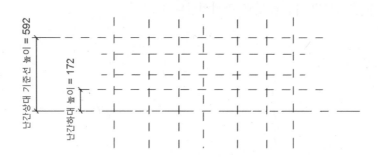

⑨ 나머지 가로 참조 평면과 세로 참조 평면은 다음과 같이 균등 배분합니다.

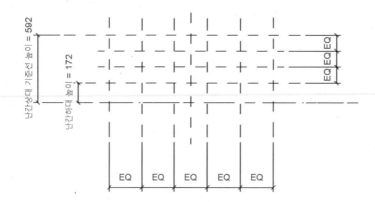

⑩ 돌출을 클릭합니다. 작업 기준면 〉 설정을 클릭하고 새 작업 기준면 지정에서 '레벨 : 참조 레벨'을 선택한 확인을 클릭합니다. 뷰 열기 창에서 '평면도 : 참조 레벨'을 선택한 후 뷰를 이동합니다.

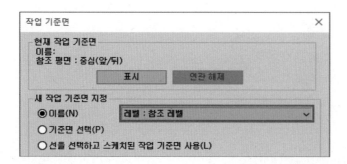

⑪ 직사각형 도구(▭)를 이용해서 다음과 같이 스케치하고 상호 정렬 구속합니다.

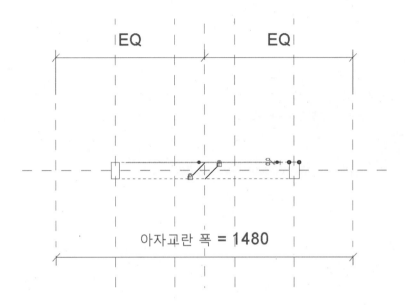

⑫ 치수를 배치하고 치수에 대해 매개변수를 지정합니다.

⑬ 특성 창에서 구속 조건 > 돌출 시작 > 패밀리 매개변수 연관 아이콘(▊)을 클릭하고 '난간하대 높이'를 매개변수로 지정합니다.

⑭ 패밀리 유형(▦)을 클릭하고 다음과 같이 매개변수를 조정한 후 편집 모드 완료(✔)를 클릭합니다.

매개변수	값	수식	비고
교살 두께	45		추가
교살 폭	30		
난간상대 기준선 높이	350		
난간하대 높이	60		

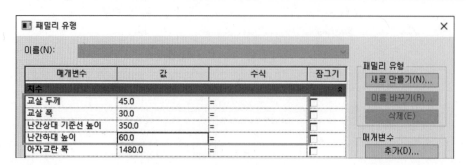

⑮ 돌출을 클릭합니다. 이번에는 작업 기준면을 '난간 상대 기준선'으로 설정합니다.

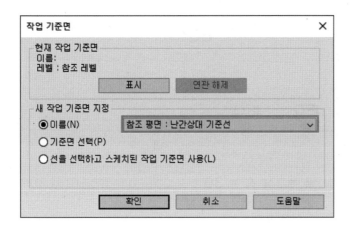

⑯ 직사각형 도구(□)를 이용해서 다음과 같이 스케치하고 상호 정렬 구속합니다.

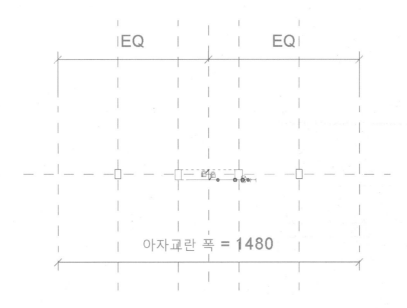

⑰ 치수를 배치하고 치수에 대하여 매개변수를 지정합니다.

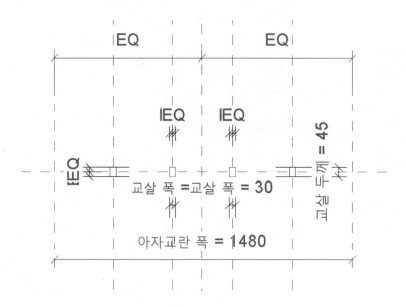

⑱ 특성 창에서 구속 조건 〉 돌출 끝에 '-150', 돌출 시작에 '0'을 입력한 후 편집 모드 완료
(✔)를 클릭합니다.

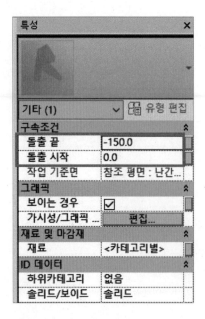

⑲ 가로 교살을 만들어 보겠습니다. 돌출을 클릭합니다. 작업 기준면 〉 설정을 클릭하고 새 작업 기준면 지정에서 '참조 평면: 왼쪽'을 작업 기준면으로 설정합니다. 뷰로 이동 창에서 '입면도: 왼쪽'을 선택해서 뷰를 이동합니다.

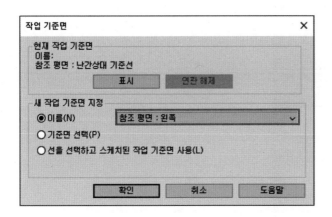

⑳ 직사각형 도구(▢)를 이용해서 스케치하고 정렬 구속한 다음 치수를 배치하고 '교살 폭'으로 매개변수를 지정합니다.

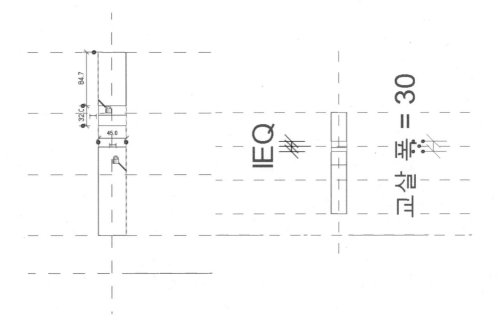

㉑ 특성 창에서 구속 조건 돌출 끝에 '150', 돌출 시작에 '0'을 입력한 후 편집 모드 완료(✔)
를 클릭합니다.

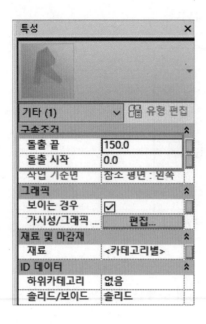

㉒ 다시 돌출을 클릭합니다. 작업 기준면을 '참조 평면: 오른쪽'으로 설정합니다. 뷰로 이
동 창에서 '입면도: 오른쪽'을 선택해서 뷰를 이동합니다.

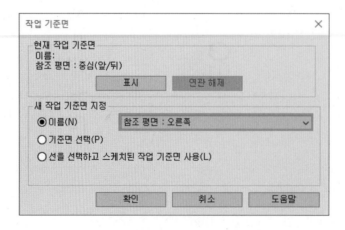

㉓ 직사각형 도구(▭)를 이용해서 다음과 같이 스케치합니다. '왼쪽' 참조 평면에 스케치한 교살에 정렬 구속합니다.

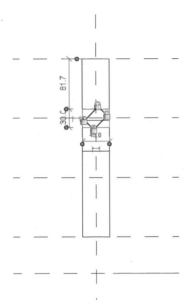

㉔ 특성 창에서 구속 조건 〉 돌출 끝에 '–150', 돌출 시작에 '0'을 입력한 후 편집 모드 완료(✔)를 클릭합니다.

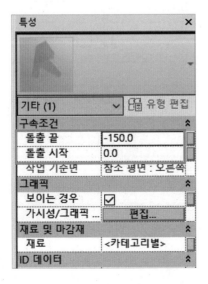

㉕ 마지막으로 앞면 뷰로 이동해서 가로 교살을 만들어 보겠습니다. 프로젝트 탐색기에서 뷰 〉 입면도 〉 앞면을 클릭해서 뷰를 이동합니다. 돌출을 클릭합니다. 작업 기준면 〉 설정을 클릭하고 새 작업 기준면 지정에서 기준면 선택에 체크한 후 확인을 클릭합니다.

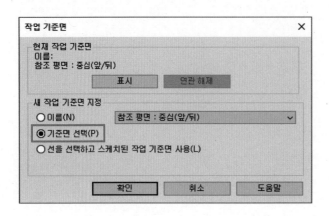

㉖ 다음 그림과 같이 세로교살 안쪽 면을 작업 기준면으로 설정합니다. 뷰로 이동창에서 '입면도: 오른쪽'을 선택해서 뷰를 이동합니다.

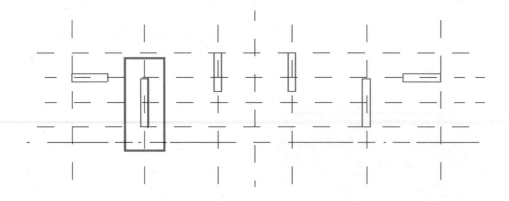

㉗ 직사각형 도구(□)를 이용해서 스케치하고 정렬 구속한 다음 치수를 배치하고 치수에
대해 '교살 폭'으로 매개변수를 지정합니다.

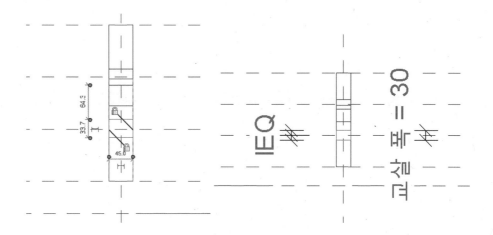

㉘ 특성 창에서 구속 조건 돌출 끝에 '150', 돌출 시작에 '0'을 입력한 후 편집 모드 완료(✔)
를 클릭합니다.

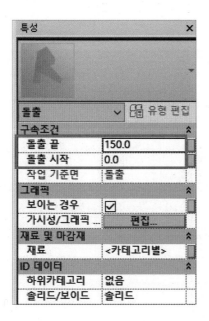

㉙ 프로젝트 탐색기에서 뷰 〉 입면도 〉 앞면을 클릭해서 뷰를 이동합니다. 정렬 도구를
이용해서 아래에 있는 가로 교살을 세로 교살에 정렬 구속합니다.

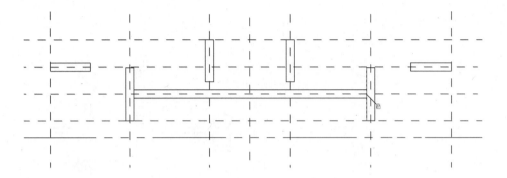

㉚ 가운데 세로 교살을 가로 교살에 정렬 구속합니다.

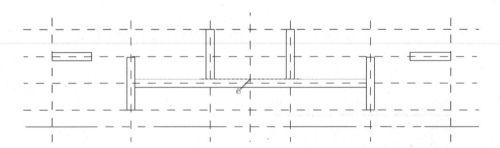

㉛ 위에 있는 가로 교살을 가운데 세로 교살에 정렬 구속합니다.

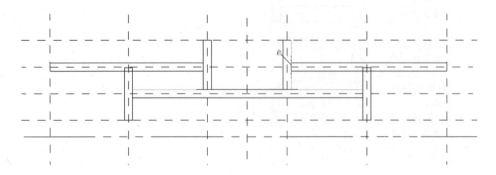

㉜ 양쪽에 있는 세로 교살을 위쪽 가로 교살에 정렬 구속합니다.

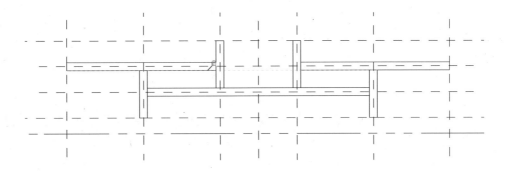

㉝ 패밀리 유형(🖳)을 클릭합니다. 교란의 높이나 폭이 변경되더라도 교살의 폭과 두께가 영향을 받지 않도록 '교살 두께'와 '교살 폭'의 잠그기에 체크합니다.

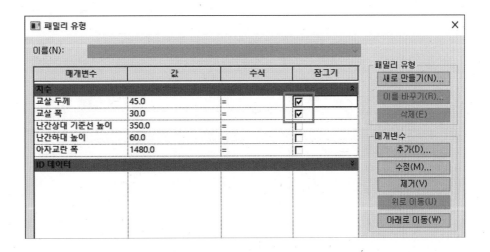

㉞ 끝으로 '아자교란 폭' 값을 '900' 조정한 후 적용을 클릭했을 때 교살이 매개변수에 잘 적용되는지 확인한 후 저장을 합니다. 각각의 교란을 클릭한 후 재료 및 마감재의 매개 변수를 '소나무'로 지정합니다. (기둥 참조)

(나) 난간동자

① 응용 프로그램 메뉴를 클릭합니다. 새로 만들기 〉 패밀리를 클릭하고 '미터법 일반 모델'을 선택한 후 열기를 클릭합니다.

② 응용 프로그램 메뉴(📐)를 확장하여 저장을 클릭한 후 적당한 폴더에 '난간동자'란 이름으로 저장합니다.

③ 프로젝트 탐색기에서 뷰 〉 입면도 〉 앞면을 클릭해서 뷰를 이동합니다. 작성 탭에서 참조 평면을 클릭하고 다음과 같이 스케치합니다.

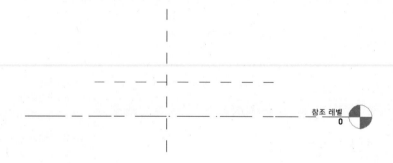

④ 치수를 배치하고 치수에 대하여 매개변수를 지정합니다.

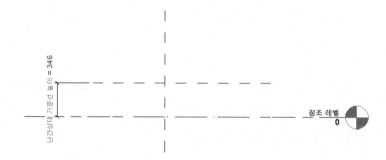

⑤ 돌출을 클릭합니다. 작업 기준면 〉 설정을 클릭하고 새 작업 기준면 지정에서 '레벨: 참조 레벨'을 선택한 후 확인을 클릭합니다. 뷰 열기에서 '평면도: 참조 레벨'을 선택한 후 뷰 열기를 클릭합니다.

⑥ 직사각형 도구(□)를 이용하여 스케치한 다음 치수를 배치하고 치수에 대해 '난간동자 폭'이란 이름으로 매개변수를 지정합니다.

⑦ 특성 창에서 구속 조건 > 돌출 시작 > 패밀리 매개변수 연관 아이콘(▊)을 클릭합니다.

매개변수 추가를 클릭하고 '난간하대 높이'란 이름으로 매개변수를 지정합니다.

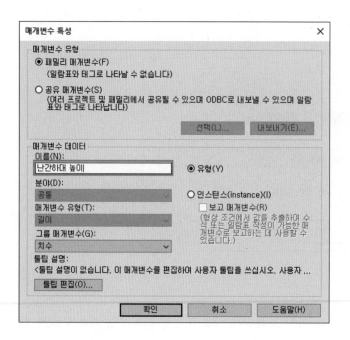

⑧ 패밀리 유형(▊)을 클릭하고 다음과 같이 매개변수 값을 조정한 후 편집 모드 완료(✔)
를 클릭합니다.

매개변수	값	수식	비고
난간동자 폭	75		
난간하대 높이	60		

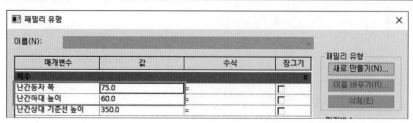

⑨ 프로젝트 탐색기에서 뷰 〉 입면도 〉 앞면을 클릭해서 뷰를 이동합니다. 난간동자를 난
간상대 기준선 높이에 정렬 구속합니다.

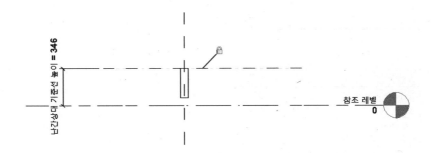

⑩ 난간동자를 클릭하고 재료 및 마감재의 매개변수를 '소나무'로 지정한 후 완료합니다.

(다) 하엽

① 응용 프로그램 메뉴를 클릭하고 새로 만들기 〉 패밀리를 클릭합니다. '미터법 일반 모
델' 템플릿을 선택한 후 열기를 클릭합니다.

② 응용 프로그램 메뉴(■)를 확장하여 저장을 클릭한 후 적당한 폴더에 '하엽'이란 이름
으로 저장합니다.

③ 프로젝트 탐색기에서 뷰 〉 입면도 〉 앞면 뷰를 클릭해서 뷰를 이동합니다. 작성 탭에
서 참조 평면을 클릭하고 다음과 같이 참조 평면을 스케치합니다.

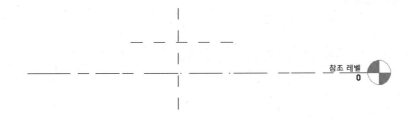

④ 스케치한 참조 평면을 선택하고 특성 창 ID 데이터 〉 이름에 '난간상대 기준선'을 입력
합니다.

⑤ 치수를 배치하고 치수에 대하여 '난간상대 기준선 높이'란 이름으로 매개변수를 지정합니다.

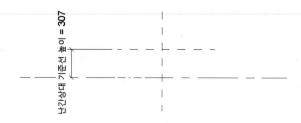

⑥ 돌출을 클릭합니다. 작업 기준면 〉 설정을 클릭하고 '난간상대 기준선'을 선택한 후 확인
을 클릭합니다. 뷰 열기 창에서 '평면도: 참조 레벨'을 선택한 후 뷰 열기를 클릭합니다.

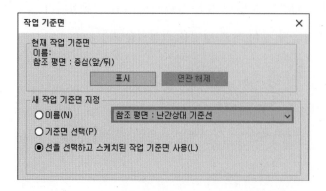

⑦ 직사각형 도구(☐)를 이용해서 스케치한 다음 치수를 배치하고 치수에 대해 '하엽 폭'
으로 매개변수를 지정합니다.

⑧ 특성 창에서 구속 조건 〉 돌출 끝 〉 패밀리 매개변수 연관 아이콘(▊)을 클릭합니다.
매개변수 추가를 클릭하고 '하엽 돌출 끝'이란 이름으로 매개변수를 지정합니다.

⑨ 돌출 시작 〉 패밀리 매개변수 연관 아이콘(█)을 클릭합니다. 매개변수 추가를 클릭하고 '난간상대 높이'란 이름으로 매개변수를 지정합니다.

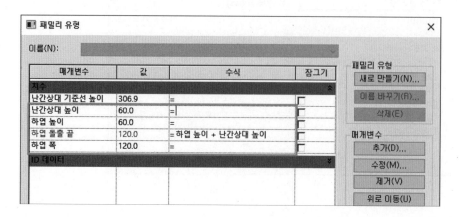

⑩ 패밀리 유형(█)을 클릭하고 다음과 같이 매개변수를 조정한 후 편집 모드 완료(✔)를 클릭합니다.

매개변수	값	수식	비고
난간상대 높이	60		
하엽 높이	60		
하엽 돌출 끝		하엽 높이 + 난간상대 높이	
하엽 폭	120		

⑪ 하엽 하단을 가공하기 위해 작성 탭에서 보이드 스윕을 클릭합니다.

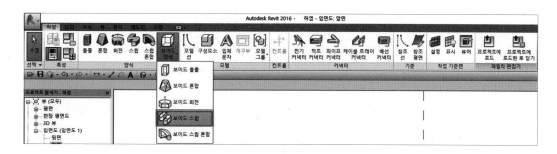

⑫ 작업 기준면 설정을 클릭하고 새 작업 기준면 지정에서 '기준면 선택'에 체크한 후 확인을 클릭합니다.

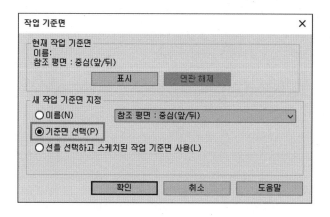

⑬ 다음과 같이 하엽 하단을 작업 기준면으로 설정합니다. 뷰로 이동 창에서 '평면도 : 참조 레벨'을 선택한 후 뷰 열기를 클릭합니다.

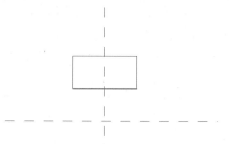

⑭ 경로 스케치를 클릭합니다.

⑮ 직사각형 도구(▭)를 이용해서 하엽폭과 동일한 정사각형을 스케치하고 정렬 구속합
니다. 경로 스케치 완료의 의미로 편집 모드 완료(✔)를 클릭합니다.

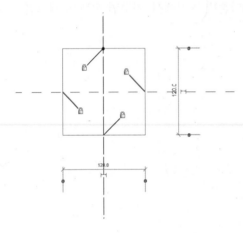

⑯ 수정 | 스윕 탭에서 프로파일 편집을 클릭합니다. 뷰로 이동 창에서 '입면도: 오른쪽'을
선택한 후 뷰 열기를 클릭합니다.

⑰ 그리기 도구를 이용해서 다음과 같이 스케치하고 정렬 구속합니다. 이때 세로선은 하엽 높이의 중간점에 스냅점이 생겼을 때 클릭해서 스케치합니다. 사선은 45°가 되도록 스케치합니다.

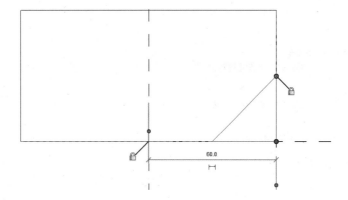

⑱ 프로파일 편집 완료의 의미로 편집 모드 완료(✔)를 클릭합니다. 이번에는 보이드 스윕의 완료 의미로 편집 모드 완료(✔)를 클릭합니다. 다음과 같이 하엽 하단이 가공되었습니다.

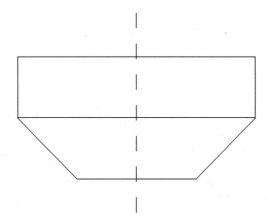

⑲ 돌란대가 결구될 수 있도록 가공해 보겠습니다. 보이드 돌출을 클릭합니다. 입면도 〉 오른쪽뷰인 상태에서 작업 기준면 설정을 클릭합니다. 새 작업 기준면 지정에서 기준면 선택에 체크하고 확인을 클릭합니다.

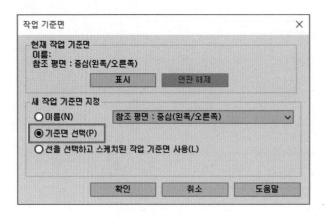

⑳ 다음 그림과 같이 오른쪽 측면을 작업 기준면으로 설정합니다. 원(⊘) 도구를 이용해서 다음과 같이 스케치합니다.

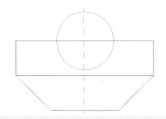

㉑ 원을 클릭하고 특성 창에서 그래픽 〉 중심 마크 보기에 체크합니다.

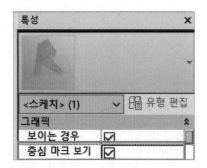

㉒ 정렬도구를 이용해서 원의 중심을 하엽 상단과 중심 참조 평면에 정렬 구속합니다.

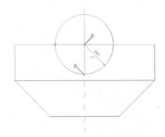

㉓ 반지름 치수를 이용해서 치수를 배치하고 '돌란대 반지름'이란 이름으로 매개변수를 지
정합니다.

㉔ 특성 창에서 구속조건 〉 돌출 끝 〉 패밀리 매개변수 연관 아이콘(▨)을 클릭하고 '하엽
폭'으로 매개변수를 지정합니다.

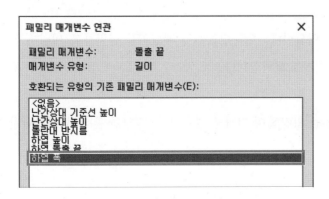

㉕ 패밀리 유형(📇)을 클릭하고 '돌란대 반지름'값을 '30'으로 조정한 후 편집 모드 완료 (✔)를 클릭합니다.

매개변수	값	수식	잠그기
치수			
난간상대 기준선 높이	306.9	=	□
난간상대 높이	60.0	=	□
돌란대 반지름	30	=	□
하엽 높이	60.0	=	□
하엽 돌출 끝	120.0	= 하엽 높이 + 난간상대	□
하엽 폭	120.0	=	□
ID 데이터			

패밀리 유형
새로 만들기(N)...
이름 바꾸기(R)...
삭제(E)

매개변수
추가(D)...
수정(M)...
제거(V)
위로 이동(U)
아래로 이동(W)

㉖ 하엽을 클릭하고 재료 및 마감재의 매개변수를 '소나무'로 지정합니다.(기둥 참조)

㈔ 아자난간 패밀리 생성

위에서 만들어본 '아자교란', '난간동자', '하엽' 패밀리를 묶어서 하나의 패밀리로 만들어 보겠습니다. 장점은 프로젝트 내에서 조립이 편리하고 아자난간 전체 길이 변화에 대하여 수식을 활용하면 자동으로 난간개수 등에 대응할 수 있도록 제작할 수 있습니다.

① 응용 프로그램 메뉴를 클릭합니다. 새로 만들기 〉 패밀리를 클릭하고 '미터법 일반 모델' 템플릿을 선택한 후 열기를 클릭합니다.

② 응용 프로그램 메뉴(🅰)를 확장하여 저장을 클릭한 후 적당한 폴더에 '아자난간'이란 이름으로 저장합니다.

③ 작성 탭에서 참조 평면을 클릭하고 다음과 같이 참조 평면을 스케치합니다.

④ 치수를 배치하고 치수에 대하여 '길이'란 이름으로 매개변수를 지정합니다.

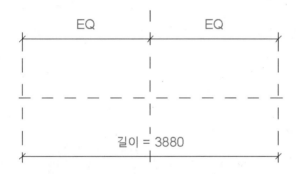

⑤ 프로젝트 탐색기에서 뷰 〉 입면도 〉 앞면을 클릭해서 뷰를 이동합니다. 작성 탭에서
참조 평면을 클릭하고 다음과 같이 참조 평면을 스케치합니다.

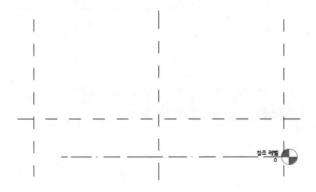

⑥ 스케치한 참조 평면을 선택하고 특성 창에서 ID 데이터 > 이름에 '난간상대 기준선'으로 입력합니다.

⑦ 치수를 배치하고 치수에 대하여 '난간상대 기준선 높이'란 이름으로 매개변수를 지정합니다.

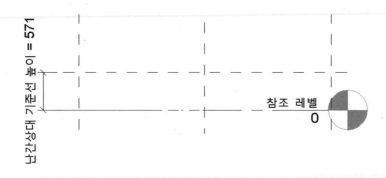

⑧ 패밀리 유형(🏛)을 클릭하고 매개변수 '난간상대 기준선 높이' 값을 '350'으로 조정합니다.

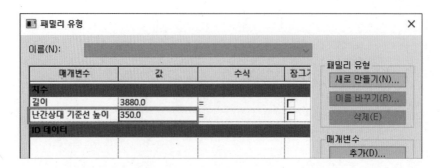

⑨ 돌출을 클릭합니다. 작업 기준면 〉 설정을 클릭하고 새 작업 기준면 지정에서 '레벨 : 참조 레벨'을 선택한 후 확인을 클릭합니다. 뷰로 이동 창에서 '평면도 : 참조 레벨'을 선택한 후 뷰 열기를 클릭합니다.

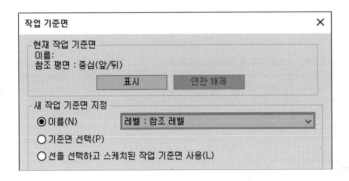

⑩ 직사각형 도구(☐)를 이용해서 다음과 같이 스케치한 후 정렬 구속합니다.

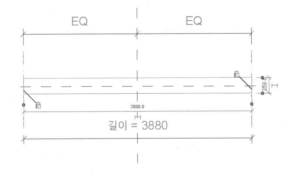

⑪ 치수를 배치하고 치수에 대하여 '난간하대 폭'이란 이름으로 매개변수를 지정합니다.

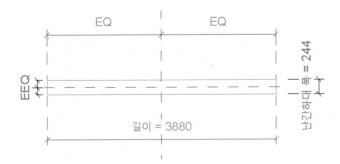

⑫ 특성 창에서 구속조건 > 돌출 끝 > 패밀리 매개변수 연관 아이콘(▊)을 클릭합니다. 매개변수 추가를 클릭하고 '난간하대 높이'란 이름으로 매개변수를 지정합니다.

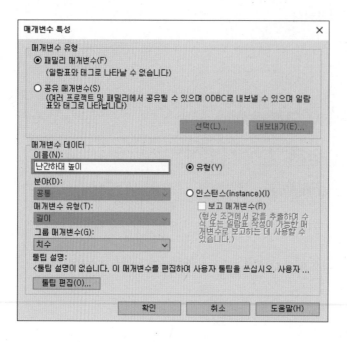

⑬ 패밀리 유형(▊)을 클릭합니다. 매개변수를 다음과 같이 조정하고 편집 모드 완료(✔)를 클릭합니다.

매개변수	값	수식	비고
난간하대 높이	60		
난간하대 폭	75		

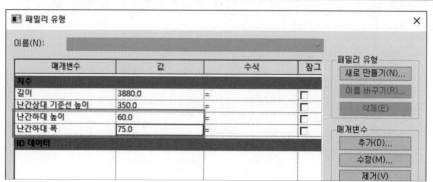

⑭ 난간상대를 만들어 보겠습니다. 돌출을 클릭합니다. 작업 기준면 〉 설정을 클릭하고
새 작업 기준면 지정에서 '참조 평면: 난간상대 기준선'을 선택하고 확인을 클릭합니다.

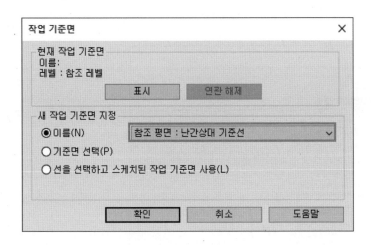

⑮ 직사각형 도구(□)를 이용해서 다음과 같이 스케치하고 정렬 구속합니다.

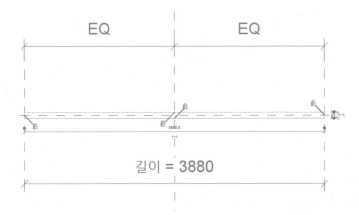

⑯ 특성 창에서 구속조건 돌출 끝에 '60'을 입력합니다. 그리고 패밀리 매개변수 연관 아이콘(▨)을 클릭하고 매개변수 추가를 클릭합니다. '난간상대 높이'란 이름으로 매개변수를 지정하고 편집 모드 완료(✔)를 클릭합니다.

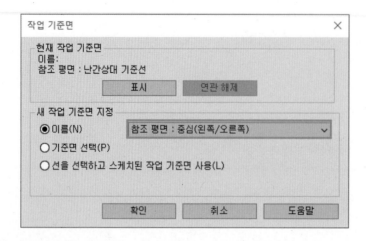

⑰ 돌란대를 만들어 보겠습니다. 돌출을 클릭합니다. 작업 기준면 〉 설정을 클릭하고 새 작업 기준면 지정에서 '참조 평면: 중심(왼쪽/오른쪽)'을 선택한 후 확인을 클릭합니다. 뷰로 이동창에서 '입면도: 오른쪽'을 선택합니다.

⑱ 원(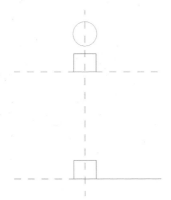) 도구를 이용해서 다음과 같이 스케치합니다.

⑲ 원을 선택하고 특성 창에서 그래픽 〉 중심 마크 보기에 체크합니다.

⑳ 정렬도구(▤)를 이용하여 원의 중심 마크를 중심선에 정렬 구속합니다. 그리고 정렬치 수와 반지름 치수를 이용하여 치수를 배치하고 다음과 같이 매개변수를 지정합니다.

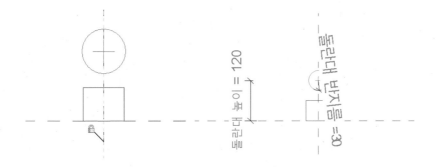

㉑ 패밀리 유형(▦)을 클릭하고 다음과 같이 매개변수를 조정한 후 편집 모드 완료(✔)를 클릭합니다.

매개변수	값	수식	비고
하엽 높이	60		추가
돌란대 높이		난간상대 높이 + 하엽 높이	
돌란대 반지름	30		

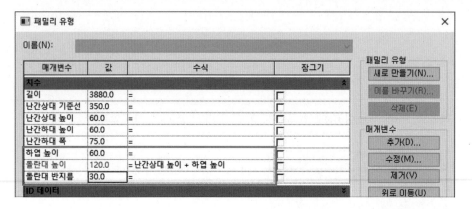

㉒ 프로젝트 탐색기에서 뷰 〉 입면도 〉 앞면을 클릭해서 뷰를 이동합니다. 정렬도구를 이용해서 돌란대를 양 옆의 참조평면에 정렬 구속합니다.

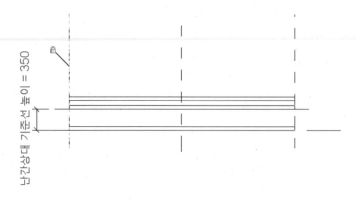

㉓ 각각의 돌출을 클릭하고 재료 및 마감재의 매개변수를 '소나무'로 지정합니다.

(마) 아자난간 조립

다음으로 앞에서 만들어 놓은 '아자교란', '난간동자', '하엽'을 불러오기 해서 조립해 보겠습니다. 삽입 탭에서 패밀리 로드를 클릭합니다. 해당 패밀리를 선택하고 열기를 클릭합니다.

(패밀리 창이 열려 있으면 해당 패밀리로 창을 이동해서 프로젝트에 로드를 클릭해서 불러올 수 있습니다.)

① 프로젝트 탐색기에서 뷰 〉 평면 〉 참조 레벨을 클릭해서 뷰를 이동합니다. 뷰 제어막대에서 그래픽 화면표시 옵션을 확장하고 와이어프레임을 선택합니다.

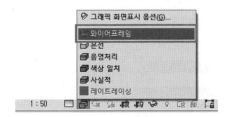

② 프로젝트 탐색기에서 〉 패밀리 〉 일반 모델 〉 아자교란 〉 아자교란을 드래그해서 다음과 같이 배치합니다.

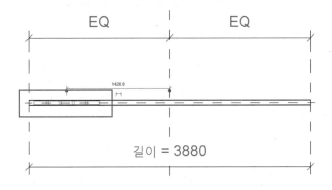

③ 아자교란을 선택하고 유형 특성을 클릭합니다.

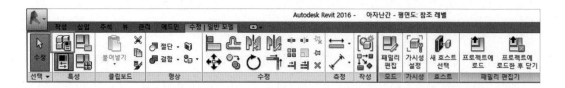

④ 유형 특성 대화창에서 각각의 매개변수의 오른쪽 끝에 패밀리 매개변수 연관 아이콘이 있습니다. 이 아이콘을 클릭해서 같은 이름의 매개변수를 찾아 지정합니다. '교살 두께', '교살 폭', '아자교란 폭'의 경우 같은 이름이 없기 때문에 매개변수 추가를 클릭하고 동일한 이름으로 매개변수를 지정합니다.

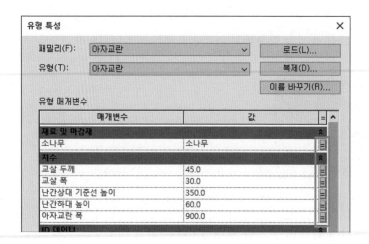

⑤ 난간동자를 배치하겠습니다. 프로젝트 탐색기에서 패밀리 〉 일반 모델 〉 난간동자 〉 난간동자를 드래그하여 다음과 같이 배치합니다.

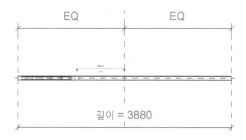

⑥ 난간동자를 선택하고 유형 특성(⊞)을 클릭합니다. 각각의 매개변수의 오른쪽 끝에 패밀리 매개변수 연관 아이콘을 클릭하고 같은 이름의 매개변수를 찾아 지정합니다. '난간동자 폭'의 경우 매개변수 추가를 클릭하고 동일한 이름으로 매개변수를 지정합니다.

⑦ 하엽을 배치하겠습니다. 프로젝트 탐색기에서 패밀리 〉 하엽 〉 하엽을 드래그하여 다음과 같이 배치합니다.

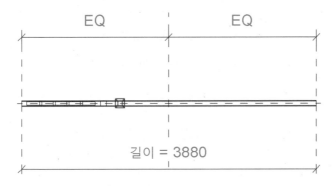

⑧ 하엽을 선택하고 유형 특성(▦)을 클릭합니다. 각각의 매개변수의 오른쪽 끝에 패밀리 매개변수 연관 아이콘을 클릭하고 같은 이름의 매개변수를 찾아 지정합니다. '하엽 폭'의 경우 매개변수 추가를 클릭하고 동일한 이름으로 매개변수를 지정합니다.

유형 특성			✕
패밀리(F):	하엽	⌄	로드(L)...
유형(T):	하엽	⌄	복제(D)...
			이름 바꾸기(R)...

유형 매개변수

매개변수	값	=
재료 및 마감재		☆
소나무	소나무	
치수		☆
난간상대 기준선 높이	350.0	
난간상대 높이	60.0	
돌란대 반지름	30.0	
하엽 높이	60.0	
하엽 돌출 끝	120.0	
하엽 폭	120.0	
ID 데이터		☆

⑨ 정렬도구를 이용해서 하엽을 난간동자에 정렬 구속합니다.

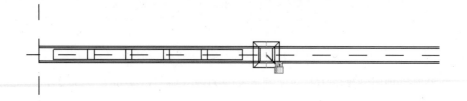

⑩ 프로젝트 탐색기에서 뷰 〉 입면도 〉 앞면을 클릭해서 뷰를 이동합니다. Ctrl 키를 이용해서 하엽과 난간동자를 선택하고 그룹 작성도구를 클릭해서 그룹화합니다. 모델 그룹 작성창에서 이름에 '난간동자'로 입력합니다.

⑪ 그룹화된 난간동자를 선택하고 수정 패널에서 배열도구를 클릭합니다.

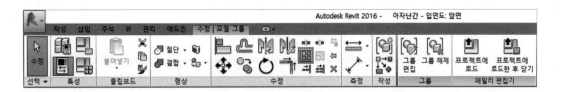

⑫ 옵션막대에서 마지막에 체크합니다. 이동 시작점을 그룹 중심을 클릭하고 이동 끝점은 오른쪽 참조 평면과 가까운 곳을 클릭해서 배치합니다.

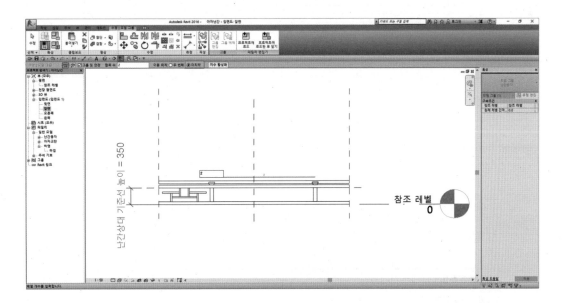

⑬ 정렬치수를 이용하여 그룹화된 2개의 난간동자에 대해 다음처럼 치수를 배치하고 '난간동자 간격'이란 이름으로 매개변수를 지정합니다.

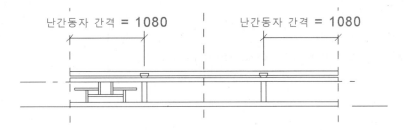

⑭ 난간동자를 클릭하면 배열 개수에 대한 항목 수가 나타납니다. 이 선을 클릭하면 옵션막대에
서 매개변수를 추가할 수 있습니다. (배열 개수를 수정할 수 있는 보조선이 나타나지 않으면 반대쪽
패밀리를 선택하거나, 패밀리 위쪽에 마우스를 가져가면 배열 개수를 나타내는 보조선이 나타납니다.)

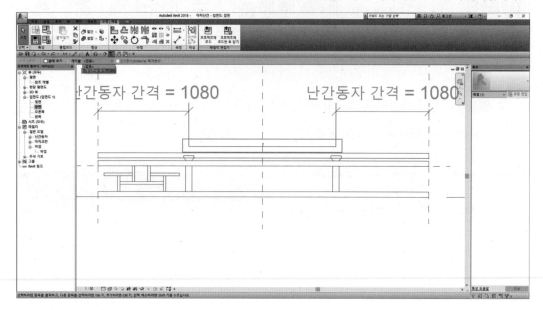

⑮ 매개변수 추가를 클릭하고 이름에 '난간동자 개수'를 입력합니다. 이때 매개변수 유형
은 '정수'로 지정되어 있고, 그룹 매개변수는 '기타'로 분류되어 있습니다.

(바) 아자교란 배치

① 이번에는 아자교란에 대해서 배열도구를 이용해서 배치해보겠습니다. 아자교란을 클릭하고 배열도구를 클릭합니다. 난간동자에서처럼 옵션막대에서 마지막에 체크하고 다음과 같이 배열합니다.

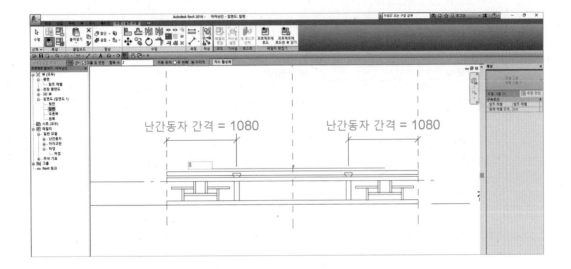

② 배열 개수 보조선을 클릭하고 옵션막대에서 매개변수 추가를 클릭합니다.

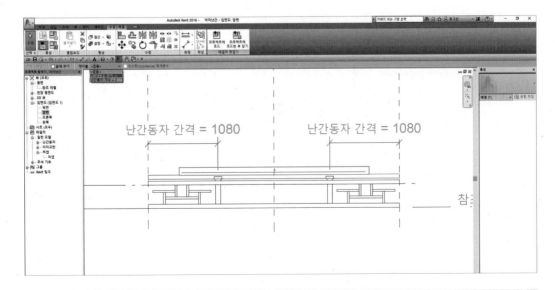

③ 매개변수 이름에 '교란 개수'라고 입력하고 확인을 클릭합니다.

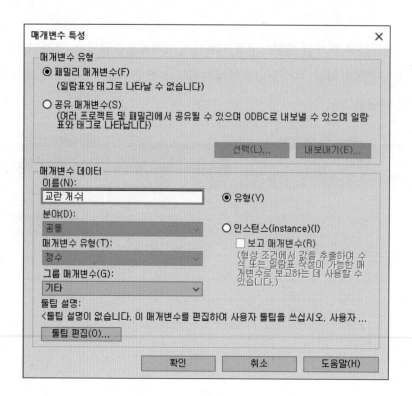

④ 아자교란은 각각 양쪽에 있는 참조 평면에 정렬 구속합니다.

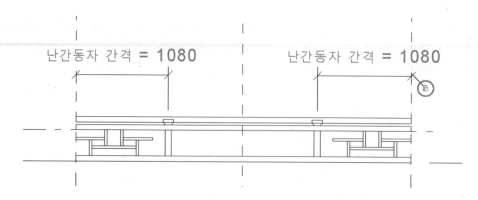

⑤ 패밀리 유형(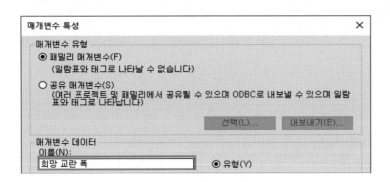)을 클릭합니다. 매개변수 추가를 클릭하고 이름에 '희망 교란 폭'으로 입력하고 확인을 클릭합니다.

⑥ 패밀리 유형 창으로 돌아와서 '희망 교란 폭'의 값에 '900'을 입력합니다. 다음의 매개변수에 대해서 순서대로 수식을 입력하고 확인을 클릭합니다.

매개변수	값	수식	비고
난간동자 개수		(길이+난간동자 폭)/희망 교란 폭	
교란 개수		난간동자 개수+1	
난간동자 간격		(길이+난간동자 폭)/교란 개수-난간동자 폭/2	
아자교란 폭		(길이-난간동자 폭*난간동자 개수)/교란 개수	

⑦ 특성 패널에서 패밀리 카테고리 및 매개변수를 클릭합니다.

⑧ 카테고리에서 난간을 선택하고 확인을 클릭합니다.

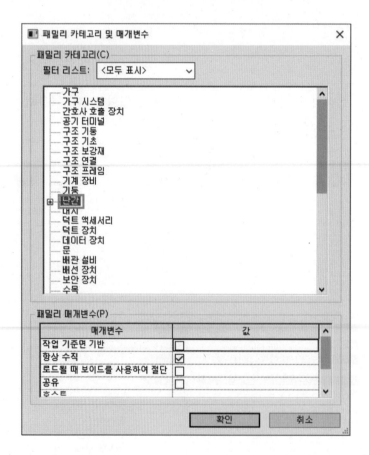

⑨ 이렇게 만들어진 아자난간은 프로젝트에서 조립할 때 난간의 길이를 측정해서 입력하
면 전체길이의 비례에 맞게 교란의 개수와 폭이 균등 배분됩니다.

(사) 법수

법수를 만들어 보겠습니다. 난간어미기둥이라고도 불리는 법수는 난간을 이루는 구성요소로 위에서 제작한 아자난간의 처음과 끝에 배치되어 난간을 고정시키는 역할을 합니다.

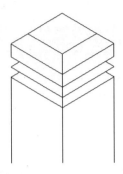

① 패밀리 〉 새로 작성을 클릭합니다. '미터법 일반 모델' 템플릿을 선택하고 열기를 클릭합니다.

② 응용 프로그램 메뉴( )를 확장하여 저장을 클릭한 후 적당한 폴더에 '법수'란 이름으로 저장합니다.

③ 돌출을 클릭합니다. 직사각형 도구( )를 이용해서 스케치한 다음 치수를 배치하고 치수에 대하여 '법수 폭'으로 매개변수를 지정합니다.

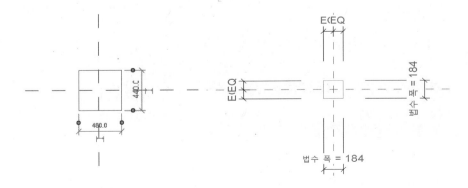

④ 특성 창에서 구속 조건 〉돌출 끝 〉패밀리 매개변수 연관 아이콘(▮)을 클릭합니다.
매개변수 추가를 클릭하고 '법수 높이'란 이름으로 매개변수를 지정합니다.

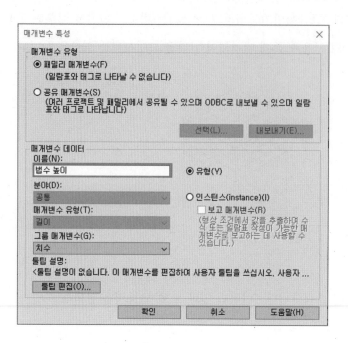

⑤ 패밀리 유형(▦)을 클릭하고 다음과 같이 매개변수를 조정한 후 편집 모드 완료(✔)를
클릭합니다.

매개변수	값	수식	비고
법수 높이	600		
법수 폭	90		

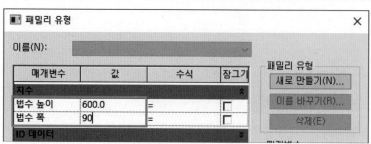

⑥ 법수 윗면을 가공하기 위해 보이드 스윕을 클릭합니다. 프로젝트 탐색기에서 뷰 〉 입면도 〉 앞면을 클릭해서 뷰를 이동합니다. 작업 기준면 〉 설정을 클릭하고 새 작업 기준면 지정에서 기준면 선택에 체크한 후 확인을 클릭합니다.

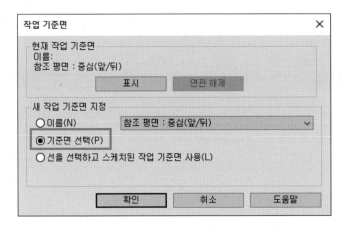

⑦ 법수 윗면을 클릭해서 작업 기준면으로 설정합니다. 뷰로 이동 창에서 '평면도: 참조 레벨'을 선택한 후 뷰 열기를 클릭합니다.

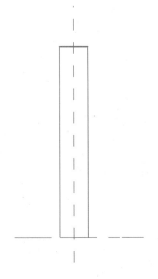

⑧ 수정｜스윕 탭에서 경로 스케치를 클릭합니다. 직사각형 도구(▭)를 이용해서 법수평
면도와 동일하게 스케치하고 정렬 구속합니다. 경로 스케치 편집 모드 완료(✔)를 클
릭합니다.

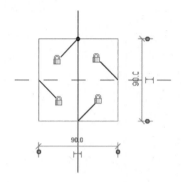

⑨ 수정｜스윕 탭｜스윕 패널에서 프로파일 편집(✔)을 클릭합니다. 뷰로 이동 창에서 '입
면도: 오른쪽'을 선택한 후 뷰 열기를 클릭합니다. 그리기 도구를 이용해서 다음과 같
이 스케치하고 정렬구 속합니다. 이때 한 변의 길이는 '15'가 되도록 합니다.

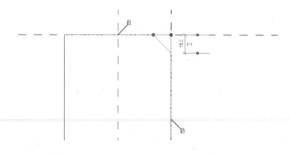

⑩ 프로파일 편집 모드 완료(✔)를 클릭합니다. 전체 보이드 스윕 편집 모드 완료(✔)를
클릭합니다.

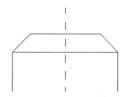

⑪ 아래 부분에도 모양을 만들기 위해 보이드 스윕을 클릭합니다. 작업 기준면 〉 설정을 클릭하고 위에서처럼 법수 윗면을 작업 기준면으로 설정합니다. 경로 스케치를 클릭하고 법수 윗면과 동일하게 경로를 설정합니다.

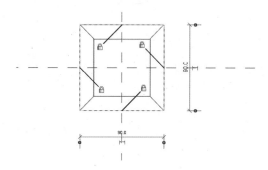

⑫ 프로파일 편집을 클릭하고 뷰로 이동 창에서 '입면도 : 오른쪽'을 선택한 후 뷰 열기를 클릭합니다. 그리기 도구를 이용해서 다음과 같이 스케치하고 정렬 구속합니다. 이때 사선은 45°가 되도록 하고 길이는 적당히 보기 좋게 스케치합니다.

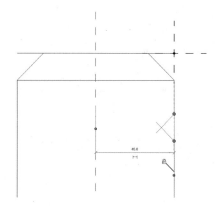

⑬ 수정 패널에서 코너로 자르기/연장 도구를 이용하여 닫힌 삼각형이 되도록 합니다.

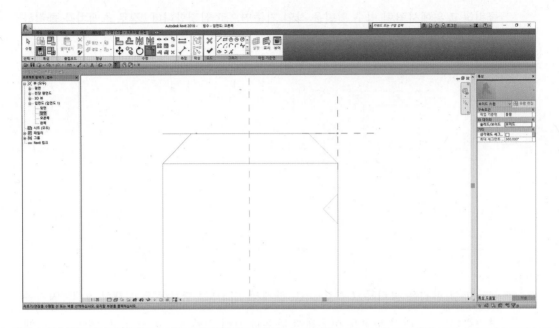

⑭ 프로파일 편집 모드 완료를 클릭합니다. 보이드 스윕 편집 모드 완료(✔)를 클릭해서
완료합니다.

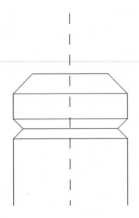

⑮ 동일한 방법으로 조각을 하나 더 만들어서 완성합니다.

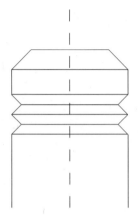

⑯ 법수를 클릭하고 재료 및 마감재의 매개변수를 '소나무'로 지정합니다.

⑰ 완성된 주심도리는 패밀리 카테고리 및 매개변수 대화상자에서 '난간'을 선택하고 확인
을 클릭합니다.

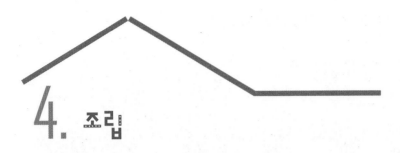

4. 조립

완성된 부재를 Revit 내 프로젝트라는 공간에서 조립해 보도록 하겠습니다. 실무에서도 부재 치목은 제재소나 별도의 치목장에서 도면에 맞게 부재를 치목하고 현장에서는 보통 조립만 합니다. 본 실습에서 진행할 조립 공사는 경북형 한옥 모델 중 'ㄷ'자 형태의 평면을 모델로 조립해 보도록 하겠습니다.

1) 기초 공사

(1) 레벨 및 그리드

레벨은 각 부재가 배치될 높낮이의 기준이 됩니다. 특히 지붕에서는 지붕의 모양을 형성하는데 있어서 중요한 기준점이 됩니다.

① 시작화면에서 프로젝트 〉 건축 템플릿을 클릭합니다.

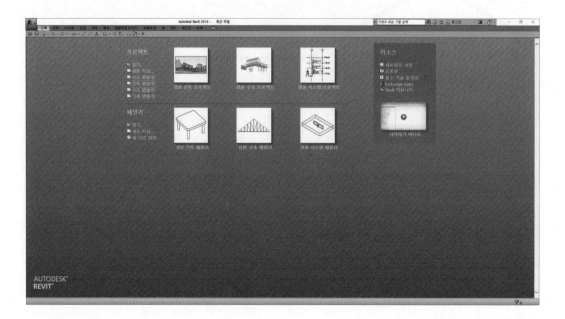

② 응용 프로그램 메뉴(🅰)를 확장하여 저장을 클릭한 후 적당한 폴더에 'ㄷ자 한옥'이란
이름으로 저장합니다.

③ 레벨 설정은 입면도에서 진행할 수 있습니다. 프로젝트 탐색기에서 뷰 〉 입면도 〉 남
측면도를 클릭해서 뷰를 이동합니다. '2F'과 '지붕' 레벨을 선택한 후 Del 키를 이용해
서 삭제합니다. 이때 경고 창이 나타나는데 무시하고 확인을 클릭합니다. Revit에서는
레벨이 생성되거나 제거되면 자동으로 평면도 뷰가 생성 또는 삭제됩니다.

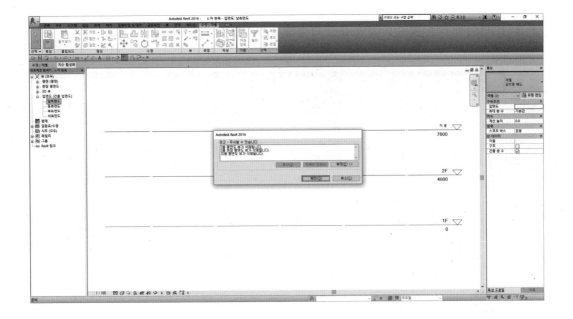

④ 프로젝트 탐색기에서 뷰 〉 평면 〉 '1층 평면도'를 선택하고 Del 키를 이용해서 삭제합니다.

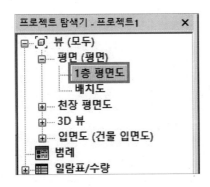

⑤ 레벨 '1F'을 클릭하고 이름을 '00. G.L.'로 입력해서 변경합니다.

⑥ 뷰 탭에서 작성 패널 〉 평면 뷰를 확장하고 평면도를 클릭합니다.

⑦ 새 평면도 창이 활성화되면 하단의 '기존 뷰를 복제하지 않습니다'에 체크 해제한 후 확인을 클릭합니다.

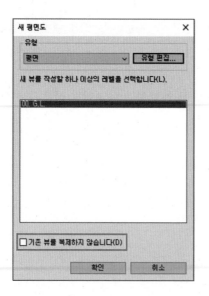

⑧ 프로젝트 탐색기에서 '00. G.L.' 평면도 뷰가 생성된 것을 확인할 수 있습니다.

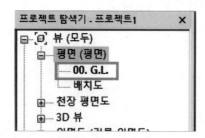

⑨ 건축 탭 〉 기준 패널 〉 레벨을 클릭합니다.

⑩ 선 선택(✐) 도구를 클릭하고 옵션 막대에서 간격 띄우기에 '500'을 입력합니다.

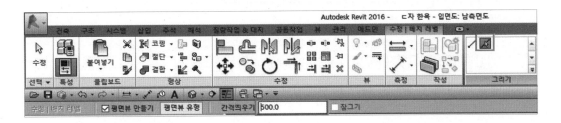

⑪ '00. G.L.' 레벨을 클릭해서 위쪽으로 레벨을 생성합니다.

⑫ 새로 생성된 레벨 이름을 클릭하고 '01. 기단'으로 입력해서 이름을 변경합니다. 이때 '해당 뷰의 이름을 바꾸시겠습니까?'라는 창이 나타나면 '예'를 클릭합니다. 프로젝트 탐색기의 평면 뷰에도 '01. 기단' 레벨이 생성된 것을 확인할 수 있습니다.

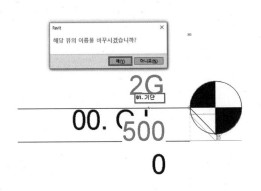

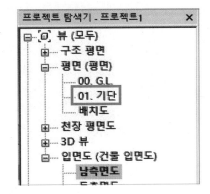

⑬ 위와 같은 방법으로 다음처럼 레벨을 생성하고 이름을 변경합니다.

레벨명	레벨
02. 주초	770
03. 주심도리 하	3400
04. 중도리 하	4040
05. 종도리 하	4700

⑭ '기단'부터 '종도리 하'까지 마우스로 드래그하여 레벨을 선택합니다. 특성 창에서 '레벨'을 확장해서 '삼각형 헤드'로 변경합니다.

⑮ 뷰 제어 막대에서 축척을 '1 : 50'으로 조정합니다.

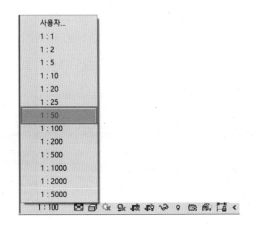

⑯ 'G.L.'과 '기단'의 레벨 간격이 좁아서 레벨 이름이 중첩되어 보입니다. 이때 'G.L.'을 클릭하고 나타나는 엘보(∿)를 클릭하면 다음과 같이 레벨이 꺾이게 됩니다.

⑰ 꺾인 엘보를 드래그하게 되면 화면에 보기 좋은 위치로 이동할 수도 있습니다.

⑱ 그리드를 설정해 보겠습니다. 그리드는 실무에서 규준틀과 같은 역할을 합니다. 평면
도나 입면도 모두 설정이 가능하나 건물의 평면 형태를 결정하는데 주된 역할을 하기
때문에 뷰를 평면도로 이동해서 설정해 보도록 하겠습니다. 프로젝트 탐색기에서 뷰
〉 평면 〉 '00. G.L.'을 클릭해서 뷰를 이동합니다. 건축탭 〉 그리드를 클릭하고 선(✏)
도구를 이용해서 다음과 같이 오른쪽에서 왼쪽으로 선을 스케치합니다.

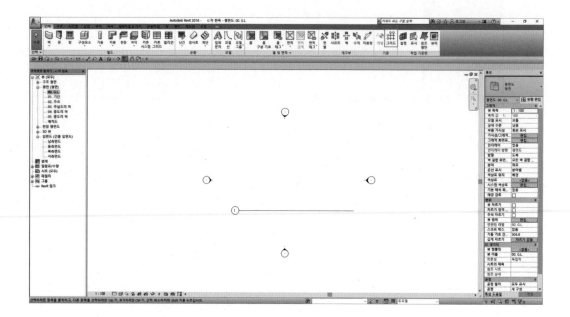

⑲ 그리드를 선택하고 버블을 클릭해서 이름을 'Y1'으로 변경합니다. (이후에 작성되는 그리
드 이름은 'Y2', 'Y3', 'Y4' ⋯ 순으로 이어집니다.)

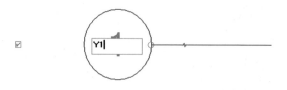

3D

⑳ 다시 그리드를 클릭하고 선 선택( ) 도구를 클릭합니다. 옵션 막대에서 간격 띄우기에 '1800'을 입력한 후 다음과 같이 그리드를 배치합니다.

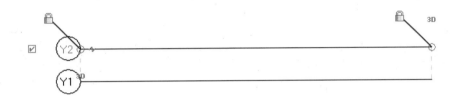

㉑ 위와 동일한 방법으로 다음과 같은 간격으로 수평 그리드를 배치합니다. (그림에 표시되는 치수는 이해를 돕기 위해 표시한 치수입니다.)

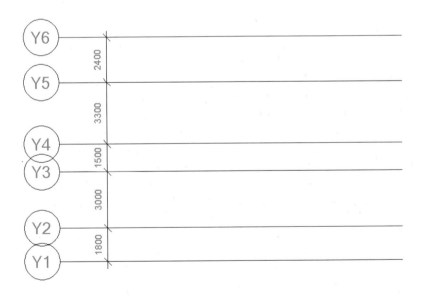

㉒ 다음으로 수직 그리드를 설정하겠습니다. 그리드를 클릭하고 다음과 같이 아래에서 위로 스케치합니다.

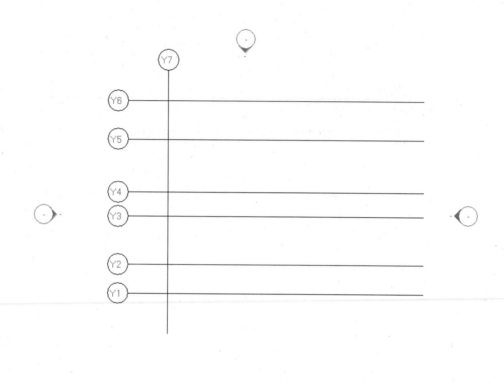

㉓ 수직 그리드 버블을 클릭하고 이름을 'X1'으로 변경합니다.

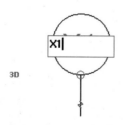

㉔ 다시 그리드를 클릭하고 선 선택 도구를 이용해서 '3000' 간격으로 수직 그리드를 배치합니다.

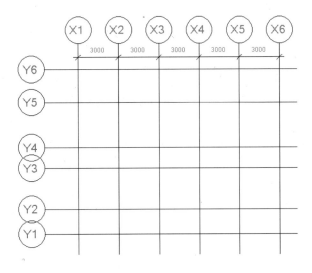

㉕ 주 그리드 선은 완성되었고 보조 그리드 선을 스케치해 보겠습니다. 그리드를 클릭합니다. 선(✏) 도구를 클릭하고 옵션 막대에서 간격 띄우기에 '800'을 입력합니다.

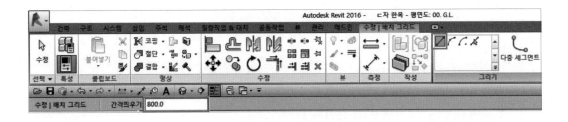

㉖ 그리드 'Y5' 선상에서 왼쪽에서 오른쪽으로 스케치해서 보조 그리드를 배치합니다.

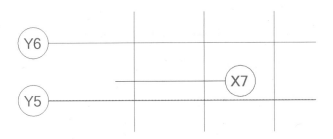

㉗ 그리드 'X7'을 클릭하고 특성 창에서 유형 편집을 클릭합니다.

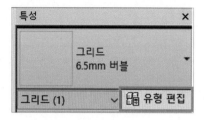

㉘ 유형 특성 창에서 복제를 클릭하고 이름은 자동으로 생성되는 '6.5mm 버블 2' 이름으로 확인을 클릭합니다.

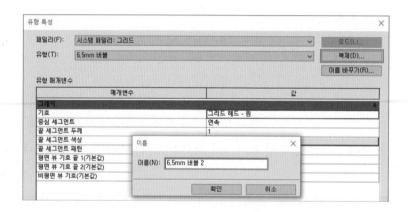

㉙ 매개변수 '평면 뷰 기호 끝 2(기본값)' 값에서 체크 해제하고 '비평면 뷰 기호(기본값)'를 확장해서 '없음'을 선택한 후 확인을 클릭합니다.

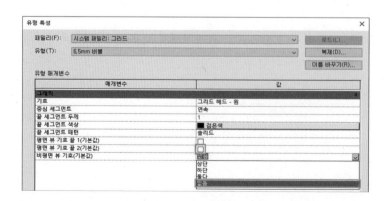

㉚ 동일한 방법으로 다음의 위치에 그리드를 배치합니다. 이때 다시 그리드를 클릭해서 스케치할 때에는 특성 창에서 위에서 복제한 '그리드 6.5mm 버블 2' 유형을 선택한 후 스케치합니다.

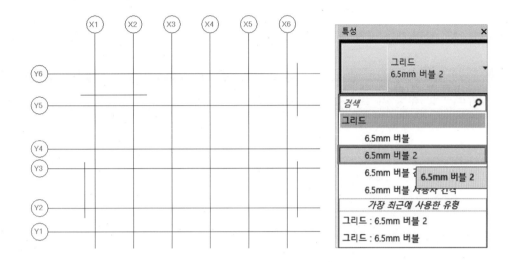

㉛ 그리드 'X6' 선상에 배치되는 기둥 위치도 보조 그리드를 이용하여 다음처럼 스케치합니다.

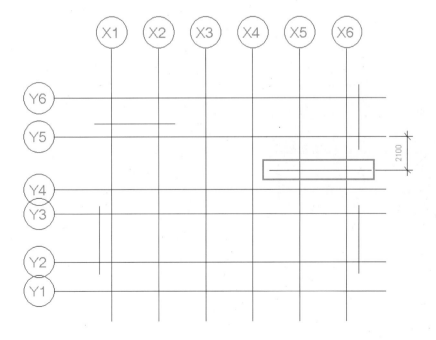

(2) 기단 및 주초

① 기단을 만들기 위해 프로젝트 탐색기에서 뷰 〉 평면 〉 '00. G.L.'을 클릭해서 뷰를 이동합니다. 조립 단계에서는 공정 관리를 위해 각 단계별 공정을 적용하도록 하겠습니다. 관리 탭 〉 공정 패널 〉 공정을 클릭합니다.

② 공정 창에서 프로젝트 첫 번째 단계인 '기존'을 '기단'으로 변경한 후 확인을 클릭합니다.

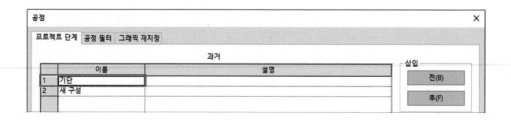

③ 특성 창에서 공정 〉 공정을 확장해서 기단을 선택하고 적용을 클릭합니다.

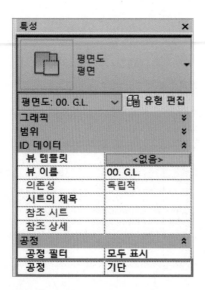

④ 기단은 내부 편집 모델링을 이용하겠습니다. 건축 탭 〉 빌드 패널 〉 구성 요소를 확장해서 내부 편집 모델링을 클릭합니다.

⑤ 패밀리 카테고리 및 매개변수 창이 활성화되면 '구조 기초'를 선택하고 확인을 클릭합니다.

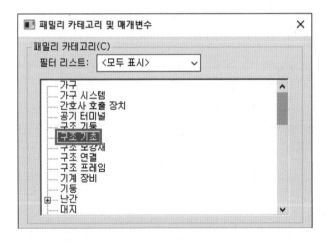

⑥ 이름에 '기단'을 입력하고 확인을 클릭합니다.

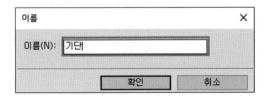

⑦ 내부 편집 모델링의 화면 인터페이스는 패밀리의 화면 인터페이스와 같습니다. 돌출을 클릭합니다. 선(✏) 도구를 이용해서 다음과 같이 주 그리드선과 간격 차이가 나도록 스케치합니다. 스케치가 완료된 후 열린 선은 '코너 자르기 연장' 도구를 이용해서 닫힌 선이 되도록 합니다.

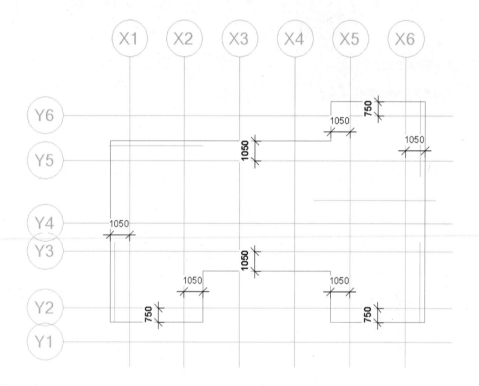

⑧ 특성 창에서 구속 조건 〉 돌출 끝에 '500'을 입력한 후 편집 모드 완료(✔)를 클릭합니다.

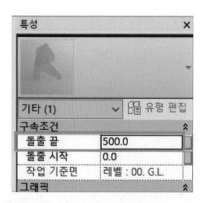

⑨ 기단을 클릭하고 특성 창에서 재료 및 마감재 〉 재료 〉 패밀리 매개변수 연관 아이콘
을 클릭합니다.

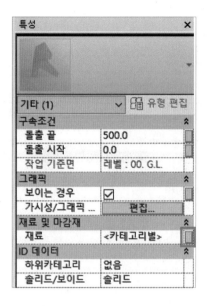

⑩ 매개변수 추가를 클릭하고 이름에 '기단'을 입력한 후 확인을 클릭합니다.

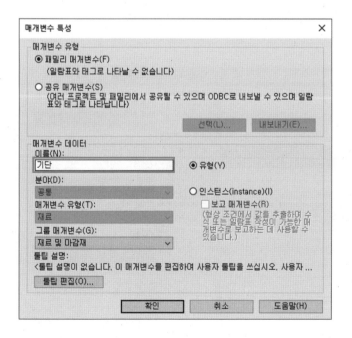

⑪ 패밀리 유형(🖼)을 클릭합니다. 재료 및 마감재에서 기단 〉 카테고리 아이콘을 클릭합니다. 재료 탐색기 창에서 좌측 하단부에서 홈 〉 Autodesk 재료 〉 석재 폴더로 이동합니다.

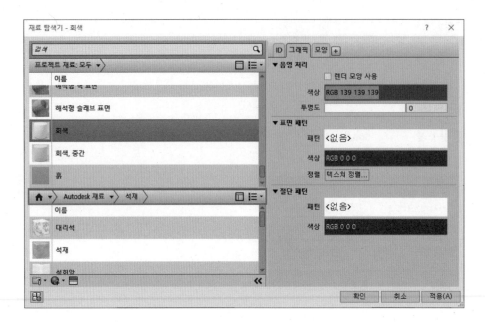

⑫ 하단부에 '화강암, 잘라내기, 연마'를 더블 클릭하면 프로젝트 재료 창으로 이동합니다.

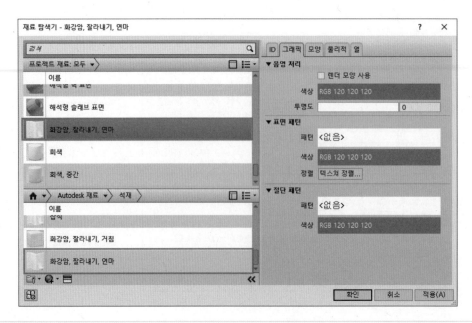

⑬ 우측의 그래픽 패널에서 색상을 클릭하고 파란색으로 지정한 후 확인을 클릭합니다.

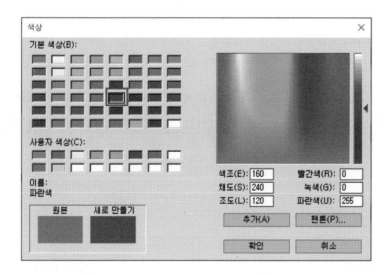

⑭ 내부 편집기 패널에서 모델 완료를 클릭하면 내부 편집 모델링이 완료됩니다.

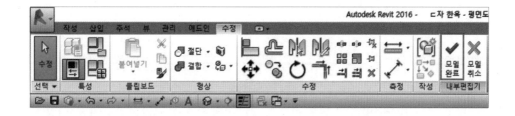

⑮ 이번 조립 단계부터는 패밀리에서 생산된 부재를 이용해서 배치하겠습니다. 이를 위해
서 패밀리를 불러오기 하겠습니다. 삽입 탭 〉 라이브러리에서 로드 패널 〉 패밀리 로
드를 클릭합니다.

⑯ 홈페이지에서 다운받은 패밀리 폴더 내의 모든 패밀리를 Shift 키를 이용하여 선택한 후 열기를 클릭합니다. 모든 부재들이 프로젝트 탐색기에 있는 패밀리 폴더로 삽입됩니다.(같이 다운받은 패밀리 인덱스 파일을 참고해서 개별 형상 및 조립 위치 등을 파악할 수 있습니다.)

⑰ 주초를 배치해 보겠습니다. 프로젝트 탐색기에서 뷰 > 평면 > '01. 기단'을 클릭해서 뷰를 이동합니다. 관리 탭에서 공정을 클릭합니다. 프로젝트 2번째 단계 '새 구성'을 '주초'로 변경한 후 확인을 클릭합니다.

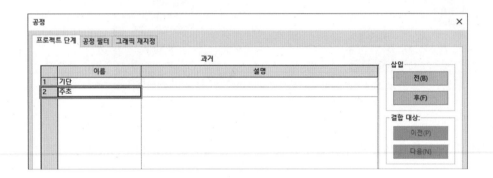

⑱ 주초는 세 종류로 구분됩니다. ㉠ 일반기둥에 놓이는 주초, ㉡ 반침으로 이용되는 배면 기둥에 놓이는 주초, ㉢ 누마루가 형성되는 누하주 아래에 놓이는 주초입니다. 프로젝트 탐색기에서 패밀리 > 구조 기둥 > 사다리형 주초 > 사다리형 주초를 더블 클릭해서 유형 특성 창을 활성화합니다. 이름 바꾸기를 클릭하고 새로 만들기에서 '각주'로 입력하고 확인을 클릭합니다.

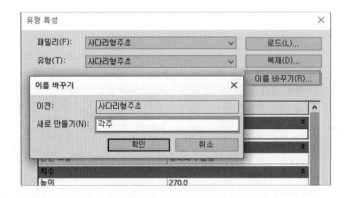

⑲ 복제를 클릭합니다. 이름에 누마루를 입력하고 확인을 클릭합니다.

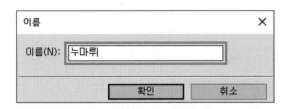

⑳ '누마루' 유형의 매개변수를 다음과 같이 조정합니다.

매개변수	값	비고
높이	600	
상단 폭	390	
하단 폭	480	

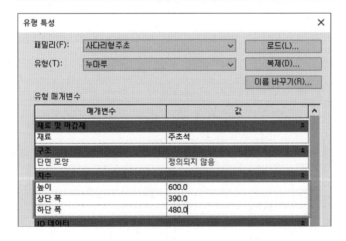

㉑ 다시 복제를 클릭합니다. 이름에 '배면기둥'으로 입력하고 확인을 클릭합니다.

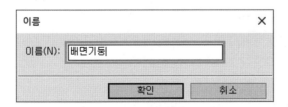

㉒ '배면기둥' 유형의 매개변수를 다음과 같이 조정한 후 확인을 클릭합니다.

매개변수	값	비고
높이	270	
상단 폭	180	
하단 폭	270	

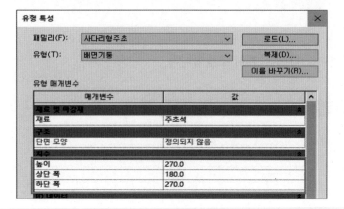

㉓ 프로젝트 창에서 패밀리 〉 구조 기둥 〉 사다리형 주초 아래에 세 가지 유형이 생성되었습니다. 이 중에서 '각주'를 도면 영역으로 드래그해서 다음과 같이 그리드 교차점에 배치합니다. 이때 옵션 막대에서 '그리드와 함께 이동'란에 체크되어 있어야 합니다.

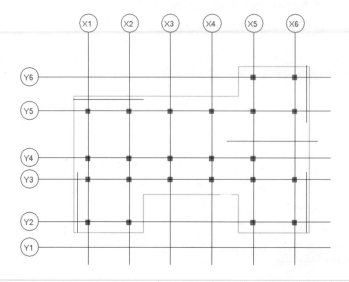

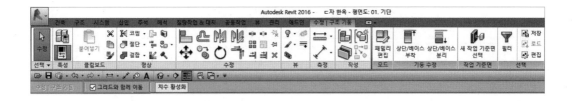

㉔ 사다리형 주초 〉'배면기둥'을 드래그해서 다음과 같이 배치합니다.

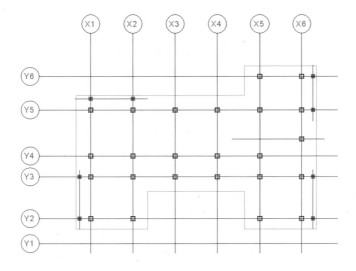

㉕ 사다리형 주초 〉'누마루'를 도면 영역으로 드래그합니다. 이때 특성 창에서 구속 조건
〉 레벨에서 '00. G.L.'로 변경한 후 다음의 위치에 배치합니다.

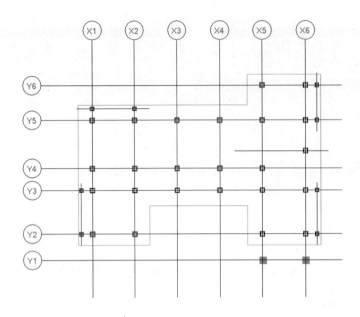

㉖ 기단에서 주초 배치까지 완료되었습니다.

2) 목가구 공사

(1) 일반기둥 ~ 누상주

기둥은 배치되는 위치에 따라서 장부의 모양이 다르기 때문에 각 위치에 해당되는 기둥 패밀리를 배치해야 됩니다.

① 프로젝트 탐색기에서 뷰 〉 평면 〉 '02. 주초'를 클릭해서 뷰를 이동합니다. 관리 탭 〉 공정을 클릭합니다. 마우스를 프로젝트 단계 2를 클릭하고 삽입 〉 후를 클릭합니다. 이름에 '일반기둥'을 입력하고 확인을 클릭합니다.

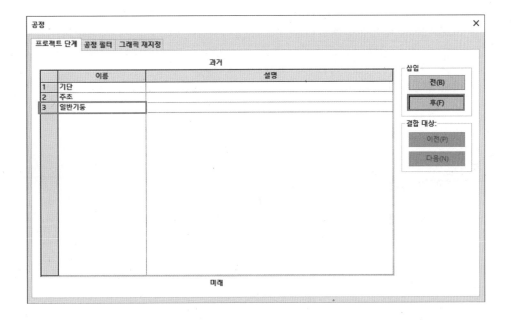

② 평면도로 돌아와서 특성 창에서 공정 〉 공정을 확장해서 '일반기둥'으로 선택한 후 적
용을 클릭합니다.

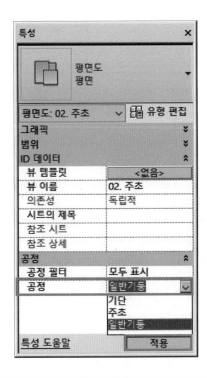

③ 프로젝트 탐색기에서 패밀리 〉 구조 기둥 〉 각주_귀주1 〉 각주_귀주1을 드래그해서 다음과 같이 배치합니다. 이때 옵션 막대에서 '높이'와 '03. 주심도리 하'가 옵션으로 선택되어 있어야 합니다.

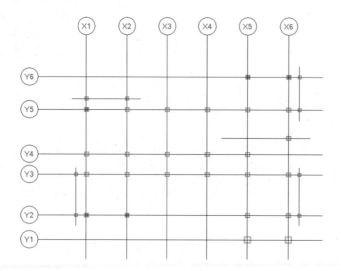

④ 프로젝트 탐색기에서 패밀리 〉 구조 기둥 〉 각주_평주 〉 각주_평주를 드래그해서 다음과 같이 배치합니다.

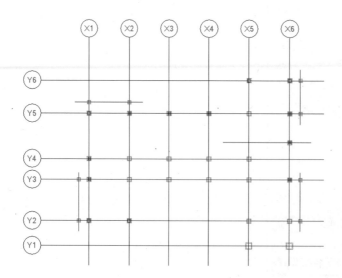

⑤ 프로젝트 탐색기에서 패밀리 〉 구조 기둥 〉 각주_회첨2 〉 각주_회첨2를 드래그해서 다음과 같이 배치합니다.

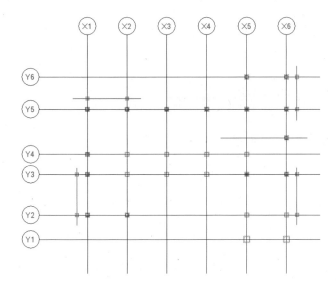

⑥ 프로젝트 탐색기에서 패밀리 〉 구조 기둥 〉 각주_누마루 〉 각주_누마루를 드래그해서 다음과 같이 배치합니다.

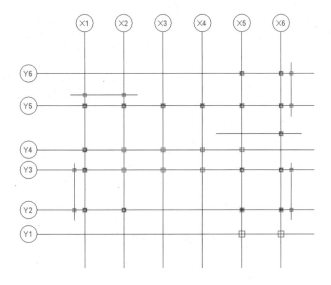

⑦ 다른 일반기둥에 대해서는 다음과 같이 배치합니다.

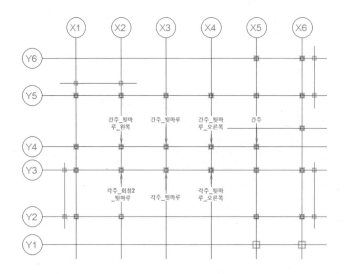

⑧ 배면기둥을 배치하겠습니다. 관리 탭 〉 공정을 클릭합니다. 프로젝트 단계 4번째를 삽입하고 이름에 '배면기둥'으로 입력한 후 확인을 클릭합니다.

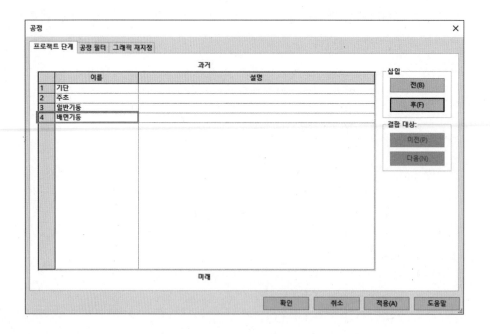

⑨ 평면도로 돌아와서 특성 창에서 공정 〉 공정을 확장하고 '배면기둥'을 선택한 후 적용
을 클릭합니다.

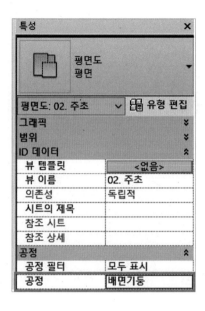

⑩ 프로젝트 탐색기에서 패밀리 〉 구조 기둥 〉 배면기둥 〉 배면기둥을 드래그해서 다음
과 같이 배치합니다.

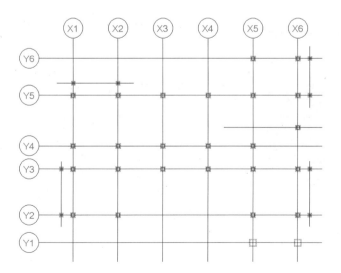

⑪ 누하주를 배치하겠습니다. 관리 탭 > 공정을 클릭합니다. 프로젝트 단계 5번째를 삽입하고 이름에 '누하주'로 입력한 후 확인을 클릭합니다.

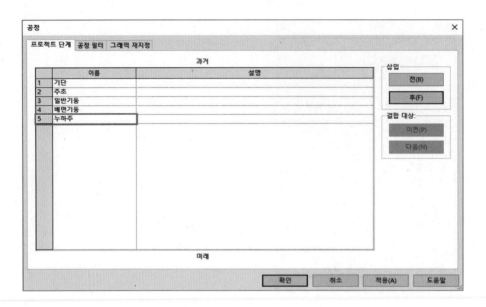

⑫ 평면도로 돌아와서 특성 창에서 공정 > 공정을 확장하고 '누하주'를 선택한 후 적용을 클릭합니다.

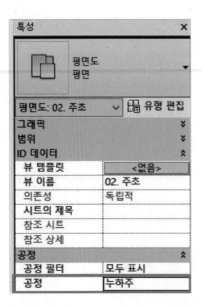

⑬ 프로젝트 탐색기에서 패밀리 〉 구조 기둥 〉 누하주 〉 누하주를 드래그해서 다음과 같이 배치합니다.

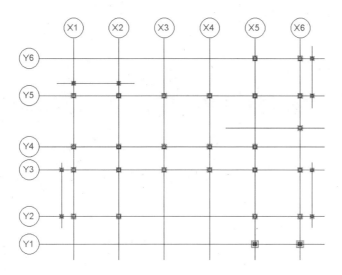

⑭ 2개의 '누하주' 패밀리를 선택하고 특성 창에서 구속 조건을 다음과 같이 조정합니다.

구속 조건	
베이스 레벨	01. 기단
베이스 간격띄우기	100
상단 레벨	02. 주초
상단 간격띄우기	370

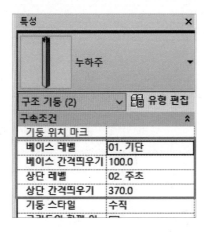

⑮ 누마루가 형성되는 곳에는 누하주와 누상주 사이에 마루를 구성하는 귀틀이 결구된 후
누상주가 결구됩니다. 귀틀을 설치해 보겠습니다. 관리 탭 〉 공정을 클릭합니다. 프로
젝트 단계 6번째를 삽입하고 이름에 '누마루_귀틀'로 입력한 후 확인을 클릭합니다.

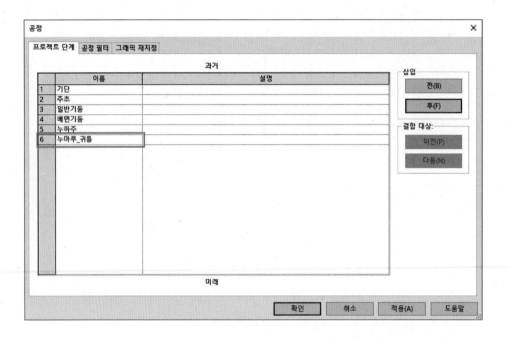

⑯ 프로젝트 탐색기에서 뷰 〉 평면 〉 '01. 기단'을 클릭해서 뷰를 이동합니다. 특성창에서
공정 〉 공정을 확장하고 '누마루_귀틀'을 선택한 후 적용을 클릭합니다.

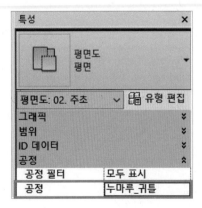

⑰ 프로젝트 탐색기에서 패밀리 〉 구조 프레임 〉 멍애_받을장 〉 멍애_받을장을 드래그
해서 다음과 같이 배치합니다. 이때 반턱맞춤이 누하주 쪽으로 향하도록 스페이스 바
를 클릭해서 방향을 조정합니다.

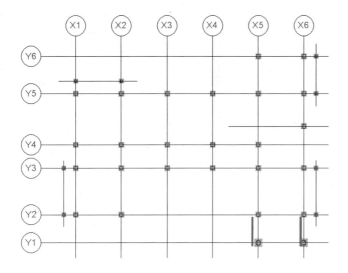

⑱ 유형 특성을 클릭하고 매개변수에서 '기준선 높이'를 '460'으로 조정한 후 확인을 클릭
합니다.

⑲ 수정 탭에서 정렬 도구를 이용해서 다음과 같이 각각 그리드 'X5'와 그리드 'X6'에 정렬
구속합니다.

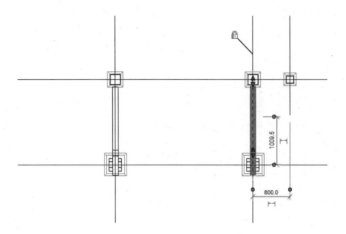

⑳ '멍애_받을장'을 클릭합니다. 이때 길이를 줄이거나 연장할 수 있는 양방향 화살표 모
양의 모양 핸들이 나타납니다. 이 모양 핸들을 마우스로 클릭해서 조정하여 각각 수평
그리드에 정렬한 후 자물쇠를 클릭해서 구속합니다. (정렬 도구를 이용해서 해당 그리드에
정렬 구속할 수도 있습니다.)

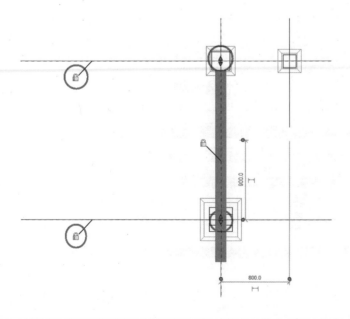

㉑ 다른 '멍애_받을장'도 위와 같은 방법으로 정렬 구속합니다.

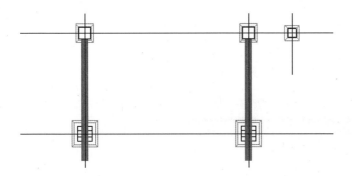

㉒ 이번에는 '멍애_업을장'을 배치하겠습니다. 프로젝트 탐색기에서 패밀리 〉 구조 프레임 〉 멍애_업을장 〉 멍애_업을장을 드래그해서 다음과 같이 배치합니다.

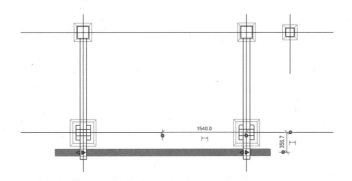

㉓ 유형 특성을 클릭하고 매개변수 '기준선 높이'를 '460'으로 조정한 후 확인을 클릭합니다.

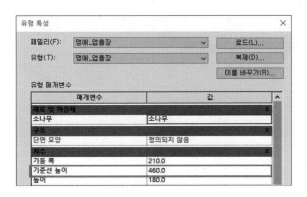

㉔ 정렬 도구를 이용해서 그리드 'Y1'에 정렬 구속합니다.

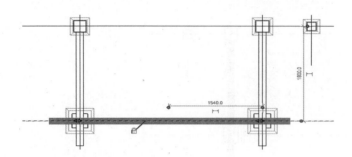

㉕ 모양 핸들을 조정해서 그리드 'X5'와 'X6'에 정렬 구속합니다. (이후에 수평부재의 조립은
위와 같이 모양 핸들을 끌어서 길이를 조절하는 방법으로 정렬 구속합니다.)

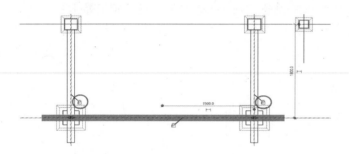

㉖ 귀틀을 조립해 보겠습니다. 프로젝트 탐색기에서 패밀리 〉 구조 프레임 〉 누마루_장
귀틀1 〉 누마루_장귀틀1을 드래그해서 그리드 'Y2'에 수평 정렬 구속하고 그리드 'X5'
와 'X6'에 모양 핸들을 조정해서 정렬 구속합니다.

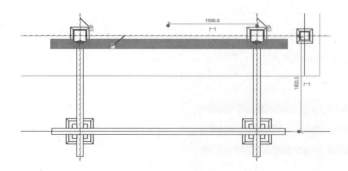

㉗ 프로젝트 탐색기에서 패밀리 〉 구조 프레임 〉 누마루_장귀틀3 〉 누마루_장귀틀3을 드래그해서 그리드 'X5'와 'X6'에 각각 수직 정렬 구속하고 그리드 'Y1'과 'Y2'에 모양 핸들을 조정해서 정렬 구속합니다. 이때 스페이스 바를 이용해서 받을장이 밖으로 향하도록 조정합니다.

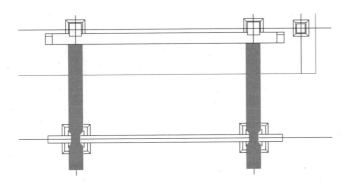

㉘ 프로젝트 탐색기에서 패밀리 〉 구조 프레임 〉 누마루_장귀틀2 〉 누마루_장귀틀2를 드래그해서 그리드 'Y1' 수평 정렬 구속하고 그리드 'X5'와 'X6'에 모양 핸들을 조정해서 정렬 구속합니다.

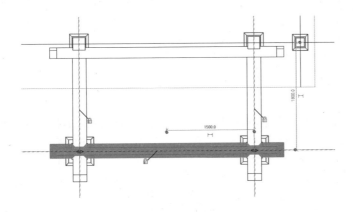

㉙ 귀틀이 조립되었으니 누상주를 배치하겠습니다. 관리 탭 〉 공정을 클릭합니다. 프로젝트 단계 7번째를 삽입하고 이름에 '누상주'로 입력한 후 확인을 클릭합니다.

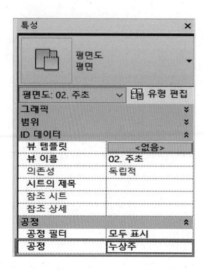

㉚ 프로젝트 탐색기에서 뷰 〉 평면 〉 '02. 주초'를 클릭해서 뷰를 이동합니다. 특성 창에서 공정 〉 공정을 확장하고 '누상주'를 선택한 후 적용을 클릭합니다.

㉛ 프로젝트 탐색기에서 패밀리 〉 구조 기둥 〉 누상주 〉 누상주를 드래그해서 다음과 같이 배치합니다.

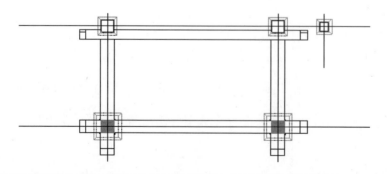

㉜ 2개의 '누상주'를 선택하고 특성 창에서 베이스 레벨 〉 간격 띄우기에 '580'을 입력하고
적용을 클릭합니다.

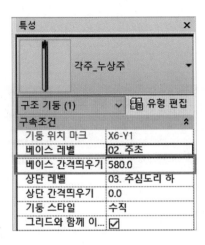

㉝ 신속 접근 도구 막대에서 기본 3D 뷰( )를 클릭합니다. 특성 창에서 공정 〉 공정을
확장하고 '누상주'를 선택한 후 적용을 클릭합니다.

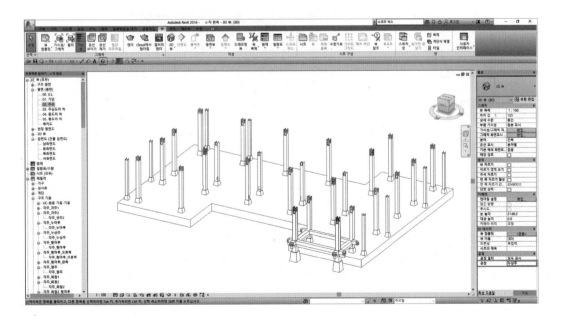

㉞ 부재를 조립하다 보면 방향이나 매개변수 값 등이 불일치해서 부재 상호 간에 간섭을 받는 경우가 종종 발생합니다. Revit에서는 간섭 확인 기능을 통해서 부재 간 간섭 확인이 가능합니다. 이를 확인하기 위해서 공동 작업 탭 〉 좌표 패널 〉 간섭 확인을 확장해서 간섭 확인 실행을 클릭합니다.

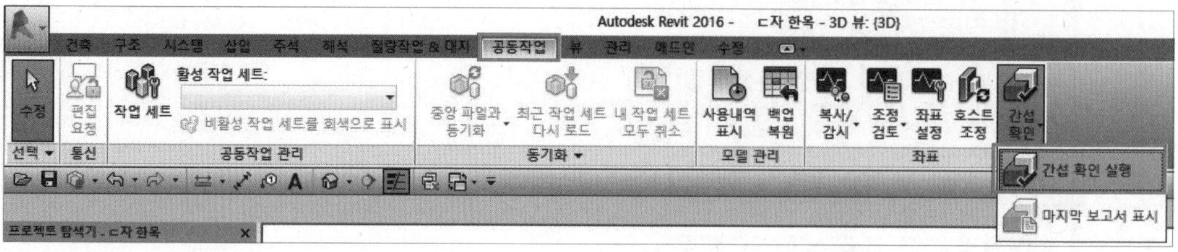

㉟ 왼쪽 카테고리 폴더와 오른쪽 카테고리 폴더를 모두 선택 체크하고 확인을 클릭합니다.

㊱ 간섭 보고서 창이 활성화됩니다. 각 메시지를 클릭하면 도면 영역에서 상호 간섭된 부재를 표시합니다.

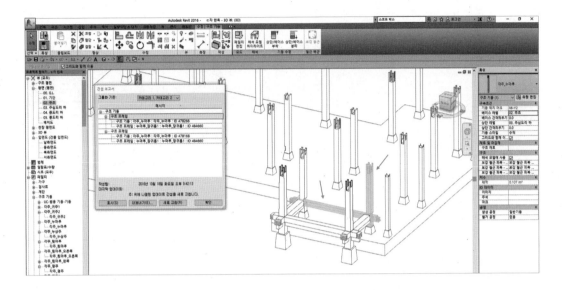

㊲ 간섭 보고서 창이 열려 있는 상태에서 문제가 있는 부재를 확대해서 확인해 보면 두 기둥의 방향이 잘못 설정된 것을 확인할 수 있습니다.

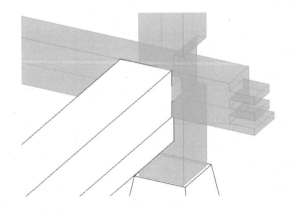

㊳ 기둥을 선택하고 스페이스 바를 클릭해서 귀틀과 결구 되도록 방향을 조정합니다. 그리고 간섭 보고서 창에서 새로 고침을 클릭하면 오류 메시지가 사라진 것을 확인할 수 있습니다.

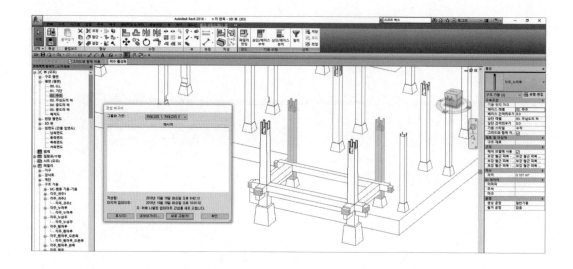

㉟ 기둥의 배치가 모두 완료되었습니다. 간섭 확인 도구는 조립 과정에서 부재 간 결구 오류를 찾아내는 데 유용하게 활용할 수 있습니다.

(2) 보아지

① 프로젝트 탐색기에서 뷰 〉 평면 〉 '03. 주심도리 하'를 클릭해서 뷰를 이동합니다. 관리 탭 〉 공정을 클릭합니다. 프로젝트 단계 8번째를 삽입하고 이름에 '보아지'로 입력한 후 확인을 클릭합니다.

	이름	설명
1	기단	
2	주초	
3	일반기둥	
4	배면기둥	
5	누하주	
6	누마루_귀틀	
7	누상주	
8	보아지	

② 평면도로 돌아와서 특성 창에서 공정 〉 공정을 확장해서 '보아지'로 선택한 후 적용을 클릭합니다.

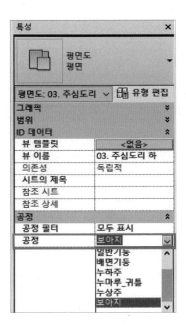

③ 프로젝트 탐색기에서 패밀리 〉 구조 프레임 〉 보아지 〉 보아지를 드래그해서 다음과 같이 배치합니다. 이때 보아지의 뾰족한 부분이 건물 안쪽으로 향하도록 배치합니다.

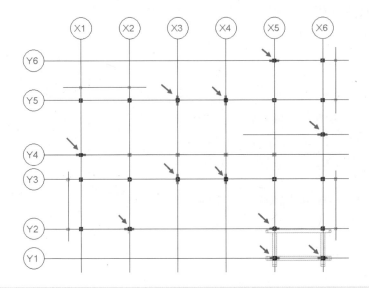

④ 도면 영역에서 배치된 보아지는 '주심도리 하' 레벨 아래에 배치되어 있습니다. 그래서 보아지를 선택하고 수정하기 위해서는 뷰 범위를 조정해야 합니다. 특성 창에서 범위 〉 뷰 범위 〉 편집을 클릭합니다.

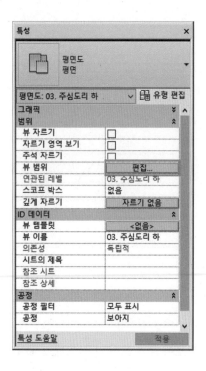

⑤ 뷰 범위 창이 활성화되면 1차 범위 〉 하단 〉 간격 띄우기에 '-600'을 입력합니다. 뷰 깊이 〉 레벨 〉 간격 띄우기에도 '-600'을 입력하고 확인을 클릭합니다.

뷰 범위

1차 범위

		간격띄우기
상단(T):	연관된 레벨 (03. 주심도리 하 ∨	간격띄우기(O): 2300.0
절단 기준면(C):	연관된 레벨 (03. 주심도리 하 ∨	간격띄우기(E): 1200.0
하단(B):	연관된 레벨 (03. 주심도리 하 ∨	간격띄우기(F): -600.0

뷰 깊이

레벨(L):	연관된 레벨 (03. 주심도리 하 ∨	간격띄우기(S): -600.0

| 확인 | 취소 | 적용(A) | 도움말(H) |

⑥ 간주에 보아지를 배치하겠습니다. 프로젝트 탐색기에서 패밀리 〉구조 프레임 〉보아지_간주 〉보아지_간주를 드래그해서 다음과 같이 배치합니다.

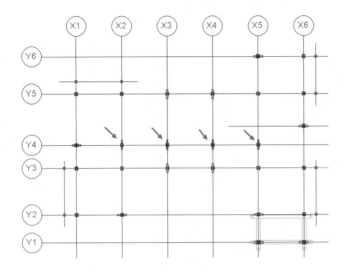

⑦ 회첨기둥에 보아지를 배치하겠습니다. 회첨기둥에 보아지가 반턱맞춤으로 결구 되어 있습니다. 먼저 받을장부터 배치합니다. 프로젝트 탐색기에서 패밀리 〉구조 프레임 〉보아지_받을장 〉보아지_받을장을 드래그해서 다음과 같이 배치합니다. 이때 보아지의 뾰족한 부분이 건물 안쪽으로 향하도록 배치합니다.

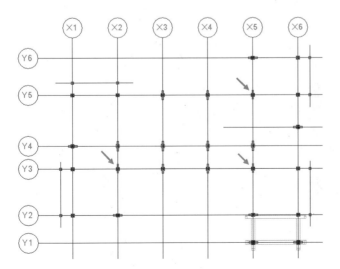

⑧ 업을장을 배치합니다. 프로젝트 탐색기에서 패밀리 〉 구조 프레임 〉 보아지_업을장 〉 보아지_업을장을 '보아지_받을장' 위치에 드래그해서 배치합니다. 이때 보아지의 뾰족한 부분이 건물 안쪽으로 향하도록 배치합니다.

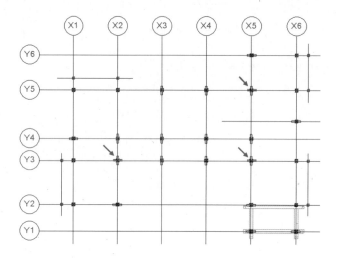

⑨ 반침을 구성하는 배면기둥은 일반기둥과 보아지로 결구 되어 있습니다. 프로젝트 탐색기에서 패밀리 〉 구조 프레임 〉 보아지_배면도리 〉 보아지_배면도리를 드래그해서 다음처럼 배치하고 해당 그리드에 정렬 구속합니다.

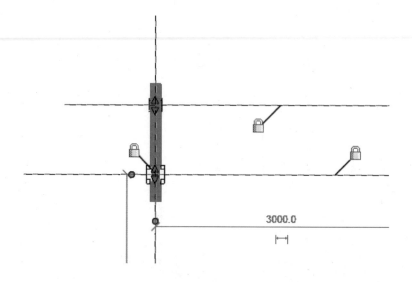

⑩ 다른 배면기둥에도 다음과 같이 배치하고 정렬 구속합니다.

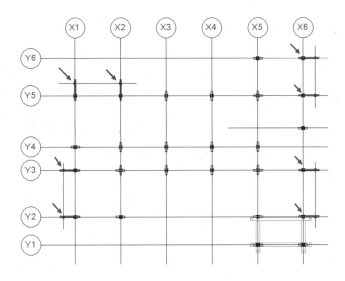

⑪ 프로젝트 탐색기에서 패밀리 〉구조 프레임 〉배면도리_업을장_양방향 〉배면도리_
업을장_양방향을 드래그해서 다음처럼 배치하고 해당 그리드에 정렬 구속합니다.

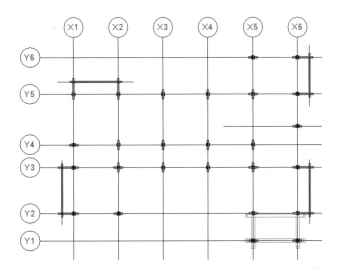

⑫ 신속 접근 도구 막대에서 기본 3D 뷰(⬚)를 클릭합니다. 특성 창에서 공정 〉 공정을 확장해서 '보아지'를 선택한 후 적용을 클릭합니다.

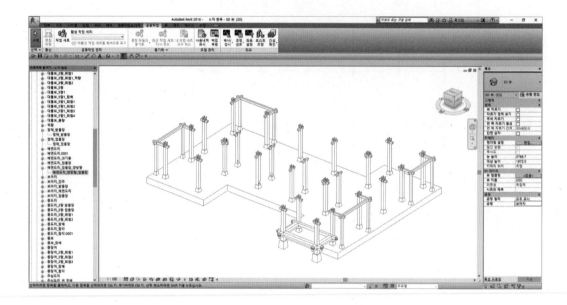

⑬ 부재 간 결구 오류를 확인해 보겠습니다. 공동 작업 〉 간섭 확인을 확장해서 간섭 확인 실행을 클릭합니다. 구조 기둥과 구조 프레임에 체크하고 확인을 클릭합니다.

⑭ 간섭 보고서 창에서 오류 메시지를 클릭해 보면 기둥과 보아지가 결구 되는 장부의 방향이 잘못 설정된 것을 확인할 수 있습니다.

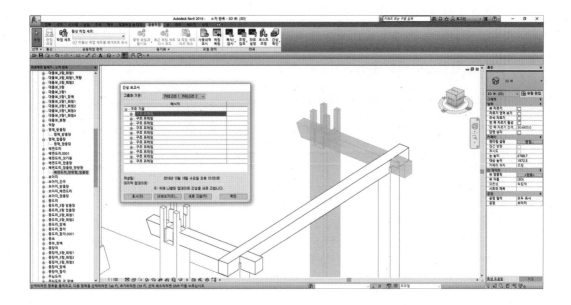

⑮ 각 오류 메시지에 해당되는 기둥을 스페이스 바를 이용해서 보아지 방향과 일치하도록 조정합니다. 간섭 보고서 창에서 오류 메시지가 사라질 때까지 새로 고침을 클릭하면서 부재 간 간섭 오류를 확인할 수 있습니다.

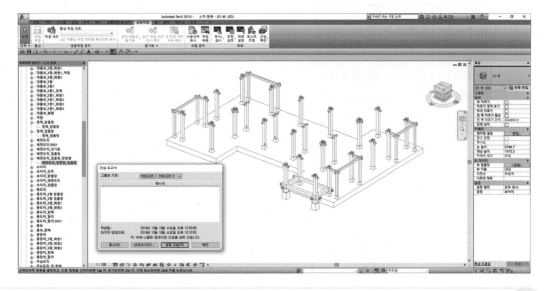

(3) 주심장여

① 프로젝트 탐색기에서 뷰 〉 평면 〉 '03. 주심도리 하'를 클릭해서 뷰를 이동합니다. 관리 탭 〉 공정을 클릭합니다. 프로젝트 단계 9번째를 삽입하고 이름에 '주심장여'로 입력한 후 확인을 클릭합니다.

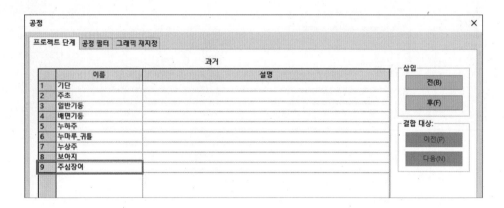

② 평면도로 돌아와서 특성 창에서 공정 〉 공정을 확장해서 '주심장여'를 선택한 후 적용을 클릭합니다.

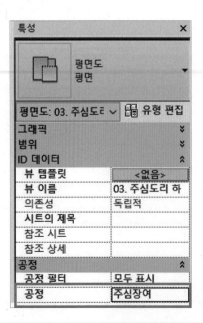

③ 신속 접근 도구 막대에서 기본 3D 뷰(⬡)를 클릭합니다. 특성 창에서 공정 〉 공정을 확장해서 '주심장여'를 선택한 후 적용을 클릭합니다. 평면도 창과 3D 창을 동시에 보면서 조립 공정을 진행하겠습니다. 뷰 탭 〉 창 패널 〉 타일을 클릭합니다. (단축키: WT) 탐색 도구 막대에서 창에 맞게 전체 줌을 클릭합니다. (단축키: ZA) '주심도리하' 평면도와 3D 창 이외에는 모두 닫고 단축키 WT 〉 ZA를 활용해서 평면도에서 조립하고 바로 3D 창에서 조립 공정을 확인할 수 있습니다.

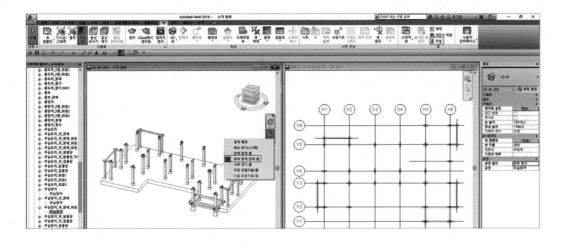

④ 프로젝트 탐색기에서 패밀리 〉 구조 프레임 〉 주심장여 〉 주심장여를 드래그해서 다음과 같이 배치하고 정렬 구속합니다.

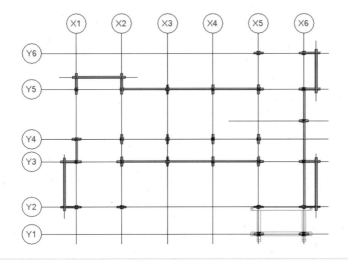

⑤ 프로젝트 탐색기에서 패밀리 〉 구조 프레임 〉 주심장여_귀_맞배 〉 주심장여_귀_맞배를 드래그해서 다음과 같이 배치하고 정렬 구속합니다.

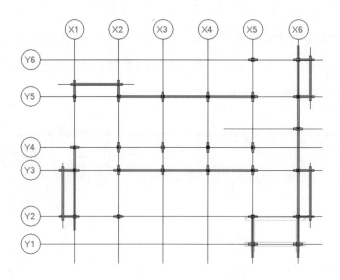

⑥ 프로젝트 탐색기에서 패밀리 〉 구조 프레임 〉 주심장여_귀_맞배_회첨 〉 주심장여_귀_맞배_회첨을 드래그해서 다음과 같이 배치하고 정렬 구속합니다.

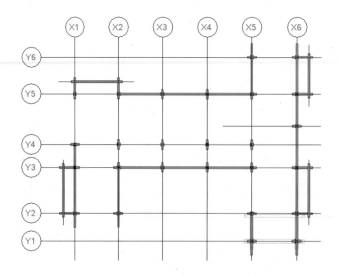

⑦ 프로젝트 탐색기에서 패밀리 〉구조 프레임 〉주심장여_귀_받을장 〉주심장여_귀_받
을장을 드래그해서 다음과 같이 배치하고 정렬 구속합니다.

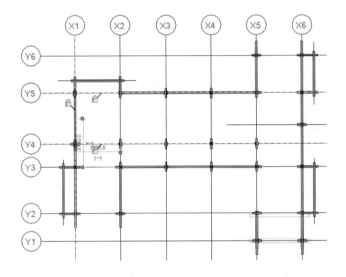

⑧ 프로젝트 탐색기에서 패밀리 〉구조 프레임 〉주심장여_귀_업을장 〉주심장여_귀_업
을장을 드래그해서 다음과 같이 배치하고 정렬 구속합니다.

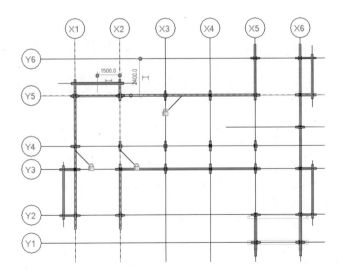

⑨ 프로젝트 탐색기에서 패밀리 〉 구조 프레임 〉 주심장여_회첨 〉 주심장여_회첨을 드래그해서 다음과 같이 배치하고 정렬 구속합니다. 이때 장부 크기가 작은 쪽이 회첨으로 향하도록 조정합니다.

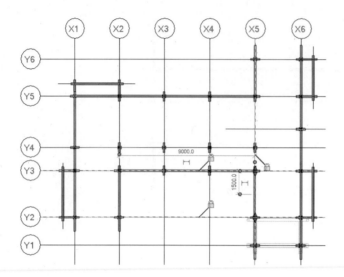

⑩ 공동 작업 탭에서 간섭 확인을 실행합니다. 구조 기둥과 구조 프레임에 체크하고 확인을 클릭합니다. 간섭이 탐지되지 않았으면 다음 공정으로 넘어갑니다.

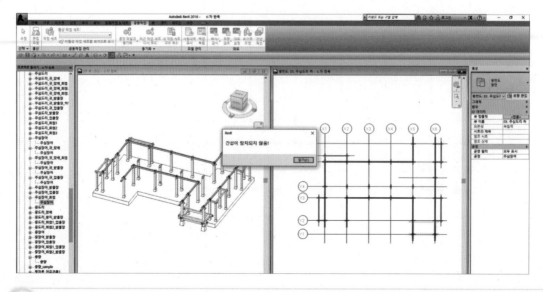

(4) 대들보

① '03. 주심도리 하' 평면도와 3D 뷰 창을 열고 정렬합니다. (단축키: WT ﹥ ZA) 관리 탭 ﹥ 공정을 클릭합니다. 프로젝트 단계 10번째를 삽입하고 이름에 '대들보'로 입력한 후 확인을 클릭합니다.

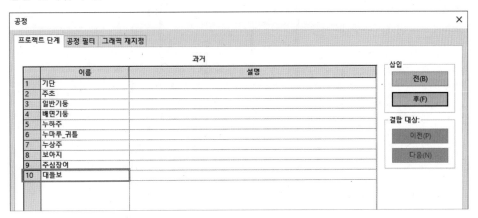

② 평면도와 3D 뷰 각 특성 창에서 ﹥ 공정 ﹥ 공정을 확장해서 '대들보'로 선택한 후 적용을 클릭합니다.

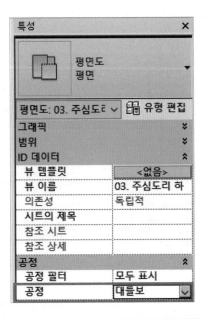

③ 프로젝트 탐색기에서 패밀리 〉 구조 프레임 〉 대들보_5량1 〉 대들보_5량1을 드래그
해서 다음과 같이 배치하고 정렬 구속합니다.

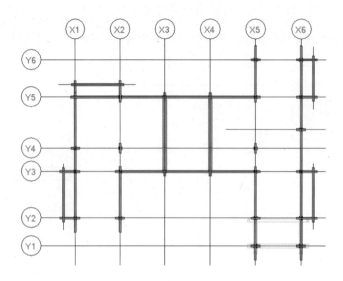

④ 프로젝트 탐색기에서 패밀리 〉 구조 프레임 〉 대들보_5량1_회첨3 〉 대들보_5량1_회
첨3을 드래그해서 다음과 같이 배치하고 정렬 구속합니다.

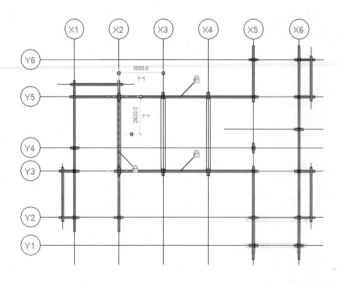

⑤ 프로젝트 탐색기에서 패밀리 〉 구조 프레임 〉 대들보_5량1_회첨4 〉 대들보_5량1_회첨4를 드래그해서 다음과 같이 배치하고 정렬 구속합니다.

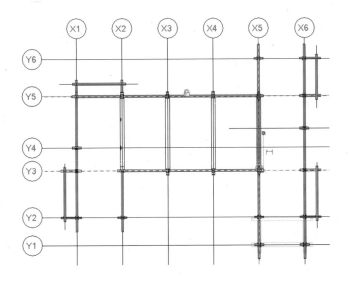

⑥ 프로젝트 탐색기에서 패밀리 〉 구조 프레임 〉 대들보_3량_맞배 〉 대들보_3량_맞배를 드래그해서 다음과 같이 배치하고 정렬 구속합니다.

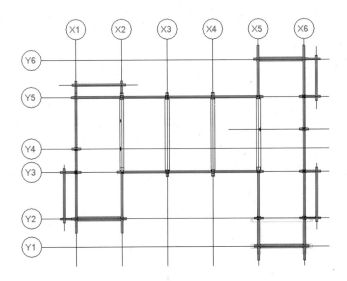

⑦ 프로젝트 탐색기에서 패밀리 〉 구조 프레임 〉 대들보_3량_회첨1 〉 대들보_3량_회첨1
을 드래그해서 다음과 같이 배치하고 정렬 구속합니다.

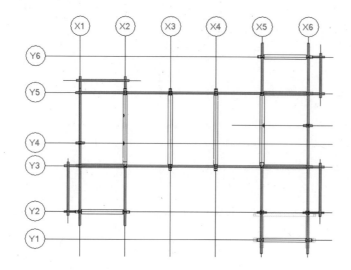

⑧ 프로젝트 탐색기에서 패밀리 〉 구조 프레임 〉 충량 〉 충량을 드래그해서 다음과 같이
배치하고 정렬 구속합니다.

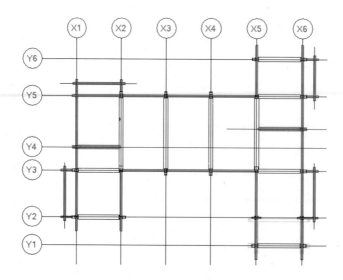

⑨ 프로젝트 탐색기에서 패밀리 〉 구조 프레임 〉 대들보_3량 〉 대들보_3량을 드래그해서 다음과 같이 배치하고 정렬 구속합니다.

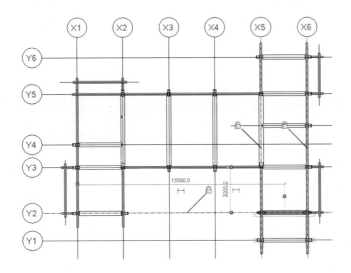

⑩ 공동작업 탭에서 간섭 확인을 실행합니다. 구조 기둥과 구조 프레임에 체크하고 확인을 클릭합니다. 구조 기둥과 구조 프레임, 구조 프레임과 구조 프레임 간 간섭이 확인되었습니다. 3D 창에서 세 번째 오류 메시지를 클릭합니다. View Cube에서 평면도를 클릭하고 간섭 부위를 확대해 봅니다. ○ 부위에서 간섭이 있는 것을 확인할 수 있습니다.

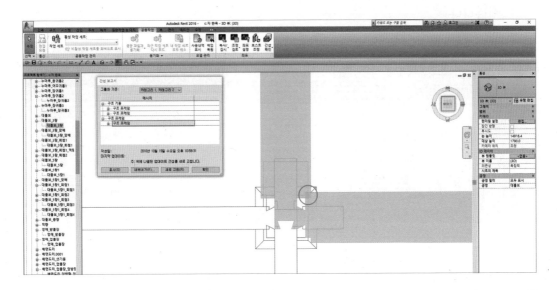

⑪ 간섭 원인은 회첨 부위에서 대들보와 대들보가 직교로 만나면서 폭이 넓은 대들보끼리 어깨걸림이 발생한 것입니다. '대들보_3량_회첨1'의 반대쪽, 즉 ／에 어깨걸림이 발생하지 않도록 장부 따내기를 만들어 놓았기 때문에 대칭-축 그리기 도구를 이용해서 방향을 전환해 보겠습니다. '대들보_3량_회첨1'을 클릭하고 수정 패널에서 대칭-축 그리기를 클릭합니다. 이때 옵션 막대에서 복사에 체크 해제합니다.

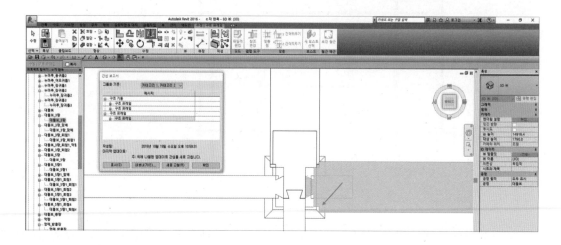

⑫ '대들보_3량_회첨1'의 중심에서 수평으로 선을 스케치하면 스케치 선에 대칭으로 복사됩니다. 간섭 보고서에서 새로 고침을 클릭하면 오류 메시지가 사라진 것을 확인할 수 있습니다.

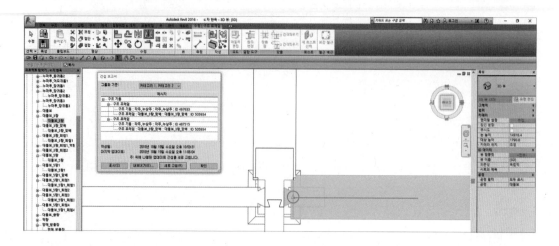

⑬ View Cube에서 홈을 클릭한 후 간섭 보고서 창에서 오류 메시지를 클릭합니다.

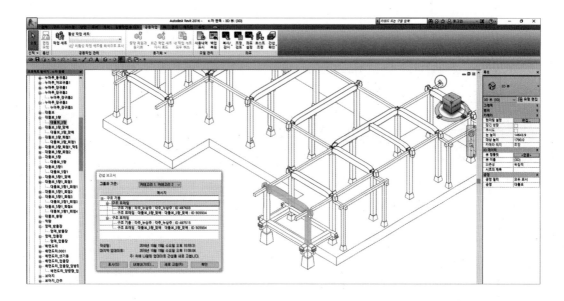

⑭ 누상주와 대들보 간 간섭이 확인되었습니다. 누상주는 다른 기둥과 달리 민흘림기둥으로 기둥 아랫면 폭이 기둥 윗면 폭보다 크게 만들어졌습니다. 그래서 수평부재와 결구될 때 간섭이 발생합니다. 따라서 누상주와 수평부재의 간섭 오류는 무시하고 조립합니다. 예를 들어 누상주를 클릭하고 유형 특성에서 매개변수 '하단 기둥 폭' 값을 '상단 기둥 폭'과 같은 '210'으로 변경할 경우 간섭은 발생하지 않습니다.

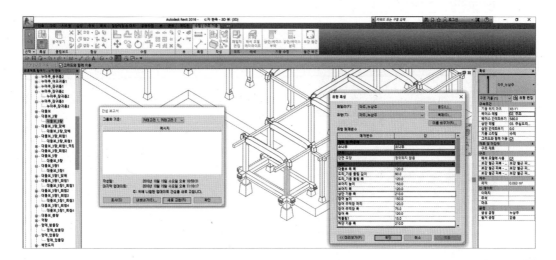

(5) 주심도리 ~ 덕량

① '03. 주심도리 하' 평면도와 3D 뷰 창을 열고 정렬합니다. (단축키: WT 〉ZA) 관리 탭 〉
공정을 클릭합니다. 프로젝트 단계 11번째를 삽입하고 이름에 '주심도리'로 입력한 후
확인을 클릭합니다.

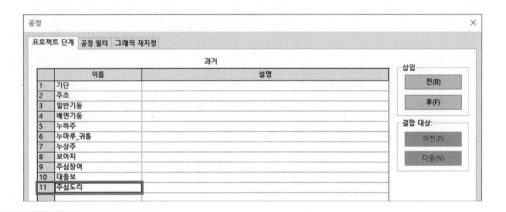

② 평면도와 3D 뷰 각 특성 창에서 〉 공정 〉 공정을 확장해서 '주심도리'로 선택한 후 적
용을 클릭합니다.

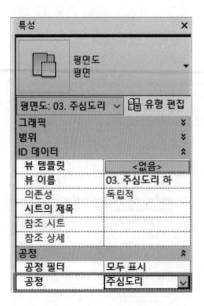

③ 프로젝트 탐색기에서 패밀리 〉 구조 프레임 〉 주심도리 〉 주심도리를 드래그해서 다음과 같이 배치하고 정렬 구속합니다.

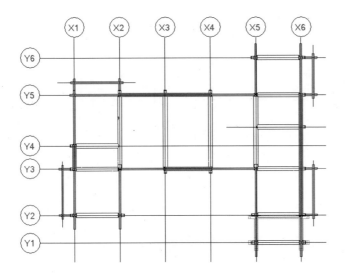

④ 프로젝트 탐색기에서 패밀리 〉 구조 프레임 〉 주심도리_귀_맞배 〉 주심도리_귀_맞배를 드래그해서 다음과 같이 배치하고 정렬 구속합니다.

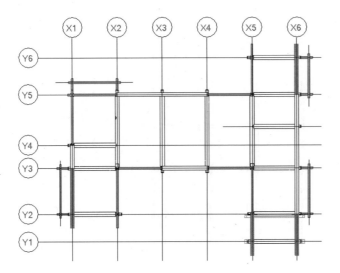

⑤ 프로젝트 탐색기에서 패밀리 〉 구조 프레임 〉 주심도리_귀_맞배_회첨 〉 주심도리를 드래그해서 다음과 같이 배치하고 정렬 구속합니다.

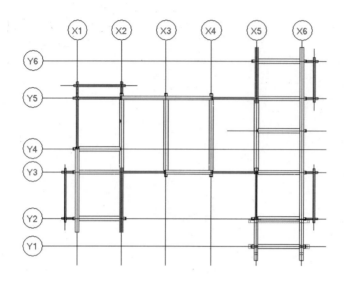

⑥ 프로젝트 탐색기에서 패밀리 〉 구조 프레임 〉 주심도리_회첨 〉 주심도리를 드래그해서 다음과 같이 배치하고 정렬 구속합니다.

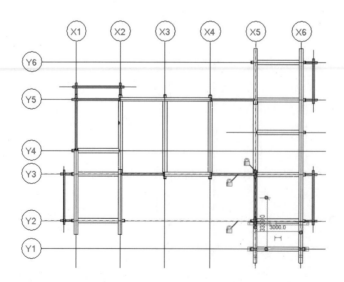

⑦ 프로젝트 탐색기에서 패밀리 〉 구조 프레임 〉 주심도리_회첨2 〉 주심도리를 드래그 해서 다음과 같이 배치하고 정렬 구속합니다.

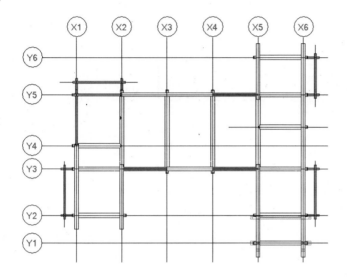

⑧ 프로젝트 탐색기에서 패밀리 〉 구조 프레임 〉 주심도리_귀_받을장_덕량 〉 주심도리 를 드래그해서 다음과 같이 배치하고 정렬 구속합니다.

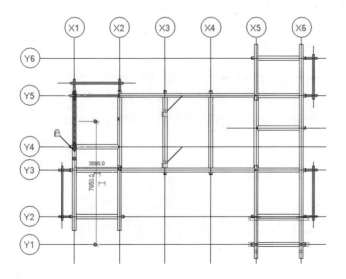

⑨ 프로젝트 탐색기에서 패밀리 〉 구조 프레임 〉 주심도리_귀_업을장 〉 주심도리를 드래그해서 다음과 같이 배치하고 정렬 구속합니다.

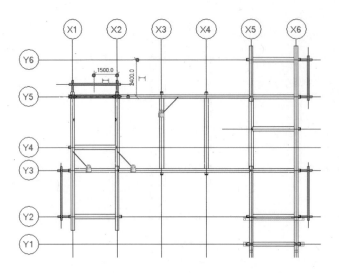

⑩ 평면도와 3D 뷰 각각 뷰 제어 막대에서 그래픽 화면 표시 음영 처리를 선택합니다.

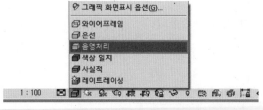

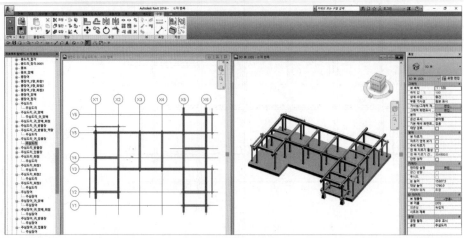

⑪ 주심도리가 모두 조립되었습니다. 이번 공정은 주심도리와 대들보를 연결하는 덕량(덕보)를 배치해 보겠습니다. 관리 탭 〉 공정을 클릭합니다. 프로젝트 단계 12번째를 삽입하고 이름에 '덕량'으로 입력한 후 확인을 클릭합니다.

공정			✕
프로젝트 단계 공정 필터 그래픽 재지정			

		과거		삽입
	이름	설명		전(B)
1	기단			후(F)
2	주초			
3	일반기둥			결합 대상:
4	배면기둥			이전(P)
5	누하주			다음(N)
6	누마루_귀틀			
7	누상주			
8	보아지			
9	주심장여			
10	대들보			
11	주심도리			
12	덕량			

⑫ 평면도와 3D 뷰 각 특성 창에서 〉 공정 〉 공정을 확장해서 '덕량'으로 선택한 후 적용을 클릭합니다.

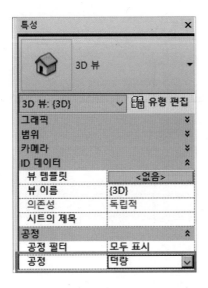

⑬ '덕량'을 배치하기 위한 기준선인 그리드 선을 스케치하겠습니다. 건축 탭 〉 그리드를 클릭합니다. 선 선택( ) 도구를 클릭하고 옵션 막대에서 간격 띄우기에 '1500'을 입력합니다. 다음과 같이 그리드 'Y5' 아래에 그리드 '6.5mm 버블 2'를 이용해서 배치합니다.

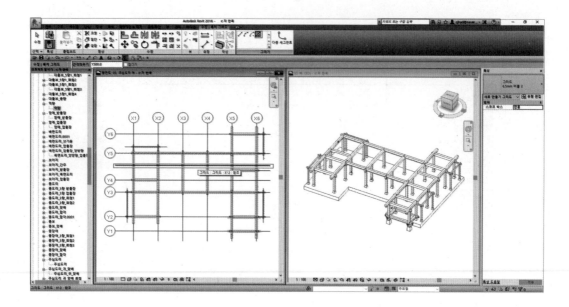

⑭ 프로젝트 탐색기에서 패밀리 〉 구조 프레임 〉 덕량 〉 덕량을 드래그해서 다음과 같이 배치합니다.

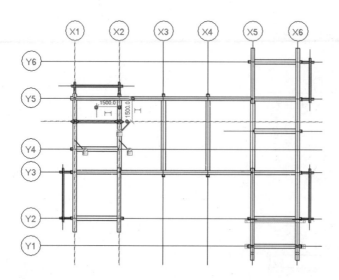

⑮ 끝으로 공동 작업 탭에서 간섭 확인을 실행합니다. 구조 기둥과 구조 프레임에 체크하고 확인을 클릭합니다. 4개의 간섭이 모두 민흘림기둥인 누상주와 관련 있는 것으로 무시하고 다음 공정으로 진행합니다.

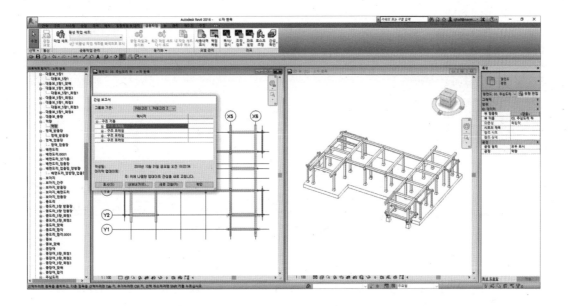

(6) 동자주 ~ 판대공 3량

① '03. 주심도리 하' 평면도와 3D 뷰 창을 열고 정렬합니다. (단축키 : WT 〉 ZA) 관리 탭 〉 공정을 클릭합니다. 프로젝트 단계 13번째를 삽입하고 이름에 '동자주'로 입력한 후 확인을 클릭합니다.

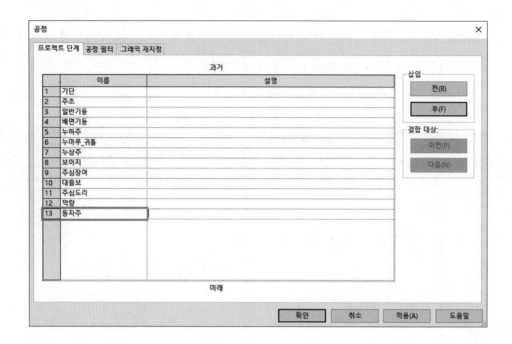

② 평면도와 3D 뷰 각 특성 창에서 〉 공정 〉 공정을 확장해서 '동자주'로 선택한 후 적용
을 클릭합니다.

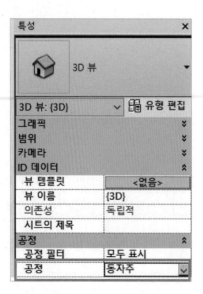

③ 프로젝트 탐색기에서 패밀리 〉 구조 기둥 〉 동자주 〉 동자주를 드래그해서 다음과 같이 배치합니다. 이때 옵션 막대에서 '높이', '04. 중도리 하'로 레벨이 설정되어 있어야 합니다.

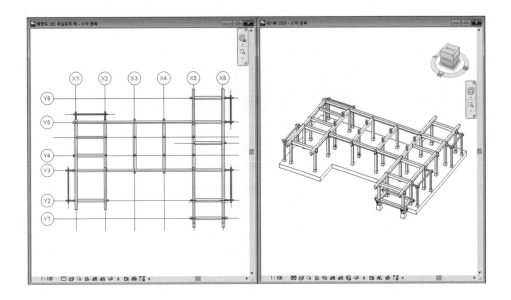

④ 왼쪽과 오른쪽의 3량가에 동자주 및 판대공을 배치하기 위한 기준선을 스케치하겠습니다. 건축 탭 〉 그리드를 클릭합니다. 선 도구를 클릭하고 다음과 같이 스케치한 후 균등 배분합니다. 이때 그리드 유형은 '6.5mm 버블 2'를 이용합니다.

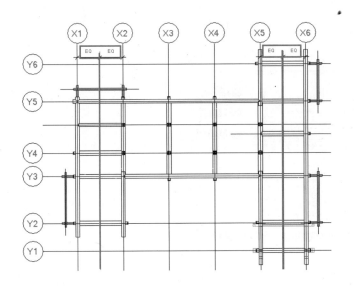

⑤ 프로젝트 탐색기에서 패밀리 〉 구조 기둥 〉 동자주_충량1 〉 동자주_충량1을 더블 클릭합니다. 유형 특성 창이 활성화되면 이름 바꾸기를 클릭하고 '덕량'으로 입력한 후 확인을 클릭합니다.

⑥ 다시 복제를 클릭합니다. 이름에 '충량'을 입력하고 확인을 클릭합니다.

⑦ 프로젝트 탐색기에서 패밀리 〉 구조 기둥 〉 동자주_충량1에서 덕량과 충량을 각각 다음과 같이 배치합니다.

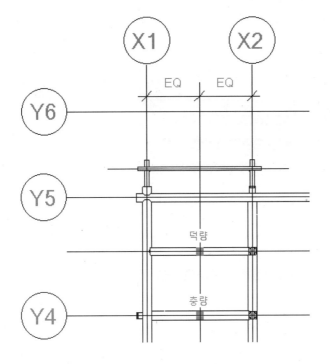

⑧ 3D 창에서 배치된 동자주_충량1 〉 덕량을 살펴보면 덕량과 간섭이 발생한 것을 확인할 수 있습니다.

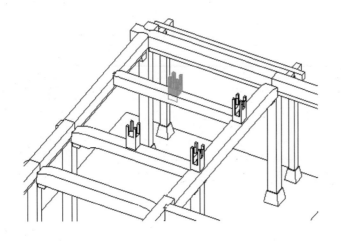

⑨ 덕량을 선택하고 유형 특성을 클릭합니다. 매개변수 '하단 기준선 높이' 값을 '300'으로 조정한 후 확인을 클릭합니다.

⑩ 판대공을 배치하겠습니다. 관리 탭 〉 공정을 클릭합니다. 프로젝트 단계 14번째를 삽입하고 이름에 '판대공 3량'으로 입력한 후 확인을 클릭합니다.

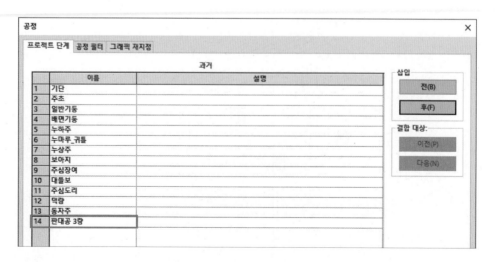

⑪ 평면도와 3D 뷰 각 특성 창에서 〉 공정 〉 공정을 확장해서 '판대공 3량'으로 선택한 후
적용을 클릭합니다.

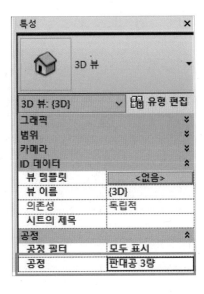

⑫ 프로젝트 탐색기에서 패밀리 〉 구조 기둥 〉 판대공 〉 판대공을 드래그해서 다음과 같
이 배치합니다.

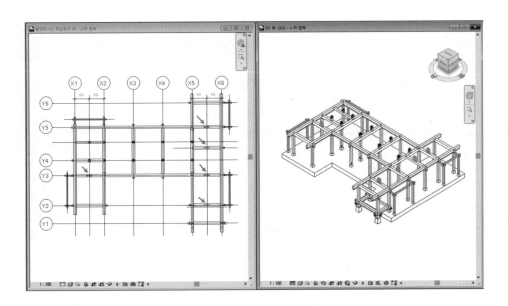

⑬ 프로젝트 탐색기에서 패밀리 〉 구조 기둥 〉 판대공_맞배 〉 판대공을 드래그해서 다음과 같이 배치합니다.

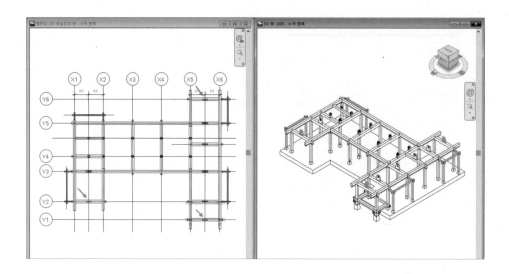

⑭ 끝으로 공동 작업 탭에서 간섭 확인을 실행합니다. 구조 기둥과 구조 프레임에 체크하고 확인을 클릭합니다. 4개의 간섭이 탐지되어습니다. 모두 민흘림기둥인 누상주와 관련 있는 것으로 무시하고 다음 공정으로 진행합니다.

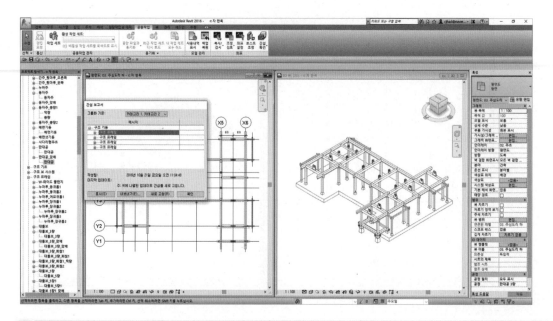

(7) 보아지_종량 ~ 중도리

① '04. 중도리 하' 평면도와 3D 뷰 창을 열고 정렬합니다. (단축키: WT 〉 ZA) 관리 탭 〉
공정을 클릭합니다. 프로젝트 단계 15번째를 삽입하고 이름에 '보아지_종량'으로 입력
한 후 확인을 클릭합니다.

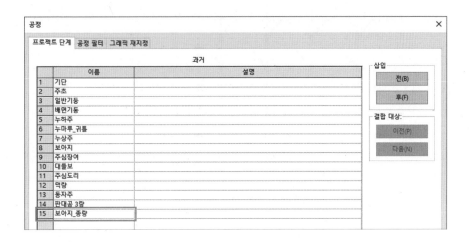

② 평면도와 3D 뷰 각 특성 창에서 〉 공정 〉 공정을 확장해서 '보아지_종량'으로 선택한
후 적용을 클릭합니다.

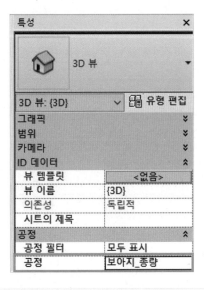

③ 프로젝트 탐색기에서 패밀리 〉 구조 프레임 〉 보아지 〉 보아지를 드래그해서 다음과
같이 배치합니다. 이때 보아지의 뾰족한 부분이 건물 안쪽으로 향하도록 배치합니다.

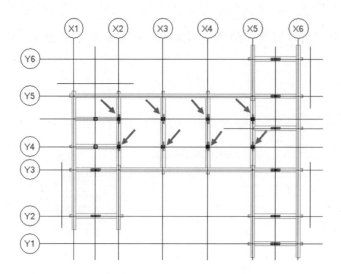

④ 보아지는 '중도리 하' 레벨 아래에 배치되기 때문에 보아지를 선택하고 수정하기 위해
서는 뷰 범위를 조정해줘야 합니다. '04. 중도리 하' 평면도를 클릭하고 특성 창에서 범
위 〉 뷰 범위 〉 편집을 클릭합니다.

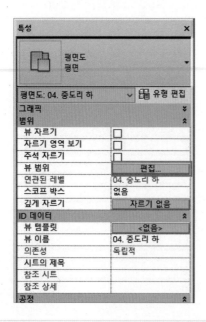

⑤ 뷰 범위 창이 활성화되면 1차 범위 〉하단 〉간격 띄우기에 '-300'을 입력합니다. 뷰 깊이 〉레벨 〉간격 띄우기에도 '-300'을 입력하고 확인을 클릭합니다.

뷰 범위

1차 범위

상단(T):	연관된 레벨 (04. 중도리 하)	간격띄우기(O):	2300,0
절단 기준면(C):	연관된 레벨 (04. 중도리 하)	간격띄우기(E):	1200,0
하단(B):	연관된 레벨 (04. 중도리 하)	간격띄우기(F):	-300,0

뷰 깊이

레벨(L):	연관된 레벨 (04. 중도리 하)	간격띄우기(S):	-300,0

확인　취소　적용(A)　도움말(H)

⑥ 보아지 배치가 완료되었고 다음 공정으로 진행하겠습니다. 관리 탭 〉공정을 클릭합니다. 프로젝트 단계 16번째를 삽입하고 이름에 '장여'로 입력한 후 확인을 클릭합니다. (이 공정에서는 3량의 종장여와 5량의 중장여가 같이 중복되므로 공정 이름을 편의상 '장여'로 하였습니다.)

공정

프로젝트 단계 | 공정 필터 | 그래픽 재지정

과거

	이름	설명
1	기단	
2	주초	
3	일반기둥	
4	배면기둥	
5	누하주	
6	누마루_귀틀	
7	누상주	
8	보아지	
9	주심장여	
10	대들보	
11	주심도리	
12	덕량	
13	동자주	
14	판대공 3량	
15	보아지 종량	
16	장여	

삽입
전(B)
후(F)

결합 대상:
이전(P)
다음(N)

미래

확인　취소　적용(A)　도움말

⑦ 평면도와 3D 뷰 각 특성 창에서 〉 공정 〉 공정을 확장해서 '장여'로 선택한 후 적용을
클릭합니다.

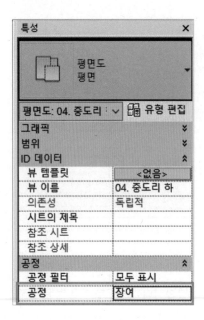

⑧ 프로젝트 탐색기에서 패밀리 〉 구조 프레임 〉 중장여 〉 중장여를 드래그해서 다음과
같이 배치하고 정렬 구속합니다.

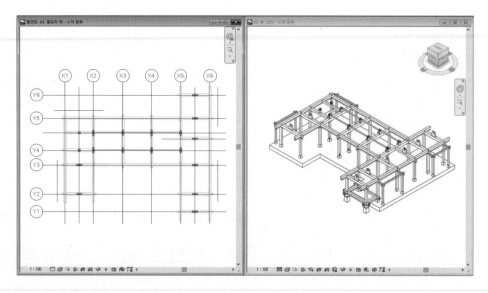

⑨ 프로젝트 탐색기에서 패밀리 > 구조 프레임 > 중장여_받을장 > 중장여를 드래그해서
다음과 같이 배치하고 정렬 구속합니다.

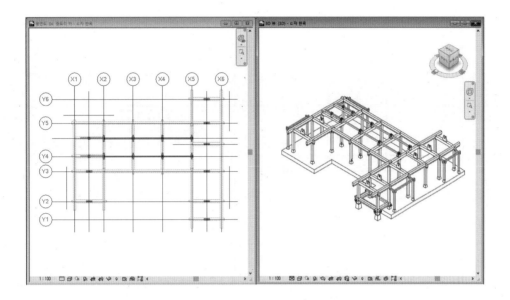

⑩ 프로젝트 탐색기에서 패밀리 > 구조 프레임 > 중장여_회첨1_업을장 > 중장여를 드래
그해서 다음과 같이 배치하고 정렬 구속합니다.

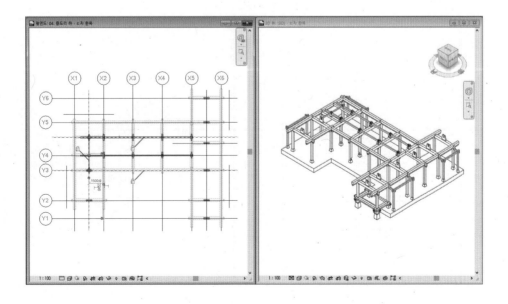

⑪ 프로젝트 탐색기에서 패밀리 〉 구조 프레임 〉 종장여_맞배 〉 종장여를 드래그해서 다음과 같이 배치하고 정렬 구속합니다.

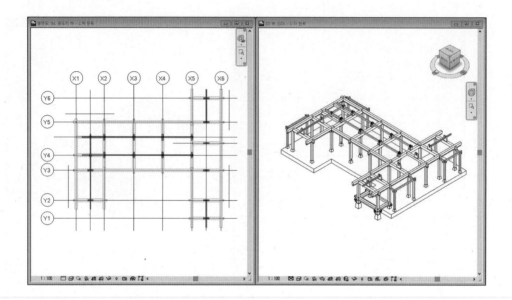

⑫ 프로젝트 탐색기에서 패밀리 〉 구조 프레임 〉 종장여_3량_회첨3 〉 종장여를 드래그해서 다음과 같이 배치하고 정렬 구속합니다.

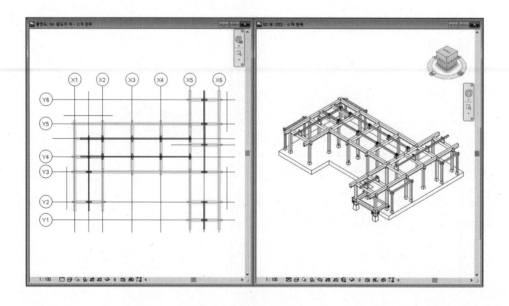

⑬ 프로젝트 탐색기에서 패밀리 〉 구조 프레임 〉 종장여 〉 종장여를 드래그해서 다음과
같이 배치하고 정렬 구속합니다.

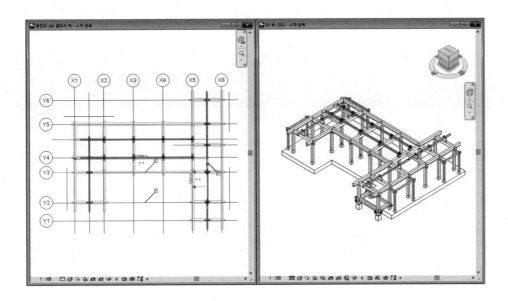

⑭ 프로젝트 탐색기에서 패밀리 〉 구조 프레임 〉 중장여_업을장 〉 중장여를 드래그해서
다음과 같이 배치하고 정렬 구속합니다.

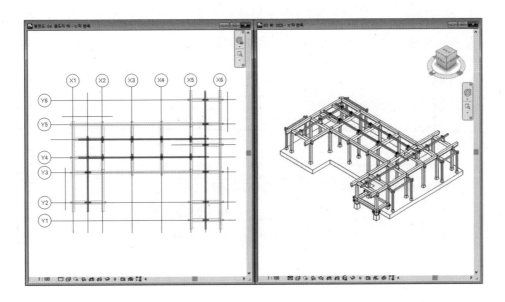

⑮ 장여 공정에서 간섭을 확인해 보겠습니다. 공동 작업 탭에서 간섭 확인을 실행합니다. 구조 기둥과 구조 프레임에 체크하고 확인을 클릭합니다. 누상주를 제외하고 회첨구간에서 장여 간 간섭이 탐지되었습니다. '종장여_3량_회첨3'의 받을장 위치에서 간섭이 확인됩니다.

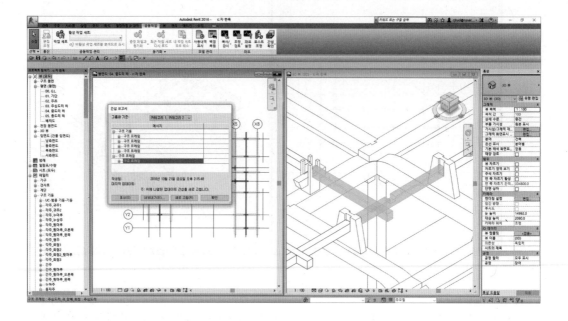

⑯ 3D 창에서 '종장여_3량_회첨3'을 클릭하고 유형 특성을 클릭합니다. 복제를 클릭하고 이름에 '종장여 1'을 입력한 후 확인을 클릭합니다.

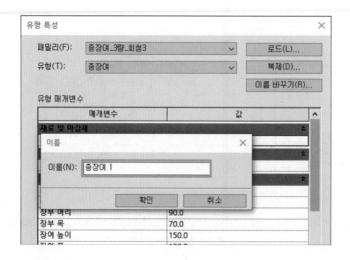

⑰ 매개변수에서 '5량 중장여 회첨 위치' 값을 '1500'으로 조정한 후 확인을 클릭합니다.

⑱ 간섭 보고서 창에서 새로 고침을 클릭하면 누상주를 제외한 오류 메시지가 사라진 것을 확인할 수 있습니다. (이 과정에서 오류 메시지가 남아 있는 독자께서는 '종장여_3량_회첨3'을 선택하고 스페이스 바를 이용해서 '180°' 방향 전환을 하면 반턱맞춤이 맞는 것을 확인할 수 있습니다.)

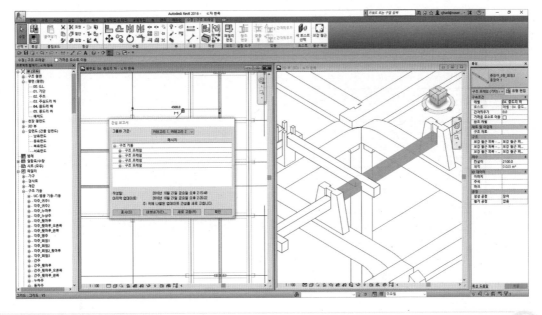

⑲ 이어서 다음 공정인 종보를 배치하겠습니다. 관리 탭 〉 공정을 클릭합니다. 프로젝트 단계 17번째를 삽입하고 이름에 '종보'로 입력한 후 확인을 클릭합니다.

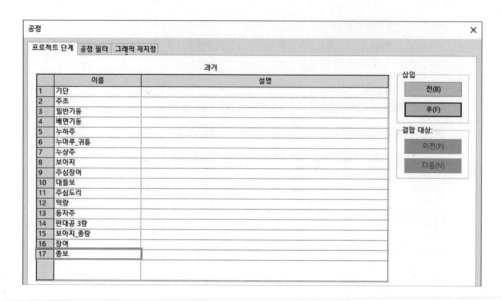

⑳ 평면도와 3D 뷰 각 특성 창에서 〉 공정 〉 공정을 확장해서 '종보'로 선택한 후 적용을 클릭합니다.

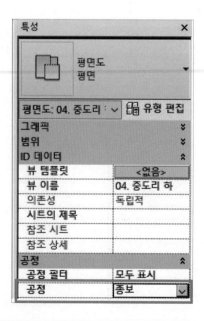

㉑ 프로젝트 탐색기에서 패밀리 〉 구조 프레임 〉 종보 〉 종보를 드래그해서 다음과 같이 배치하고 정렬 구속합니다.

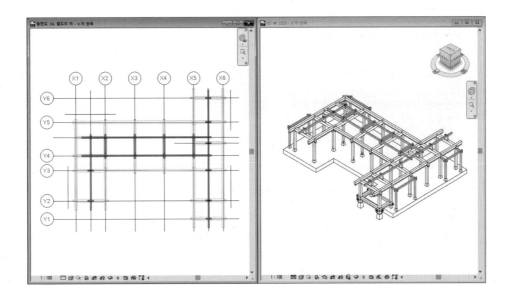

㉒ 다음 공정인 중도리를 배치하겠습니다. 관리 탭 〉 공정을 클릭합니다. 프로젝트 단계 18번째를 삽입하고 이름에 '도리'로 입력한 후 확인을 클릭합니다. (이 공정에서는 3량의 종도리와 5량의 중도리가 같이 중복되므로 공정 이름을 편의상 '도리'로 하였습니다.)

	이름	설명
1	기단	
2	주조	
3	일반기둥	
4	배면기둥	
5	누하주	
6	누마루_귀틀	
7	누상주	
8	보아지	
9	주심장여	
10	대들보	
11	주심도리	
12	덕량	
13	동자주	
14	판대공 3량	
15	보아지_종량	
16	장여	
17	종보	
18	도리	

공정

프로젝트 단계   공정 필터   그래픽 재지정

과거

삽입
전(B)
후(F)

결합 대상
이전(P)
다음(N)

㉓ 평면도와 3D 뷰 각 특성 창에서 〉 공정 〉 공정을 확장해서 '도리'로 선택한 후 적용을 클릭합니다.

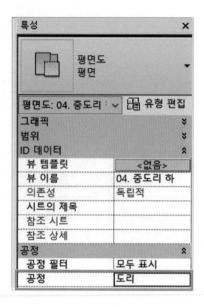

㉔ 프로젝트 탐색기에서 패밀리 〉 구조 프레임 〉 중도리 〉 중도리를 드래그해서 다음과 같이 배치하고 정렬 구속합니다.

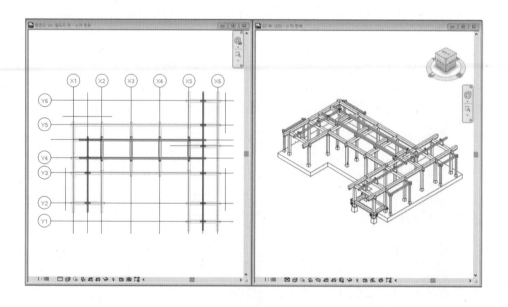

㉕ 프로젝트 탐색기에서 패밀리 〉구조 프레임 〉중도리_왕지_받을장 〉중도리를 드래그해서 다음과 같이 배치하고 정렬 구속합니다.

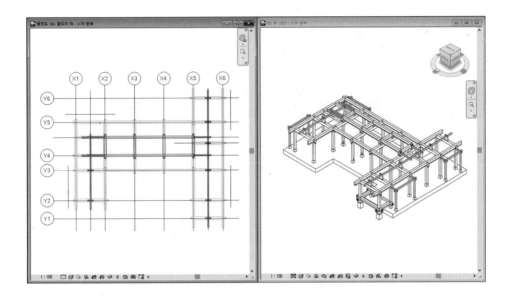

㉖ 프로젝트 탐색기에서 패밀리 〉구조 프레임 〉중도리_회첨1_업을장 〉중도리를 드래그해서 다음과 같이 배치하고 정렬 구속합니다.

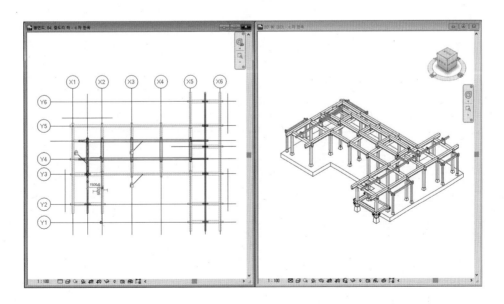

㉗ 프로젝트 탐색기에서 패밀리 〉구조 프레임 〉종도리_맞배 〉종도리_맞배를 드래그
해서 다음과 같이 배치하고 정렬 구속합니다.

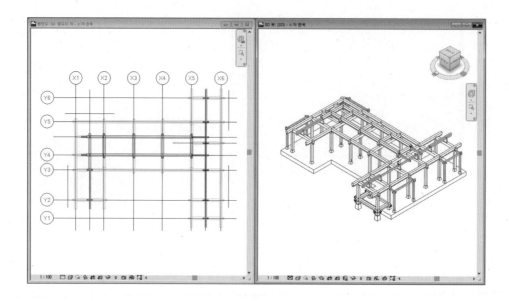

㉘ 프로젝트 탐색기에서 패밀리 〉구조 프레임 〉종도리_3량_회첨1 〉종도리를 드래그
해서 다음과 같이 배치하고 정렬 구속합니다.

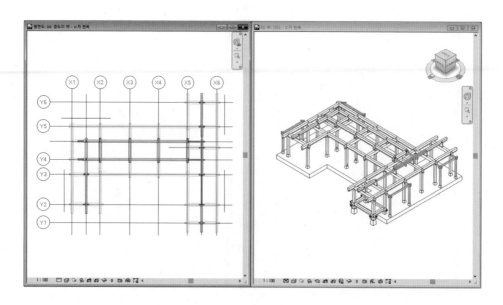

㉙ '종도리_3량_회첨1'의 받을장 위치가 5량 중도리와 맞지 않는 게 확인됩니다.

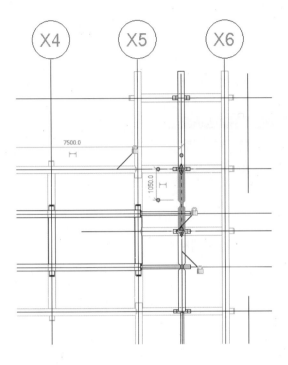

㉚ '종도리_3량_회첨1'을 클릭하고 유형 특성을 클릭합니다. 복제를 클릭하고 이름에 '종
도리 1'을 입력한 후 확인을 클릭합니다.

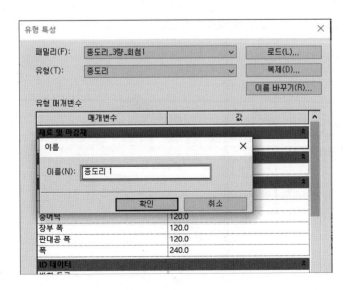

㉛ 매개변수에서 '5량 중도리 위치' 값을 '1500'으로 조정한 후 확인을 클릭합니다.

㉜ 프로젝트 탐색기에서 패밀리 〉 구조 프레임 〉 종도리 〉 종도리를 드래그해서 다음과
같이 배치하고 정렬 구속합니다.

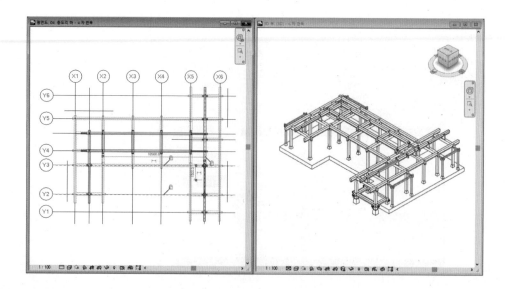

㉝ 프로젝트 탐색기에서 패밀리 〉 구조 프레임 〉 중도리_왕지_업을장 〉 중도리를 드래
그해서 다음과 같이 배치하고 정렬 구속합니다.

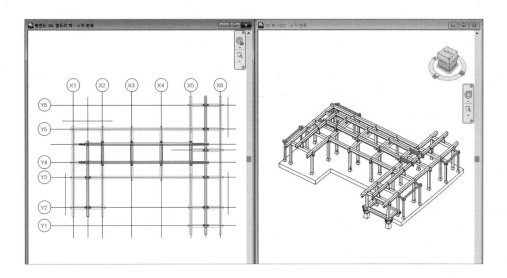

㉞ 끝으로 중도리 공정에서 간섭을 확인해 보겠습니다. 공동 작업 탭에서 간섭 확인을 실
행합니다. 구조 기둥과 구조 프레임에 체크하고 확인을 클릭합니다. 누상주를 제외하
고 간섭이 탐지되지 않았습니다. 다음 공정으로 진행합니다.

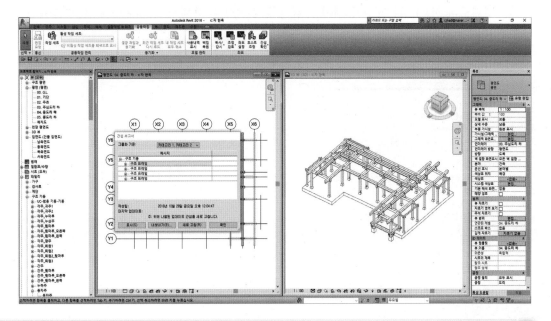

(8) 판대공 ~ 종도리

① '04. 중도리 하' 평면도와 3D 뷰 창을 열고 정렬합니다.(단축키 : WT 〉 ZA) 관리 탭 〉 공
정을 클릭합니다. 프로젝트 단계 19번째를 삽입하고 이름에 '판대공'으로 입력한 후 확
인을 클릭합니다.

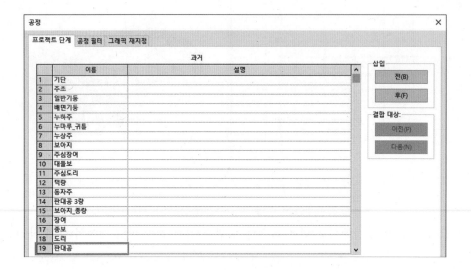

② 평면도와 3D 뷰 각 특성 창에서 〉 공정 〉 공정을 확장해서 '판대공'으로 선택한 후 적
용을 클릭합니다.

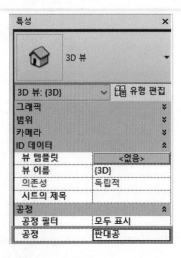

③ 판대공을 배치하기 위한 기준선을 스케치하겠습니다. 건축탭 〉 그리드를 클릭합니다. 선(✎) 도구를 클릭하고 다음과 같이 스케치한 후 균등 배분합니다. 이때 그리드 유형 은 '6.5mm 버블 2'를 이용합니다.

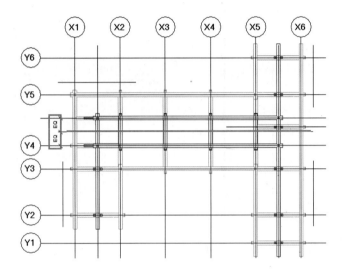

④ 프로젝트 탐색기에서 패밀리 〉 구조 기둥 〉 판대공 〉 판대공을 드래그해서 다음과 같이 배치합니다. 이때 옵션 막대에서 '높이', '05. 종도리 하'로 레벨이 설정되어 있어야 합니다.

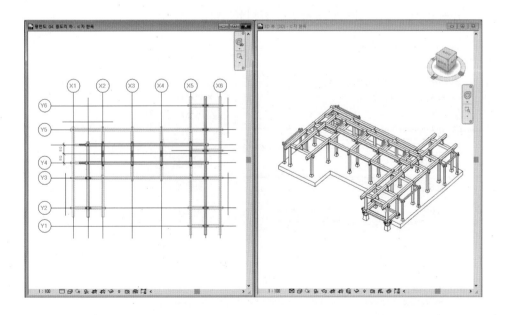

⑤ 프로젝트 탐색기에서 패밀리 〉 구조 기둥 〉 판대공_맞배 〉 판대공을 드래그해서 다음과 같이 배치합니다.

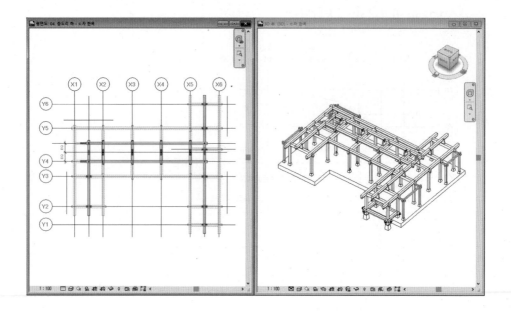

⑥ 배치된 2개의 '판대공_맞배'를 선택하고 유형 특성을 클릭합니다. 복제를 클릭하고 이름에 '판대공 2'로 입력하고 확인을 클릭합니다.

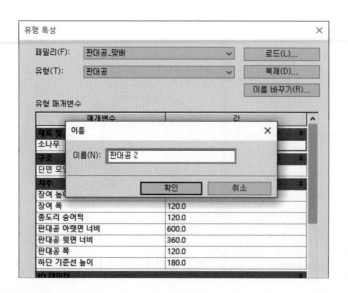

⑦ 매개변수 값을 다음과 같이 조정한 후 확인을 클릭합니다.

매개변수	값	수식	비고
판대공 아랫면 너비	420		
하단 기준선 높이	270		

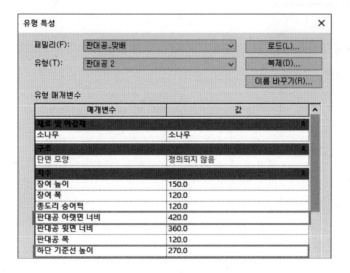

⑧ 판대공의 배치가 완료되었고 다음 공정으로 진행하겠습니다. 관리 탭 〉 공정을 클릭합니다. 프로젝트 단계 20번째를 삽입하고 이름에 '종장여'로 입력한 후 확인을 클릭합니다.

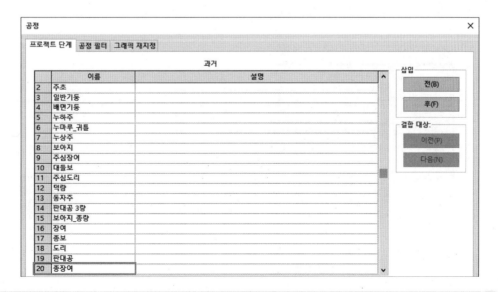

⑨ 프로젝트 탐색기에서 뷰 〉 평면 〉 '05. 종도리 하'를 클릭하고 불필요한 '04. 중도리 하' 평
면도는 제거합니다. 단축키를 이용해서 창을 정렬합니다. (단축키 : WT 〉 ZA) 평면도와 3D
뷰 각 특성 창에서 〉 공정 〉 공정을 확장해서 '종장여'로 선택한 후 적용을 클릭합니다.

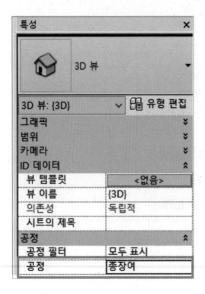

⑩ '종장여'는 '종도리 하' 레벨 아래에 배치되기 때문에 '종장여'를 선택하고 수정하기 위
해서는 뷰 범위를 조정해야 합니다. '05. 종도리 하' 평면도를 클릭하고 특성 창에서 범
위 〉 뷰 범위 〉 편집을 클릭합니다.

⑪ 뷰 범위 창이 활성화되면 1차 범위 〉 하단 〉 간격 띄우기에 '-300'을 입력합니다. 뷰 깊이 〉 레벨 〉 간격 띄우기에도 '-300'을 입력하고 확인을 클릭합니다.

뷰 범위			✕
1차 범위			
상단(T):	연관된 레벨 (05. 중도리 하)	간격띄우기(O):	2300.0
절단 기준면(C):	연관된 레벨 (05. 중도리 하)	간격띄우기(E):	1200.0
하단(B):	연관된 레벨 (05. 중도리 하)	간격띄우기(F):	-300.0
뷰 깊이			
레벨(L):	연관된 레벨 (05. 중도리 하)	간격띄우기(S):	-300.0
확인	취소	적용(A)	도움말(H)

⑫ 프로젝트 탐색기에서 패밀리 〉 구조 프레임 〉 종장여 〉 종장여를 드래그해서 다음과 같이 배치하고 정렬 구속합니다.

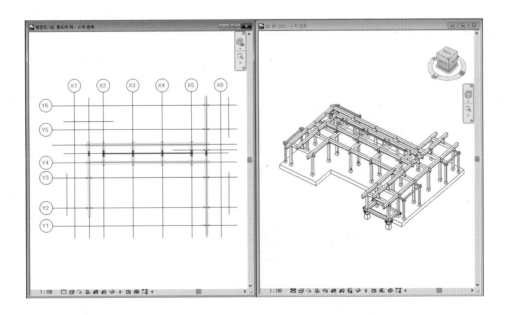

⑬ 프로젝트 탐색기에서 패밀리 〉 구조 프레임 〉 종장여_합각 〉 종장여를 드래그해서 다음과 같이 배치하고 정렬 구속합니다. 이때 수직 그리드는 각각 'X1'과 'X2', 'X5'와 'X6'에 정렬 구속합니다.

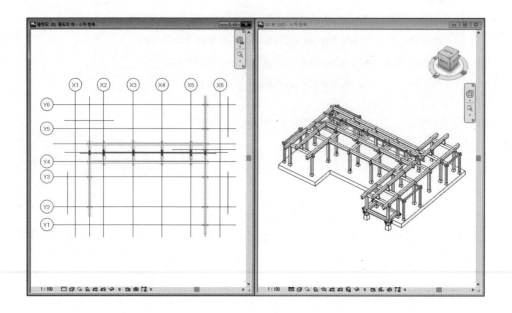

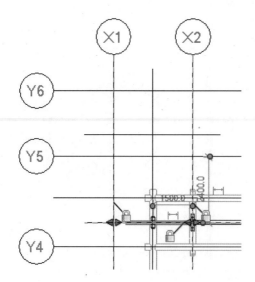

⑭ 다음 공정으로 진행하겠습니다. 관리 탭 〉 공정을 클릭합니다. 프로젝트 단계 21번째
를 삽입하고 이름에 '종도리'로 입력한 후 확인을 클릭합니다.

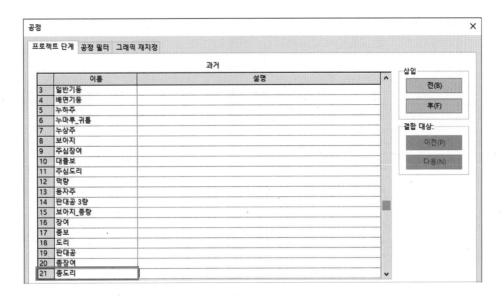

⑮ 평면도와 3D 뷰 각 특성 창에서 〉 공정 〉 공정을 확장해서 '종도리'로 선택한 후 적용
을 클릭합니다.

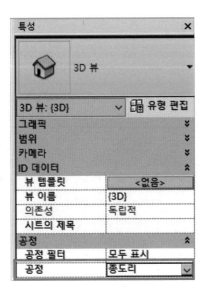

⑯ 프로젝트 탐색기에서 패밀리 〉 구조 프레임 〉 종도리 〉 종도리를 드래그해서 다음과
같이 배치하고 정렬 구속합니다.

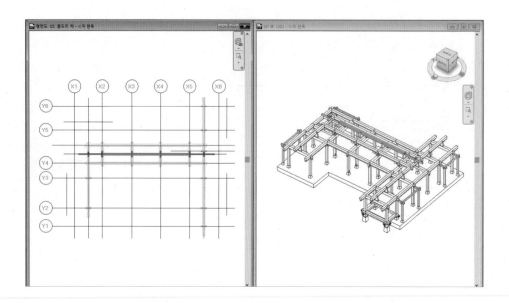

⑰ 프로젝트 탐색기에서 패밀리 〉 구조 프레임 〉 종도리_합각 〉 종도리를 드래그해서 다
음과 같이 배치하고 정렬 구속합니다. 이때 수직 그리드는 각각 'X1'과 'X2', 'X5'와 'X6'
에 정렬 구속합니다.

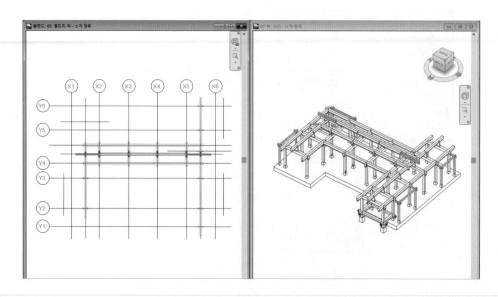

⑱ 끝으로 부재 간 간섭을 확인해 보겠습니다. 공동 작업 탭에서 간섭 확인을 실행합니다. 구조 기둥과 구조 프레임에 체크하고 확인을 클릭합니다. 누상주를 제외하고 간섭이 탐지되지 않았습니다. 이상으로 한식 목구조를 이루는 주요 부재들이 조립되었습니다. 다음은 지붕 공사를 진행하겠습니다.

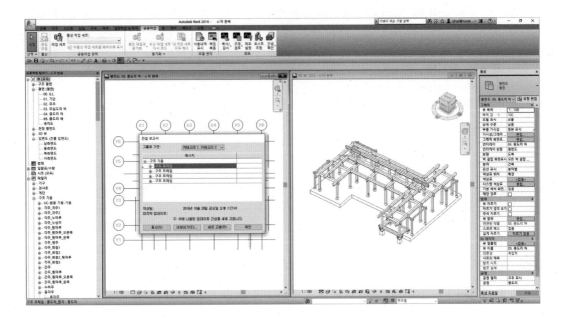

3) 지붕 공사

(1) 추녀 ~ 평고대

① '03. 주심도리 하' 평면도와 3D 뷰 창을 열고 정렬합니다. (단축키: WT 〉 ZA) 관리 탭 〉
공정을 클릭합니다. 프로젝트 단계 22번째를 삽입하고 이름에 '추녀'로 입력한 후 확인
을 클릭합니다.

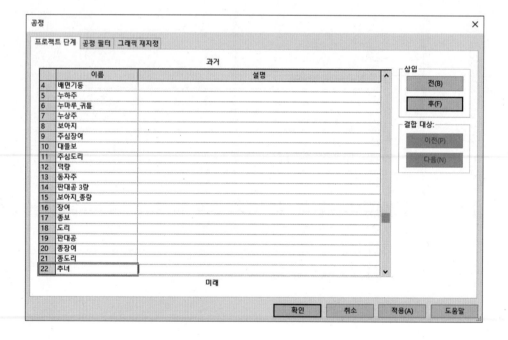

② 평면도와 3D 뷰 각 특성 창에서 〉 공정 〉 공정을 확장해서 '추녀'로 선택한 후 적용을
클릭합니다.

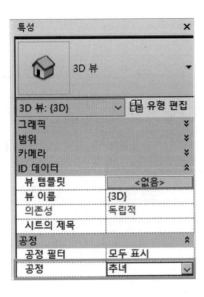

③ 프로젝트 탐색기에서 패밀리 〉 일반 모델 〉 추녀 〉 추녀를 드래그해서 다음과 같이 배
치합니다. 평면도에서는 스페이스바를 이용해서 45°가 되도록 배치하고 3D 뷰 창을
통해 정확한 방향을 확인할 수 있습니다.

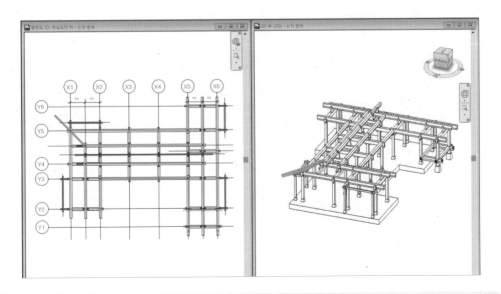

④ 프로젝트 탐색기에서 패밀리 〉 일반 모델 〉 회첨골추녀 〉 회첨골추녀를 드래그해서
다음과 같이 배치합니다.

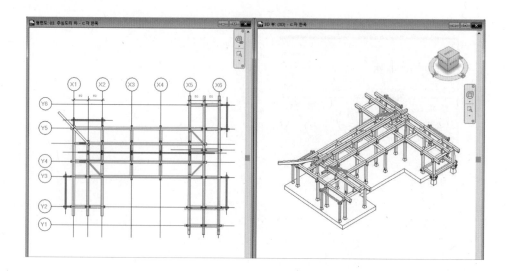

⑤ 다음 공정으로 평고대를 배치하기 위해서 서까래 일부를 먼저 배치하겠습니다. 관리
탭 〉 공정을 클릭합니다. 프로젝트 단계 23번째를 삽입하고 이름에 '장연1'로 입력한
후 확인을 클릭합니다.

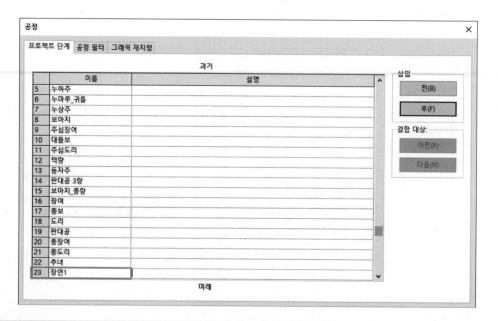

⑥ 평면도와 3D 뷰 각 특성 창에서 〉 공정 〉 공정을 확장해서 '장연1'로 선택한 후 적용을 클릭합니다.

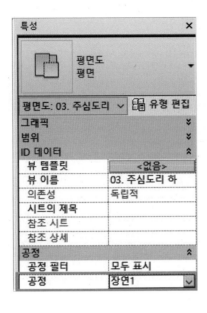

⑦ 프로젝트 탐색기에서 패밀리 〉 일반 모델 〉 장연 〉 장연을 드래그해서 다음과 같이 배치합니다. 이때 5량 중도리와 3량 중도리가 만나는 왕지 부위에서 '1200' 떨어진 위치에 배치합니다. (이 치수는 거리를 알 수 있도록 임의로 배치한 치수입니다.)

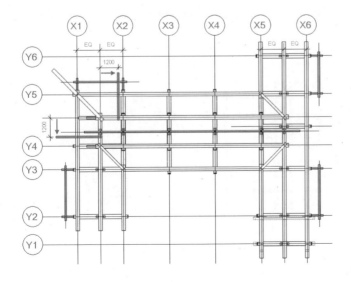

⑧ 특성 창에서 치수 〉 서까래 내밀기는 '1350'. 주_중도리 수평 길이는 '1500'으로 설정합니다. 이후 배치되는 모든 장연의 서까래 내밀기와 주_중도리 수평 길이는 동일하게 설정합니다.

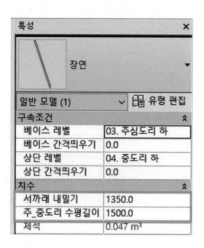

⑨ 프로젝트 탐색기에서 패밀리 〉 일반 모델 〉 장연 〉 장연을 드래그해서 다음과 같이 박공이 설치되는 곳에 각각 배치합니다. 이때 장연이 도리 밖으로 벗어나지 않도록 하기 위해서는 장연을 도리 끝에 배치한 후 이동 도구를 이용해서 장연 반지름만큼 안쪽으로 이동하는 방법을 사용할 수 있습니다.

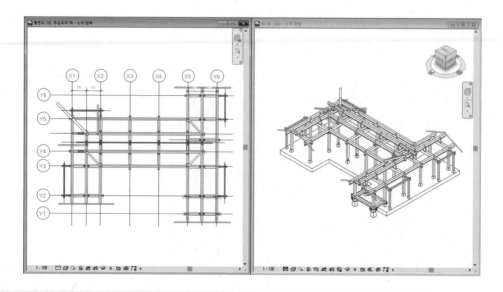

⑩ 세 곳의 회첨 부위에 서까래를 배치하기 위한 기준선을 스케치하겠습니다. 건축 탭 〉
그리드를 클릭하고 다음처럼 회첨 부위에서 45°가 되도록 스케치합니다. 이때 그리드
유형은 '그리드 6.5mm 버블 2'를 선택합니다.

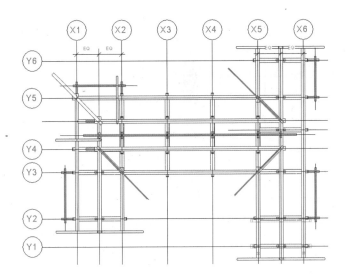

⑪ 프로젝트 탐색기에서 패밀리 〉 장연 〉 장연을 드래그해서 다음과 같이 회첨 부위에 배
치합니다.

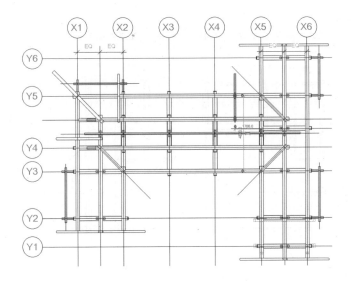

⑫ 장연을 선택하고 수정 패널에서 이동 도구를 클릭합니다. 장연의 끝점을 수평으로 이동해서 그리드 선과 교차하는 지점으로 이동합니다.

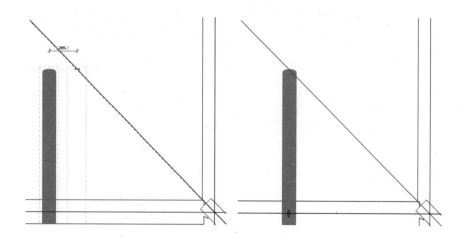

⑬ 위와 같은 방법으로 회첨 부위에 장연을 다음과 같이 배치합니다.

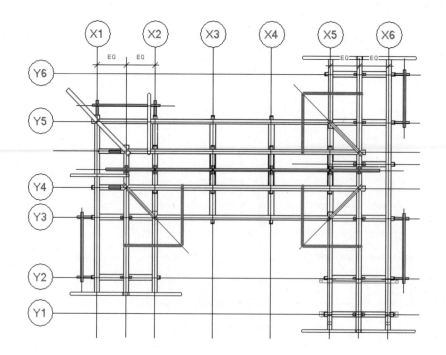

⑭ 다음 공정으로 평고대를 배치하겠습니다. 관리 탭 〉 공정을 클릭합니다. 프로젝트 단
계 24번째를 삽입하고 이름에 '평고대'로 입력한 후 확인을 클릭합니다.

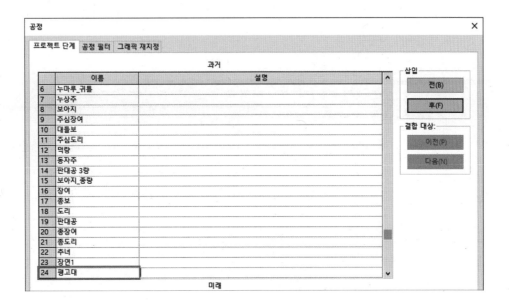

⑮ 평고대를 배치하기 위한 작업 기준면을 만들어 보겠습니다. 프로젝트 탐색기에서 뷰 〉
입면도 〉 남측면도를 클릭해서 뷰를 이동합니다. 이동한 남측면도에서 특성 창 〉 공정
〉 공정을 확장해서 '평고대'로 선택한 후 적용을 클릭합니다.

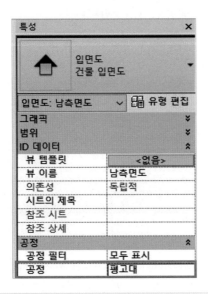

⑯ 건축 탭 〉 작업 기준면 〉 참조 평면을 클릭합니다. 선 선택() 도구를 클릭하고 옵션 막대에서 간격 띄우기에 '30'을 입력합니다. 왼쪽 3량에 배치된 서까래 끝을 클릭해서 참조 평면을 스케치합니다. (서까래는 지역 또는 목수마다 차이는 있지만 평고대보다 15~30 정도 내밀어서 시공합니다.)

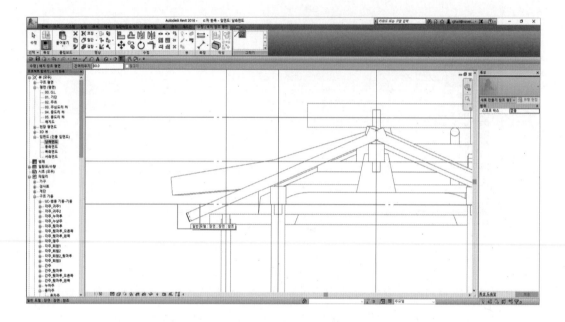

⑰ 뷰 제어 막대에서 그래픽 화면 표시를 와이어프레임으로 설정합니다.

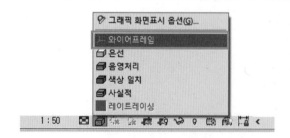

⑱ 이번에는 선(✏) 도구를 클릭합니다. 옵션 막대에서 간격 띄우기는 '0'으로 설정합니다. 추녀코의 중간 점에서 시작하여 장연에 스케치한 참조 평면 끝을 연결하여 스케치합니다.

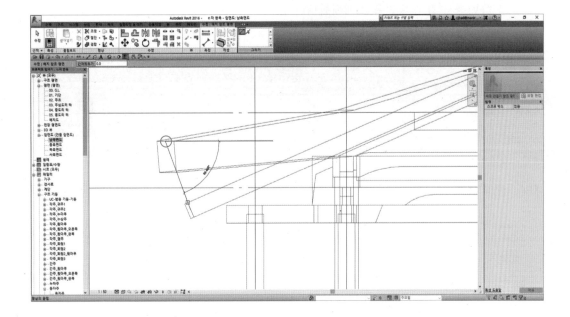

⑲ 위 참조 평면을 클릭하고 특성 창에서 ID 데이터 〉 이름에 '서측평고대1'을 입력하고 적용을 클릭합니다.

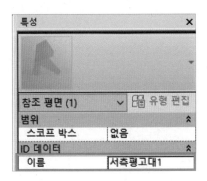

⑳ 다른 평고대의 작업 기준면을 만들기 위해 참조 평면을 클릭합니다. 선 선택 도구를 클릭하고 옵션 막대에서 간격 띄우기에 '30'을 입력합니다. 왼쪽 3량의 오른쪽 서까래 끝을 클릭해서 참조 평면을 스케치합니다.

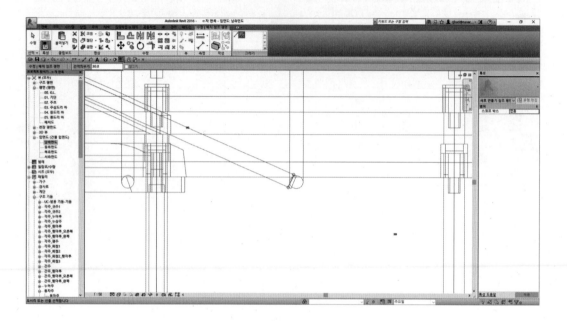

㉑ 위 참조 평면을 클릭하고 특성 창에서 ID 데이터 〉 이름에 '서측평고대2'를 입력하고 적용을 클릭합니다.

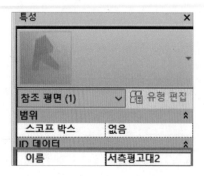

㉒ 다시 참조 평면을 클릭합니다. 선 선택 도구를 클릭하고 옵션 막대에서 간격 띄우기에 '30'을 입력합니다. 오른쪽 3량의 왼쪽과 오른쪽 서까래 끝을 클릭해서 각각 참조 평면을 스케치합니다.

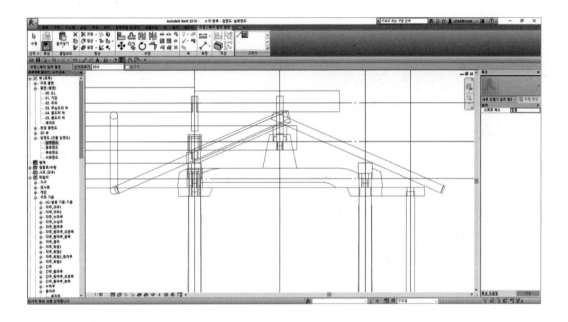

㉓ 위 참조 평면을 클릭하고 특성 창에서 ID 데이터 〉 이름에 각각 '동측평고대1', '동측평고대2'를 입력하고 적용을 클릭합니다.

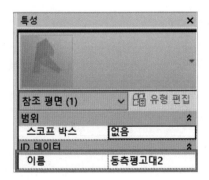

㉔ 프로젝트 탐색기에서 뷰 〉 입면도 〉 서측면도를 클릭해서 뷰를 이동합니다. 이동한 서측면도에서 특성창 〉 공정 〉 공정을 확장해서 '평고대'로 선택한 후 적용을 클릭합니다.

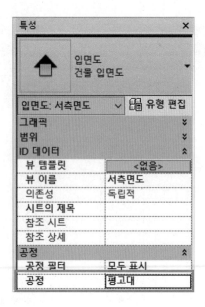

㉕ 뷰 제어 막대에서 그래픽 화면 표시를 와이어프레임으로 설정합니다.

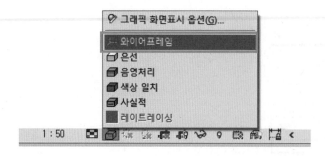

㉖ 참조 평면을 클릭하고 추녀가 있는 북측에 '서측평고대1'과 동일한 방법으로 다음과 같이 스케치합니다.

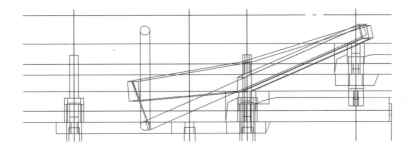

㉗ 위 참조 평면을 클릭하고 특성 창에서 ID 데이터 > 이름에 '북측평고대'로 입력하고 적용을 클릭합니다.

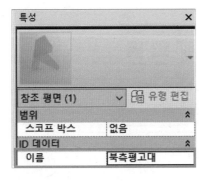

㉘ 다시 참조 평면을 클릭합니다. 선 선택 도구를 클릭하고 간격 띄우기에 '30'을 입력합니다. 우측 서까래 끝을 클릭해서 다음과 같이 스케치합니다.

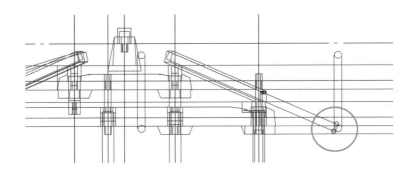

㉙ 위 참조 평면을 클릭하고 특성 창에서 ID 데이터 〉 이름에 '남측평고대'로 입력하고 적
용을 클릭합니다.

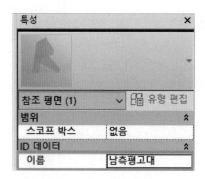

㉚ 건축 탭 〉 빌드 패널 〉 구성 요소를 확장해서 내부 편집 모델링을 클릭합니다.

㉛ 패밀리 카테고리 및 매개변수 창에서 '구조 연결'을 선택한 후 확인을 클릭합니다.

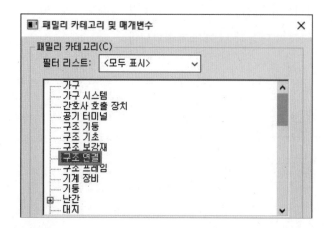

㉜ 이름에 '서측평고대1'을 입력하고 확인을 클릭합니다.

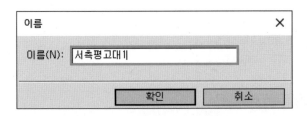

㉝ 내부편집 모델링의 인터페이스는 패밀리의 작업 환경과 같습니다. 양식 패널에서 스윕을 클릭하고 이때 생성되는 스윕 패널에서 경로 스케치를 클릭합니다.

㉞ 작업 기준면 창이 활성화되면 새 작업 기준면 지정에서 '참조 평면: 서측평고대1'을 선택하고 확인을 클릭합니다.

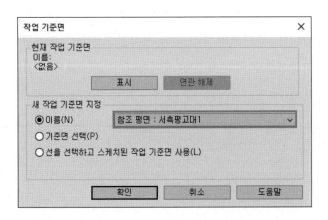

㉟ 뷰로 이동창에서 '입면도 : 서측면도'를 선택하고 뷰 열기를 클릭합니다.

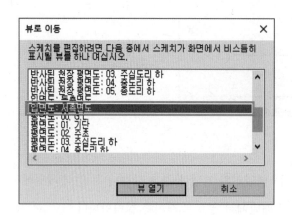

㊱ 작업 기준면이 보이도록 작업 기준면 패널에서 표시를 클릭합니다.

㊲ 뷰 제어 막대에서 그래픽 화면 표시를 은선으로 설정합니다. 그리기 패널에서 시작-
끝-반지름 호( )를 선택합니다. 추녀코의 중간 점을 시작점으로 하고 인접한 장연과
참조 평면이 교차하는 점을 끝점으로 하는 호를 스케치합니다. (평고대에서 이렇게 곡선
형의 평고대를 조로평고대라고 합니다.)

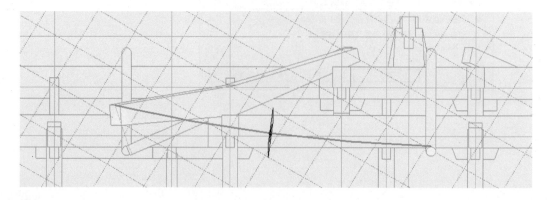

㊳ 추녀를 기준으로 마주 보는 부위에도 조로평고대가 배치됩니다. 동일한 값의 조로평고대를 배치하게 되면 선자연 공정에서 대칭-축 선택() 도구를 이용해서 간편하게 선자연을 배치할 수 있습니다. 이를 위해서 스케치된 호를 클릭하고 반지름값을 직접 입력합니다. 호를 클릭하면 치수 길이와 각도가 표시되는데 치수 길이를 클릭하고 '21930.0'을 입력합니다. 이때 옵션 막대에서 중심 유지에 체크가 해지되어 있어야 합니다.

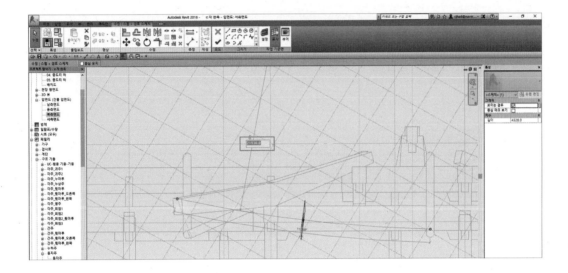

㊴ 이어서 선(✎) 도구를 클릭합니다. 호의 끝점을 시작점으로 하고 평고대 끝에 배치된 장연과 참조 평면의 교차점을 끝점으로 하는 직선을 스케치합니다. 그리고 박공까지 평고대가 연결되도록 장연의 반지름값인 '67.5'만큼 더 연장해서 스케치합니다. 편집 모드 완료(✔)를 클릭하면 경로 스케치 완료를 의미합니다.

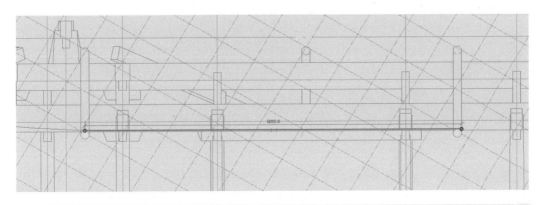

㊵ 스윕 패널에서 프로파일 편집을 클릭합니다.

㊶ 프로젝트 탐색기에서 뷰 〉 입면도 〉 남측면도를 클릭해서 뷰를 이동합니다. 선 도구를 이용해서 다음과 같이 장연 윗면에 스케치합니다.

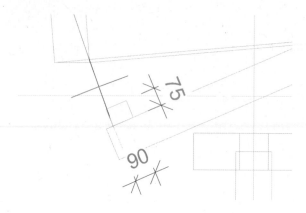

㊷ 스케치된 선을 선택하고 이동 도구를 이용해서 다음 그림처럼 참조 평면이 교차하는 점으로 이동합니다.

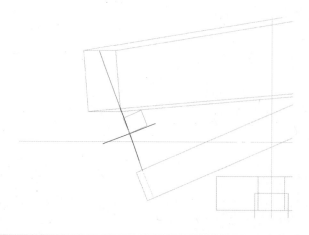

㊸ 프로파일 편집이 완료되었다는 의미로 편집 모드 완료(✔)를 클릭합니다. 다시 한번 편집 모드 완료(✔)를 클릭하면 '서측평고대1'이 완성됩니다. 끝으로 내부 편집기 패널에서 모델 완료를 클릭합니다.

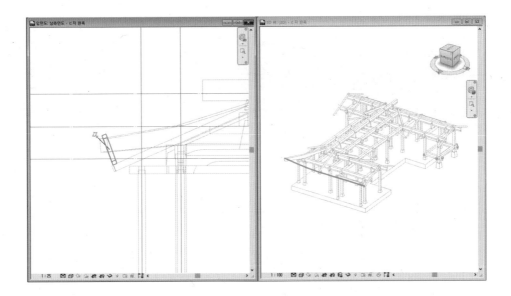

㊹ 다른 부위에 평고대를 만들기 전에 동측면도와 북측면도로 뷰를 이동해서 특성 창에서 공정을 '평고대'로 설정합니다.

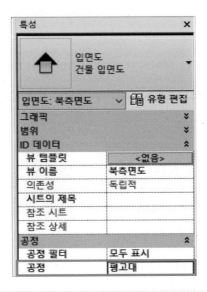

㊺ '동측평고대2'를 만들어 보겠습니다. 프로젝트 탐색기에서 뷰 〉 입면도 〉 동측면도를 클릭해서 뷰를 이동합니다. 건축 탭 〉 빌드 패널 〉 구성 요소를 확장해서 내부 편집 모델링을 클릭합니다. 패밀리 카테고리 및 매개변수 창에서 구조 연결을 선택한 후 확인을 클릭합니다.

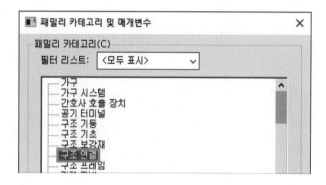

㊻ 이름에 '동측평고대2'를 입력하고 확인을 클릭합니다.

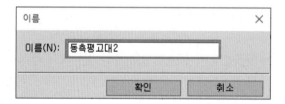

㊼ 양식 패널에서 스윕을 클릭합니다. 경로 스케치를 클릭하고 작업 기준면 창이 활성화되면 새 작업 기준면 지정에서 '참고 평면: 동측평고대2'를 선택하고 확인을 클릭합니다.

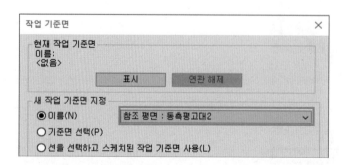

㊽ 작업 기준면이 보이도록 작업 기준면 패널에서 표시를 클릭합니다. 선(✏) 도구를 이용해서 장연과 참조 평면의 교차점을 연결하는 직선을 스케치합니다. 이때 박공까지 평고대가 연결되도록 장연의 반지름값인 '67.5'만큼 양쪽으로 연장해서 스케치합니다. 편집 모드 완료(✔)를 클릭하면 경로 스케치 완료를 의미합니다.

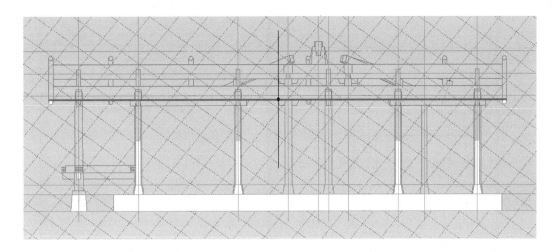

㊾ 스윕 패널에서 프로파일 편집을 클릭합니다. 뷰로 이동 창이 활성화되면 '입면도: 남측면도'를 선택하고 뷰 열기를 클릭합니다. 선 도구를 이용해서 다음과 같이 장연 윗면에 스케치합니다.

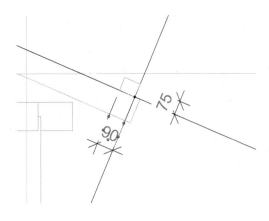

㊿ 프로파일 편집이 완료되었다는 의미로 편집 모드 완료(✔)를 클릭합니다. 다시 한번 편집 모드 완료(✔)를 클릭하면 '동측평고대2'가 완성됩니다. 끝으로 내부 편집기 패널에서 모델 완료를 클릭합니다.

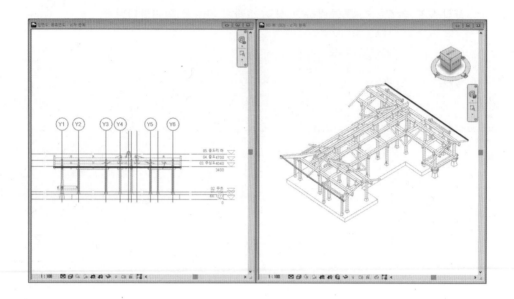

㈤ '북측평고대'를 만들어 보겠습니다. 프로젝트 탐색기에서 뷰 > 입면도 > 북측면도를 클릭해서 뷰를 이동합니다. 건축 탭 > 빌드 패널 > 구성 요소를 확장해서 내부 편집 모델링을 클릭합니다. 패밀리 카테고리 및 매개변수 창에서 구조 연결을 선택한 후 확인을 클릭합니다. 이름에 '북측평고대'를 입력하고 확인을 클릭합니다.

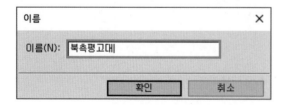

(52) 양식 패널에서 스윕을 클릭합니다. 경로 스케치를 클릭하고 작업 기준면 창이 활성화되면 새 작업 기준면 지정에서 '참고 평면: 북측평고대'를 선택하고 확인을 클릭합니다.

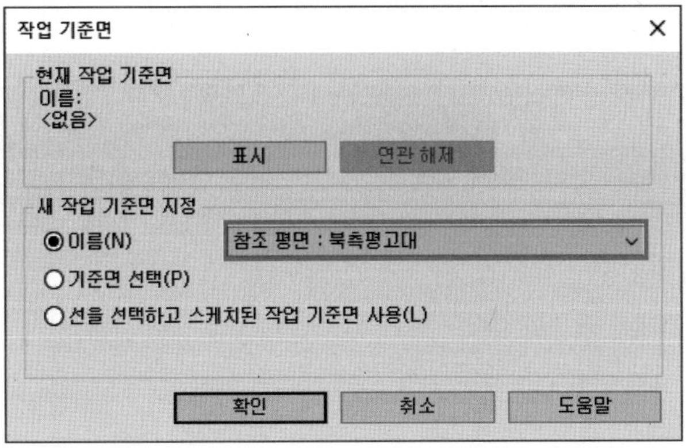

(53) 작업 기준면이 보이도록 작업 기준면 패널에서 표시를 클릭합니다. 시작-끝-반지름호 ( ) 도구를 이용해서 추녀코의 중간 점을 시작점으로 하고 인접한 장연과 참조 평면이 교차하는 점을 끝점으로 하는 호를 스케치합니다.

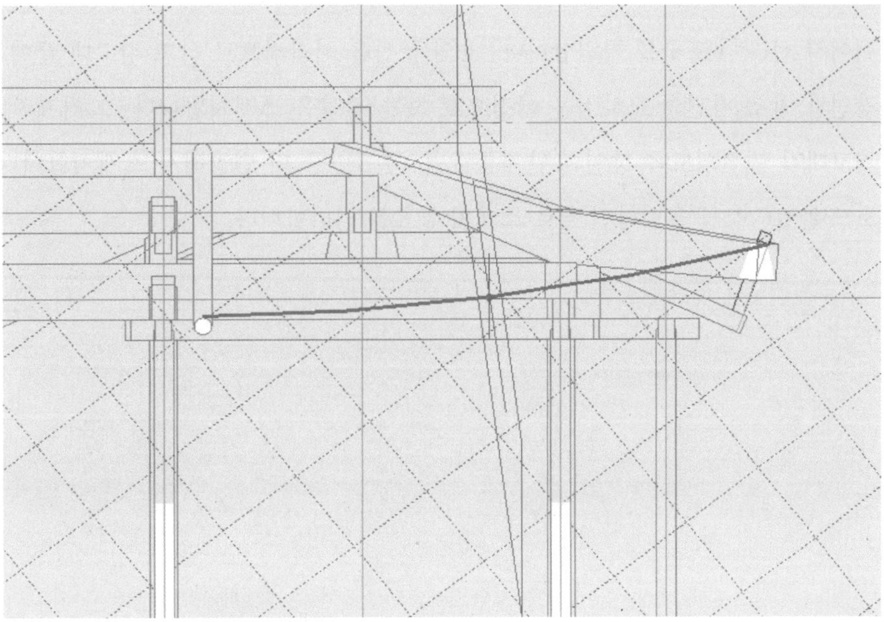

(54) 추녀 반대쪽에 배치된 평고대와 모양이 일치하도록 치수 길이를 조정합니다. 호를 클릭하고 치수 길이를 '21930.0'으로 입력합니다. 이때 옵션 막대에서 중심 유지에 체크가 해지되어 있어야 합니다.

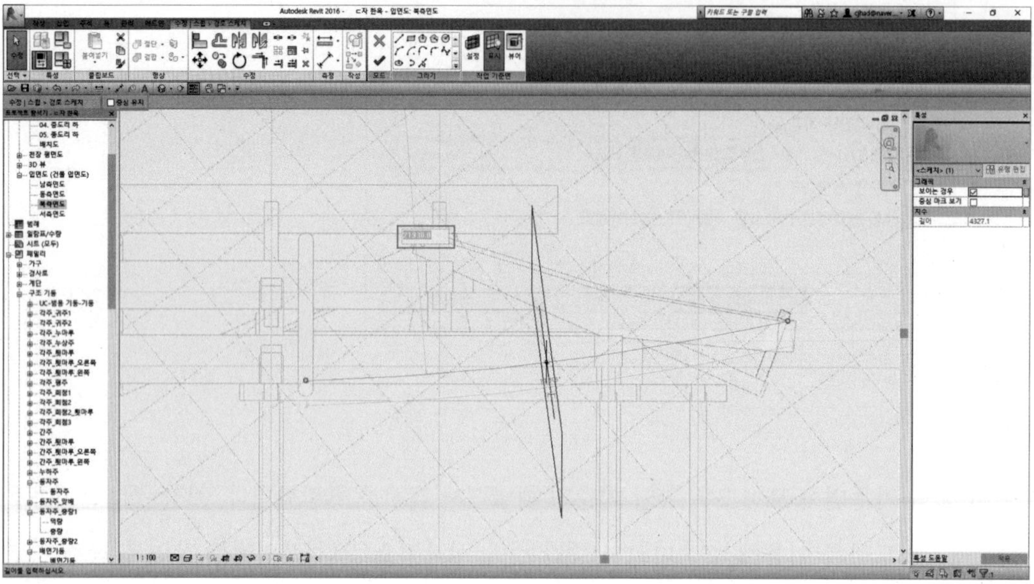

(55) 이어서 선( ) 도구를 클릭합니다. 호의 끝점을 시작점으로 하고 평고대 끝에 배치된 장연과 참조 평면의 교차점을 끝점으로 하는 직선을 스케치합니다. 그리고 박공까지 평고대가 연결되도록 장연의 반지름값인 '67.5'만큼 더 연장해서 스케치합니다. 편집 모드 완료( )를 클릭하면 경로 스케치 완료를 의미합니다.

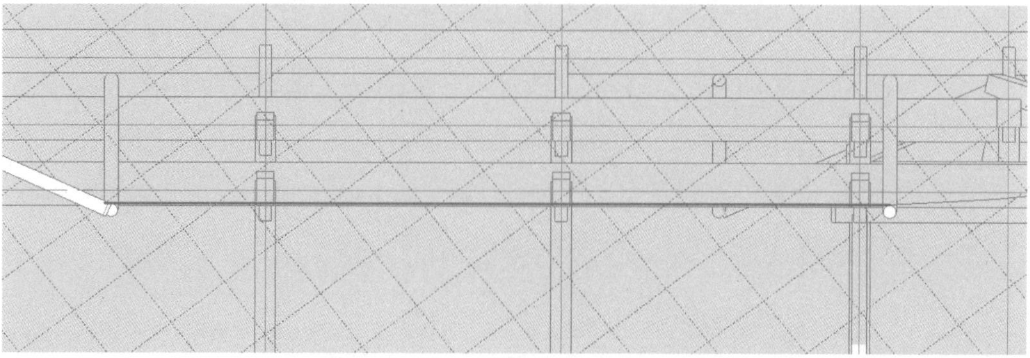

㉝ 스윕 패널에서 프로파일 편집을 클릭합니다. 프로젝트 탐색기에서 뷰 〉 입면도 〉 서측
면도를 클릭해서 뷰를 이동합니다. 선 도구를 이용해서 다음과 같이 장연 윗면에 스케
치합니다.

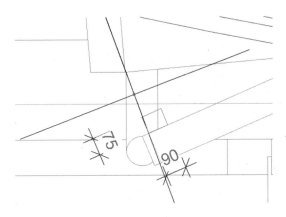

㉞ 스케치된 선을 선택하고 이동 도구를 이용해서 다음 그림처럼 참조 평면이 교차하는
점으로 이동합니다.

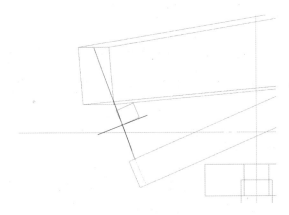

㉟ 프로파일 편집이 완료되었다는 의미로 편집 모드 완료(✔)를 클릭합니다. 다시 한 번
편집 모드 완료(✔)를 클릭하면 '북측평고대'가 완성됩니다. 끝으로 내부편집기 패널
에서 모델 완료를 클릭합니다.

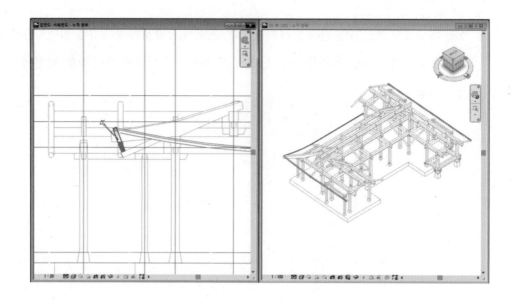

⑤⑨ 정면 'ㄷ'자 안쪽에 평고대를 배치하겠습니다. 동측면도와 서측면도에서는 내부가 보이지 않기 때문에 새로운 입면도를 추가하겠습니다. 프로젝트 탐색기에서 뷰 > 입면도 > 남측면도를 클릭해서 뷰를 이동합니다. 뷰 탭 > 작성 패널 > 단면도를 클릭하고 다음과 같이 위에서 아래로 스케치합니다.

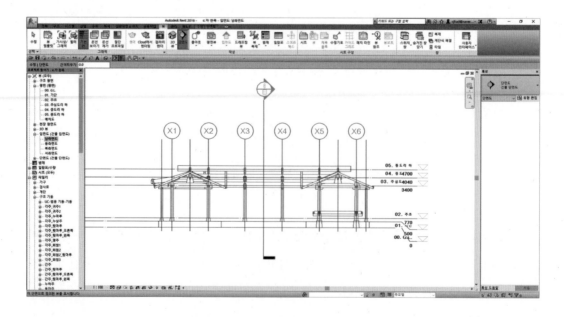

⑥ 단면도를 클릭하면 상/하 및 우측에 양방향 화살표가 나타납니다. 이 화살표는 뷰의 범위를 표시하는 것입니다. 우측의 화살표를 서까래 끝이 보이도록 그리드 'X5'까지 끌어서 배치합니다.

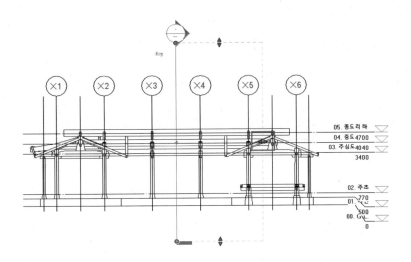

⑥① '동측평고대1'를 만들어 보겠습니다. 건축 탭 〉 빌드 패널 〉 구성 요소를 확장해서 내부편집 모델링을 클릭합니다. 패밀리 카테고리 및 매개변수 창에서 구조 연결을 선택한 후 확인을 클릭합니다.

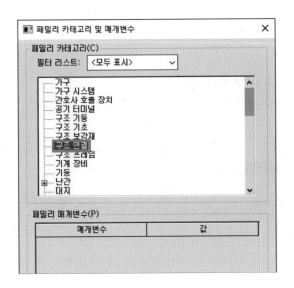

⑥② 이름에 '동측평고대1'를 입력하고 확인을 클릭합니다.

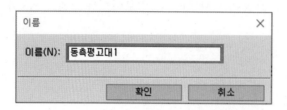

⑥③ 양식 패널에서 스윕을 클릭합니다. 경로 스케치를 클릭하고 작업 기준면 창이 활성화되면 새 작업 기준면 지정에서 '참고 평면: 동측평고대1'을 선택하고 확인을 클릭합니다.

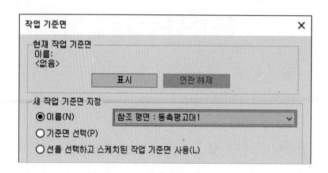

⑥④ 뷰로 이동 창에서 '단면도: 단면도 0'을 선택하고 뷰 열기를 클릭합니다.

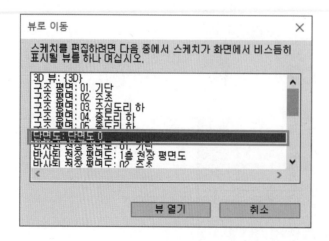

⑥⑤ 작업 기준면이 보이도록 작업 기준면 패널에서 표시를 클릭합니다. 선 도구를 이용해
서 장연과 참조 평면의 교차점을 연결하는 직선을 스케치합니다. 이때 박공까지 평고
대가 연결되도록 장연의 반지름값인 '67.5'만큼 연장해서 스케치합니다. 편집 모드 완
료(✔)를 클릭하면 경로 스케치 완료를 의미합니다.

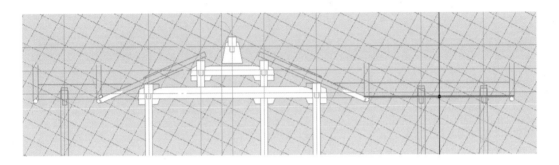

⑥⑥ 스윕 패널에서 프로파일 편집을 클릭합니다. 뷰로 이동 창이 활성화되면 '입면도: 남측
면도'를 선택하고 뷰 열기를 클릭합니다. 선 도구를 이용해서 다음과 같이 장연 윗면에
스케치합니다.

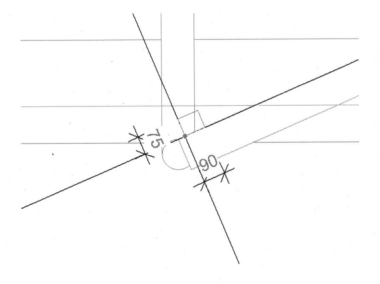

⑥⑦ 프로파일 편집이 완료되었다는 의미로 편집 모드 완료(✔)를 클릭합니다. 다시 한번
편집 모드 완료(✔)를 클릭합니다.

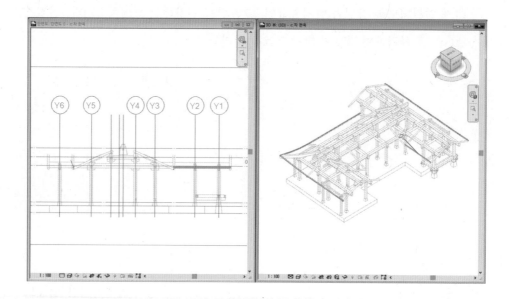

⑥⑧ 내부 편집 상태에서 다시 스윕을 클릭합니다. 경로 스케치를 클릭하고 작업 기준면 창
이 활성화되면 새 작업 기준면 지정에서 '참고 평면: 동측평고대1'을 선택하고 확인을
클릭합니다.

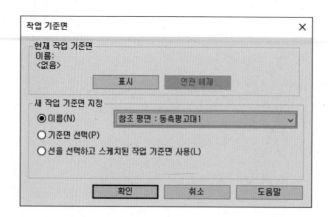

⑥⑨ 작업 기준면이 보이도록 작업 기준면 패널에서 표시를 클릭합니다. 선 도구를 이용해
서 장연과 참조 평면의 교차점을 연결하는 직선을 스케치합니다. 이때 박공까지 평고
대가 연결되도록 장연의 반지름값인 '67.5'만큼 연장해서 스케치합니다. 편집 모드 완
료(✔)를 클릭하면 경로 스케치 완료를 의미합니다.

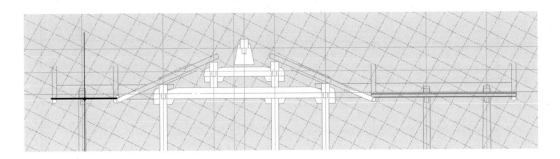

⑦⓪ 스윕 패널에서 프로파일 편집을 클릭합니다. 뷰로 이동 창이 활성화되면 '입면도 : 북측
면도'를 선택하고 뷰 열기를 클릭합니다. 선 도구를 이용해서 다음과 같이 장연 윗면에
스케치합니다.

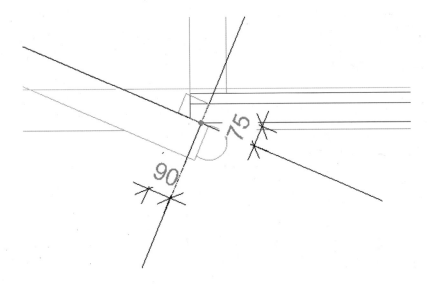

㉑ 프로파일 편집이 완료되었다는 의미로 편집 모드 완료(✔)를 클릭합니다. 다시 한번 편집 모드 완료(✔)를 클릭합니다. 끝으로 내부 편집기 패널에서 모델 완료를 클릭하면 '동측평고대1'이 완성됩니다.

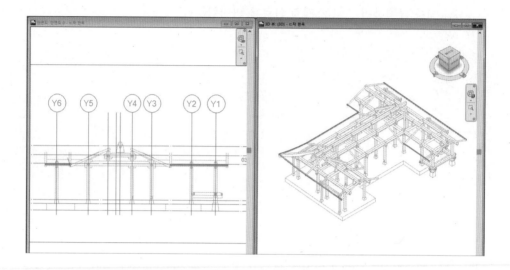

㉒ '서측평고대2'를 만들어 보겠습니다. 프로젝트 탐색기에서 뷰 〉 입면도 〉 남측면도를 클릭해서 뷰를 이동합니다. 단면도를 클릭하면 좌측 상단에 양방향 화살표가 나타나는데 뷰 방향을 전환하는 기능을 합니다. 양방향 화살표를 클릭하면 단면도 방향이 반전되어 서측으로 향합니다.

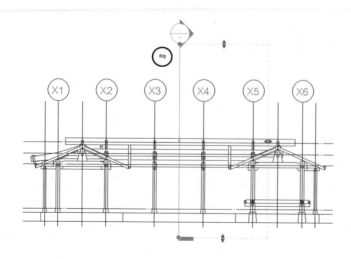

⑦ 건축 탭 〉 빌드 패널 〉 구성 요소를 확장해서 내부 편집 모델링을 클릭합니다. 패밀리 카테고리 및 매개변수 창에서 구조 연결을 선택한 후 확인을 클릭합니다.

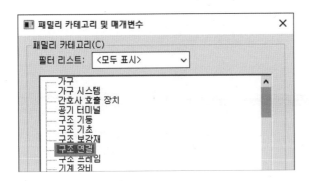

⑦ 이름에 '서측평고대2'를 입력하고 확인을 클릭합니다.

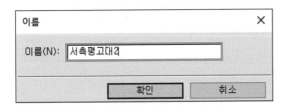

⑦ 양식 패널에서 스윕을 클릭합니다. 경로 스케치를 클릭하고 작업 기준면 창이 활성화되면 새 작업 기준면 지정에서 '참고 평면: 서측평고대2'를 선택하고 확인을 클릭합니다.

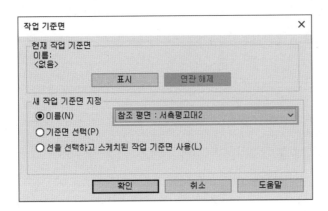

⑯ 뷰로 이동 창에서 '단면도: 단면도 0'을 선택하고 뷰 열기를 클릭합니다.

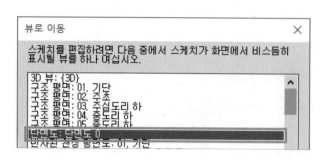

⑰ 작업 기준면이 보이도록 작업 기준면 패널에서 표시를 클릭합니다. 선 도구를 이용해서 장연과 참조 평면의 교차점을 연결하는 직선을 스케치합니다. 이때 박공까지 평고대가 연결되도록 장연의 반지름값인 '67.5'만큼 연장해서 스케치합니다. 편집 모드 완료(✔)를 클릭하면 경로 스케치 완료를 의미합니다.

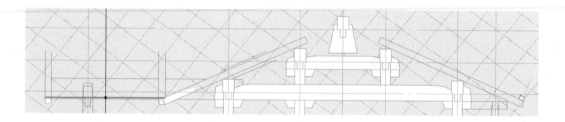

⑱ 스윕 패널에서 프로파일 편집을 클릭합니다. 뷰로 이동 창이 활성화되면 '입면도: 남측면도'를 선택하고 뷰 열기를 클릭합니다. 선 도구를 이용해서 다음과 같이 장연 윗면에 스케치합니다.

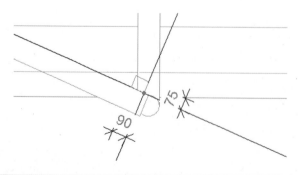

㉞ 프로파일 편집이 완료되었다는 의미로 편집 모드 완료(✔)를 클릭합니다. 다시 한번 편집 모드 완료(✔)를 클릭합니다. 끝으로 내부 편집기 패널에서 모델 완료를 클릭합니다.

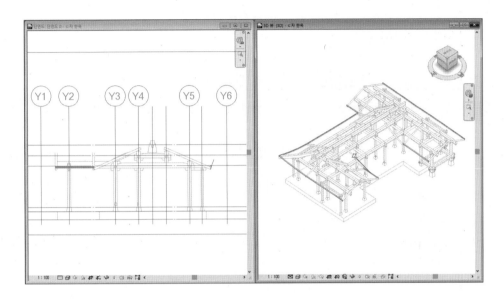

⑧ 마지막으로 '남측평고대'를 만들어 보겠습니다. 건축 탭 〉 빌드 패널 〉 구성 요소를 확장해서 내부 편집 모델링을 클릭합니다. 패밀리 카테고리 및 매개변수 창에서 구조 연결을 선택한 후 확인을 클릭합니다.

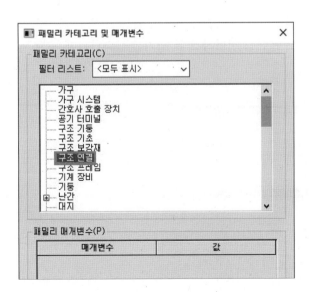

㉧ 이름에 '남측평고대'를 입력하고 확인을 클릭합니다.

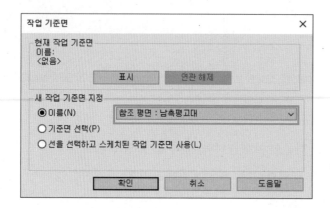

㉒ 양식 패널에서 스윕을 클릭합니다. 경로 스케치를 클릭하고 작업 기준면 창이 활성화되면 새 작업 기준면 지정에서 '참고 평면: 남측평고대'를 선택하고 확인을 클릭합니다.

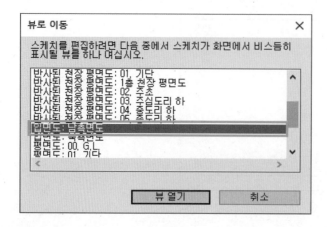

㉓ 뷰로 이동 창에서 '입면도: 남측면도'를 선택하고 뷰 열기를 클릭합니다.

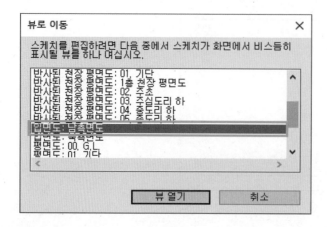

⑧④ 작업 기준면이 보이도록 작업 기준면 패널에서 표시를 클릭합니다. 선 도구를 이용해서 장연과 참조 평면의 교차점을 연결하는 직선을 스케치합니다. 편집 모드 완료(✔)를 클릭하면 경로 스케치 완료를 의미합니다.

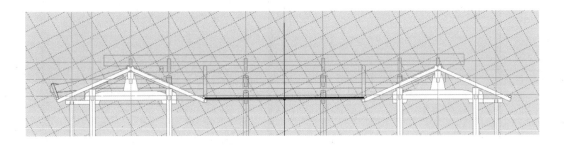

⑧⑤ 스윕 패널에서 프로파일 편집을 클릭합니다. 뷰로 이동 창이 활성화되면 '단면도: 단면도 0'을 선택하고 뷰 열기를 클릭합니다. 선 도구를 이용해서 다음과 같이 장연 윗면에 스케치합니다.

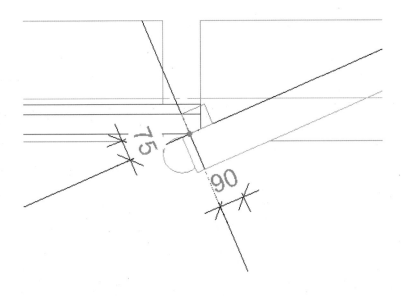

⑧ 프로파일 편집이 완료되었다는 의미로 편집 모드 완료(✔)를 클릭합니다. 다시 한번 편집 모드 완료(✔)를 클릭합니다. 끝으로 내부 편집기 패널에서 모델 완료를 클릭합니다.

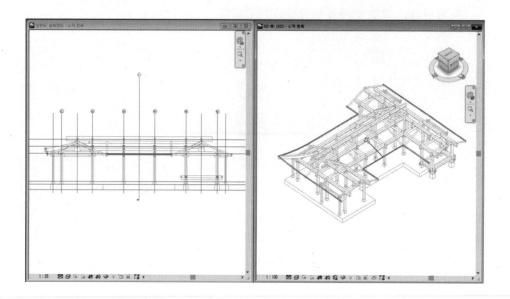

⑧ 이렇게 해서 평고대가 완성되었습니다. 다음 공정으로 이어가겠습니다.

(2) 장연

① 이번 공정에서는 앞에서 배치된 평고대 지붕선에 맞춰 나머지 서까래를 배치하겠습니다. '03. 주심도리 하' 평면도와 3D 뷰 창을 열고 정렬합니다. (단축키: WT 〉 ZA) 관리 탭 〉 공정을 클릭합니다. 프로젝트 단계 25번째를 삽입하고 이름에 '장연2'로 입력한 후 확인을 클릭합니다.

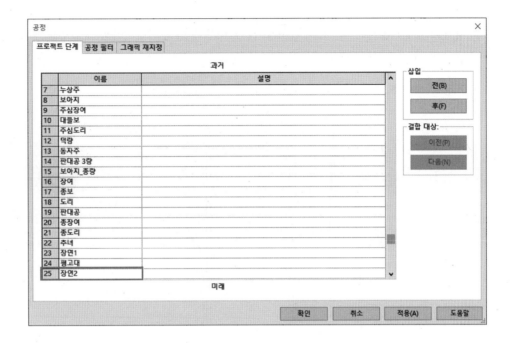

② 평면도와 3D 뷰 창을 열고 각 특성 창에서 〉 공정 〉 공정을 확장해서 '장연2'로 선택한
후 적용을 클릭합니다.

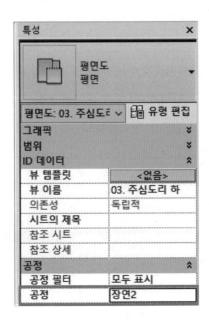

③ 서까래(장연) 간격은 약 '300' 정도로 간격 띄우기를 합니다. 먼저 서측면도에 배치된 서까래 간격을 측정해 보고 배열 도구를 이용해서 서까래를 배치하겠습니다. 수정 탭 〉 정렬 치수 도구를 이용해서 서까래 간격을 측정합니다.

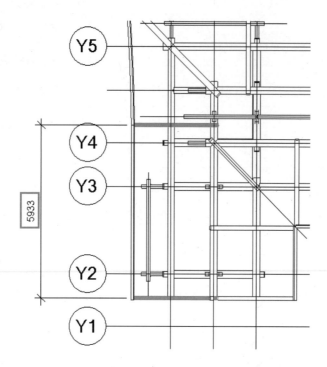

④ 서까래 간격이 '5933'으로 '300'으로 나누면(÷) 약 19.7개가 배치됩니다. 정수로 배치되기 때문에 반올림해서 총 20개에 자기 자신을 포함해서 21개를 배치하겠습니다. 하단부에 있는 서까래를 클릭하고 수정 패널 〉 배열 도구를 클릭합니다. 옵션 막대에서 그룹 및 연관을 체크 해지합니다. 항목 수에는 '21'을 입력하고 이동 위치에서는 마지막에 체크합니다.

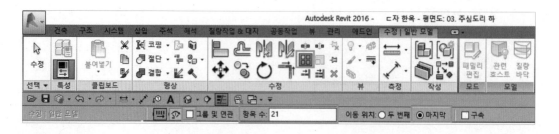

⑤ 이동 시작점을 하단부 장연의 중간 점으로 하고 이동 끝점을 상단부 장연 중간 점으로
지정합니다.

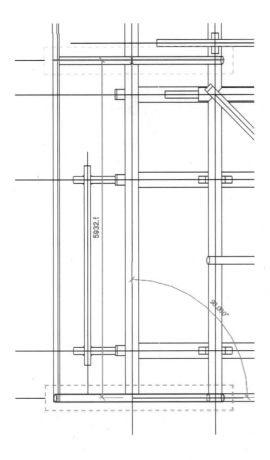

⑥ 이때 장연이 겹친다는 내용의 경고 창이 나옵니다. 확인을 클릭하고 이중으로 겹처진
마지막 서까래를 클릭해서 제거합니다.

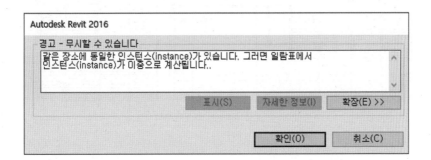

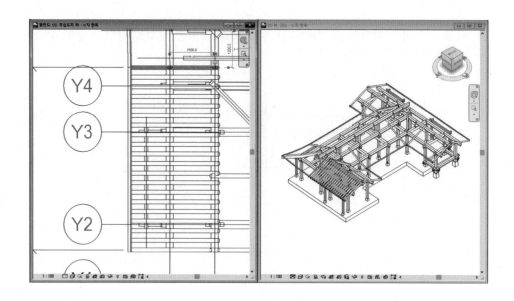

⑦ 위와 같은 방법으로 각 측면별로 다음과 같이 장연을 배치합니다.

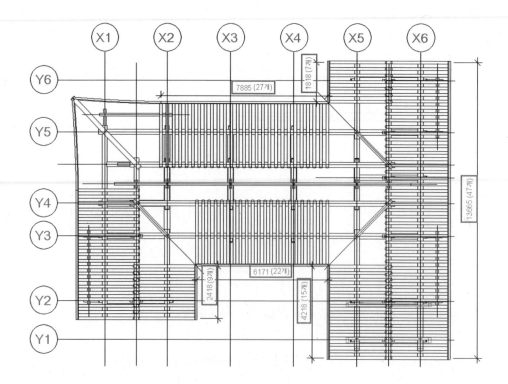

⑧ 회첨 부위에 장연을 배치하겠습니다. 회첨 부위에서는 장연이 서로 교차되도록 배치합니다. 다음과 같이 회첨에 배치된 장연을 클릭하고 복사 도구를 이용해서 '300' 간격으로 4개를 다중 복사합니다.

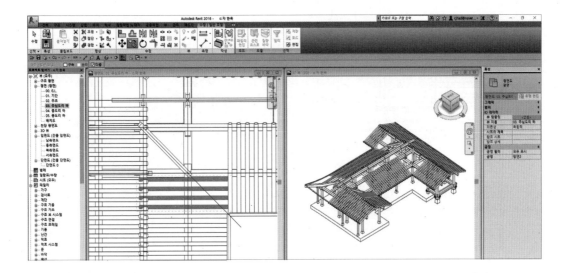

⑨ 첫 번째 복사된 장연을 클릭하고 특성 창에서 치수 > 서까래 내밀기 값을 '1350'에서 '300'을 뺀 '1050'으로 입력하고 적용을 클릭합니다.

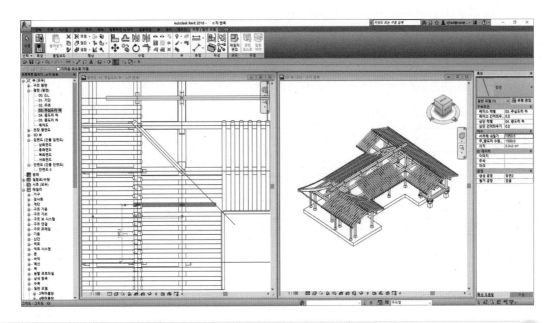

⑩ 위와 같은 방법으로 두 번째, 세 번째 네 번째 장연은 각각, '-600', '-900', '-1200'을 뺀 '750', '450', '150'을 서까래 내밀기 값으로 입력합니다.

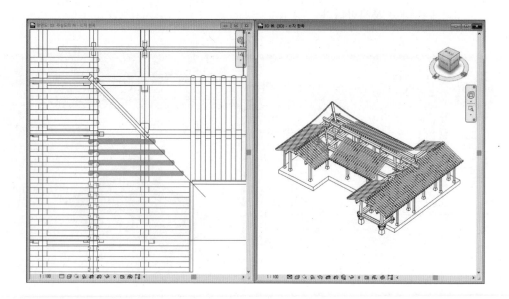

⑪ 다음으로 회첨골 추녀와 맞닿는 장연을 배치하겠습니다. 프로젝트 탐색기에서 패밀리 〉 일반 모델 〉 장연_회첨 〉 장연을 드래그해서 다음과 같이 배치하고 정렬합니다. 이 때 이웃한 장연과의 간격이 '300'이 되도록 합니다.

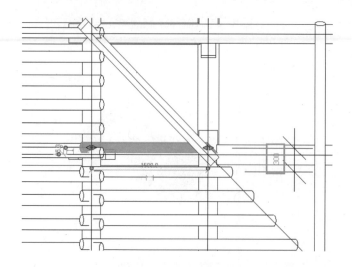

⑫ '장연_회첨'을 클릭하고 특성 창에서 치수 > 회첨추녀까지 길이 값을 '1256'으로 조정한 후 적용을 클릭합니다.

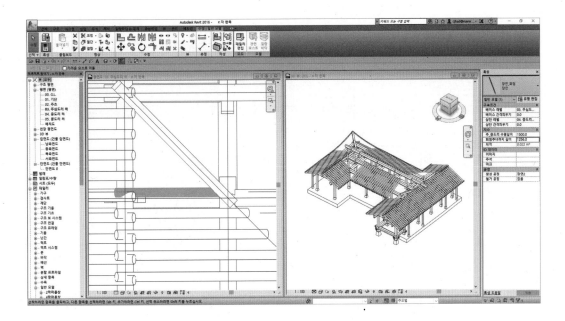

⑬ '장연_회첨'을 클릭하고 다음과 같이 복사 도구를 이용해서 '300' 간격으로 3개를 다중복사합니다.

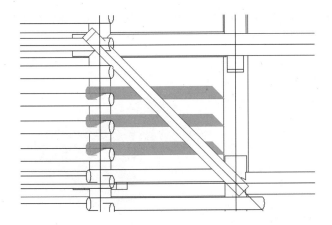

⑭ 첫 번째 복사된 '장연_회첨'을 클릭하고 특성 창에서 치수 〉 회첨추녀까지 길이 값을 '1256'에서 '300'을 뺀 '956'으로 입력하고 적용을 클릭합니다.

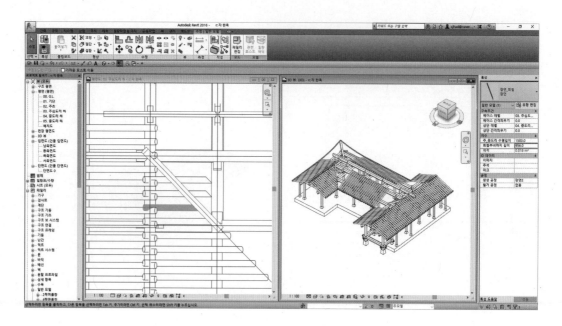

⑮ 위와 같은 방법으로 두 번째, 세 번째 '장연_회첨'은 회첨추녀까지 길이 값을 각각, '656', '356'으로 입력합니다.

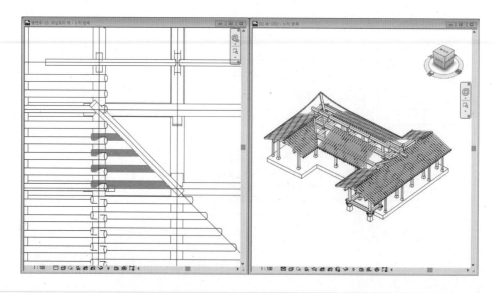

⑯ 회첨골 추녀에 배치된 장연을 Ctrl 키를 이용해서 모두 선택합니다. 대칭-축 선택 도구를 클릭하고 회첨골에 경사진 그리드를 클릭해서 복사합니다.

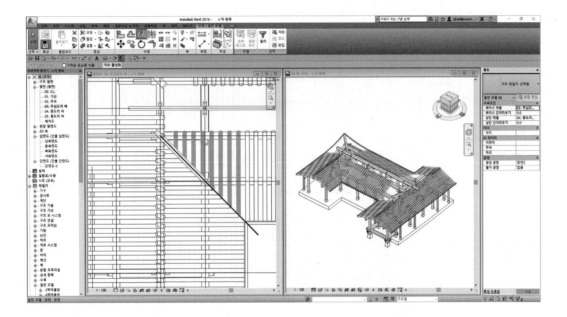

⑰ 다른 회첨골에도 위와 같은 방법으로 서까래를 배치합니다.

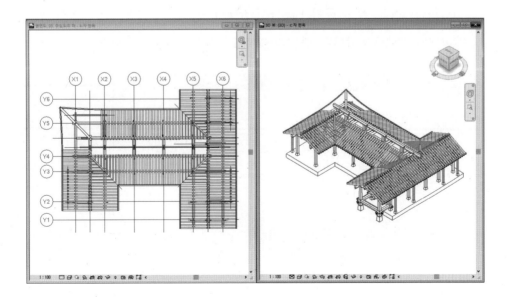

⑱ 선자연을 제외한 조로평고대에 배치되는 일반 장연도 평고대의 곡선에 따라서 곡이 필요합니다. 프로젝트 탐색기에서 패밀리 〉 일반 모델 〉 장연_곡 〉 장연을 드래그해서 다음과 같이 배치합니다. 이때 이웃한 장연과의 간격이 '300'이 되도록 합니다.

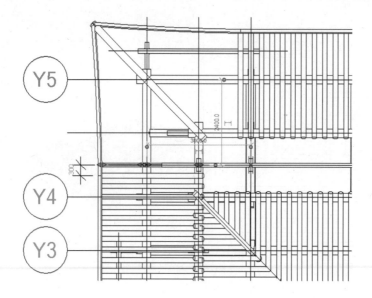

⑲ 3D 창에서 View Cube를 이용해서 '장연_곡'과 평고대가 맞닿는 곳이 잘 보이도록 조절합니다. '장연_곡'을 클릭하고 특성 창에서 치수 〉 곡 값을 조절하면서 '장연_곡'이 평고대와 맞닿도록 합니다. 본 실습에서는 곡을 '157.5'로 조정합니다.

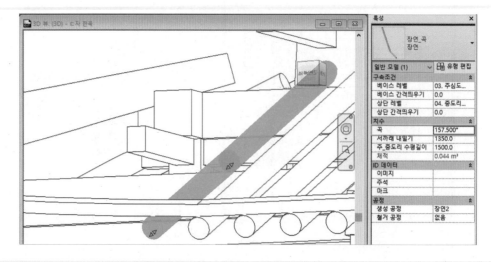

⑳ '장연_곡'을 클릭하고 복사 도구를 이용해서 '300' 간격으로 2개를 복사합니다. 복사된
장연도 위와 같은 방법으로 평고대와 맞닿도록 곡 값을 조절합니다. 본 실습에서는 첫
번째와 두 번째의 곡 값을 '158.0', '158.9'로 조정합니다.

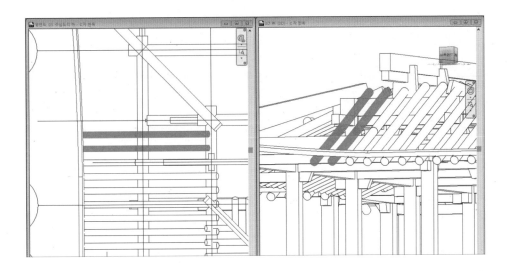

㉑ 세 개의 '장연_곡'을 선택하고 대칭-축 선택 도구를 클릭합니다. 추녀 중심선을 클릭해
서 추녀를 중심으로 대칭되게 복사합니다.

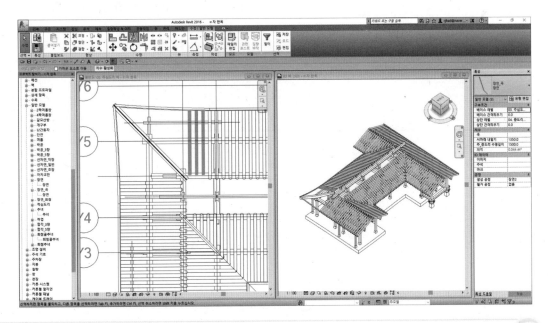

(3) 갈모산방 ~ 선자연

① 이번 공정에서는 갈모 산방을 배치하겠습니다. '03. 주심도리 하' 평면도와 3D 뷰 창을 열고 정렬합니다. (단축키: WT 〉 ZA) 관리 탭 〉 공정을 클릭합니다. 프로젝트 단계 26 번째를 삽입하고 이름에 '갈모산방'으로 입력한 후 확인을 클릭합니다.

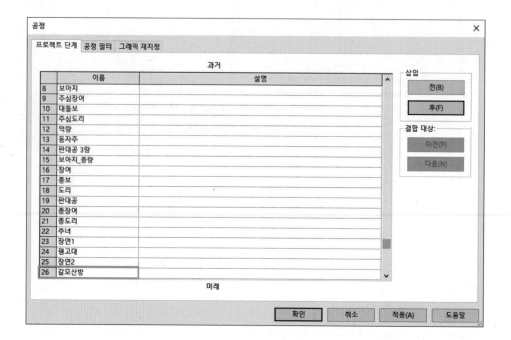

② 평면도와 3D 뷰 창을 열고 각 특성 창에서 〉 공정 〉 공정을 확장해서 '갈모산방'으로
선택한 후 적용을 클릭합니다.

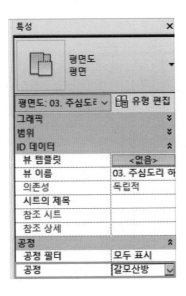

③ 프로젝트 탐색기에서 패밀리 〉 일반 모델 〉 갈모산방 〉 갈모산방을 드래그해서 다음
과 같이 배치합니다.

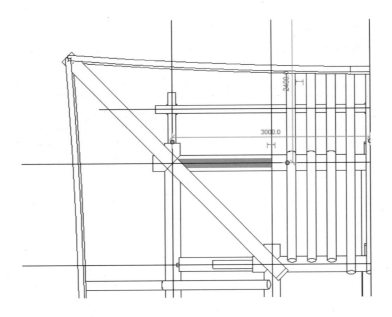

④ 갈모산방을 선택하고 대칭-축 선택(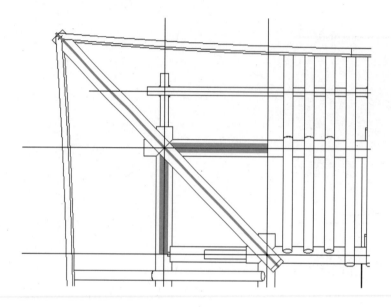) 도구를 클릭합니다. 추녀 중심선을 클릭해서
추녀를 중심으로 대칭되게 복사합니다.

⑤ 다음 공정으로 선자연을 배치하겠습니다. 관리 탭 〉 공정을 클릭합니다. 프로젝트 단
계 27번째를 삽입하고 이름에 '선자연'으로 입력한 후 확인을 클릭합니다.

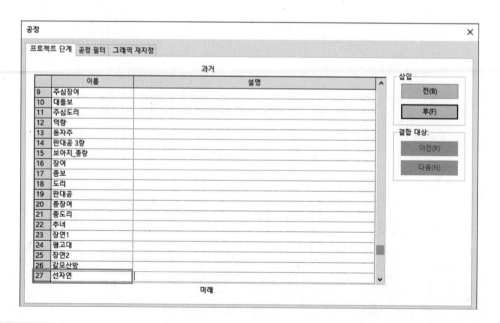

⑥ 평면도와 3D 뷰 창을 열고 각 특성 창에서 〉 공정 〉 공정을 확장해서 '선자연'으로 선택한 후 적용을 클릭합니다.

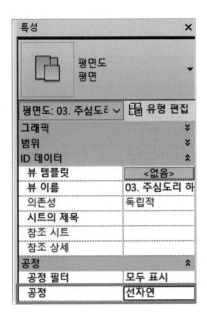

⑦ 선자연은 중도리에서 부재살처럼 한 점에서 갈라져 평고대에서는 일정한 간격으로 배열됩니다. 일반 장연과 같이 평고대 끝에서도 약 '300' 간격으로 배열되는데 건물의 규모에 따라 선자연의 개수나 간격이 증감이 있을 수 있습니다.

⑧ 먼저 선자연 간격 나누기를 하겠습니다. 본 실습에서는 선자연 간격이 균등하도록 '306' 간격으로 배열하겠습니다. 건축 탭 〉 작업 기준면 패널 〉 참조 평면을 클릭합니다. 선 선택 도구를 클릭하고 옵션 막대에서 간격 띄우기에 '306'을 입력합니다. 다음과 같이 추녀 오른쪽 면을 클릭해서 참조 평면을 생성합니다.

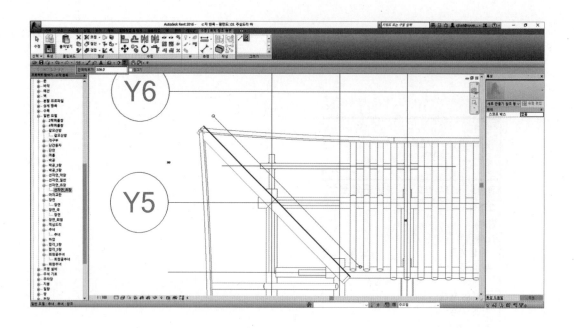

⑨ 선 도구를 클릭하고 옵션 막대에서 간격 띄우기는 '0'으로 입력합니다. 선자연이 모이는 끝점과 평고대와 위에서 생성된 참조 평면이 교차하는 점을 잇는 선을 스케치합니다.

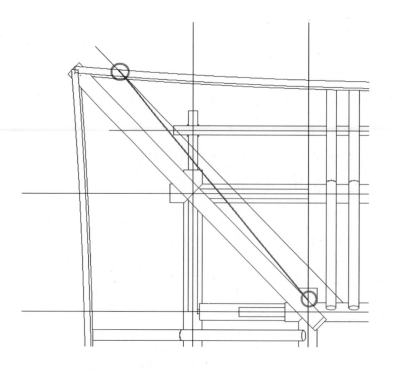

⑩ 처음에 선 선택 도구로 생성된 참조 평면은 삭제합니다. 이어서 다시 선 선택 도구를 이용해서 위에서 스케치한 참조 평면을 '306'만큼 이동해서 스케치합니다.

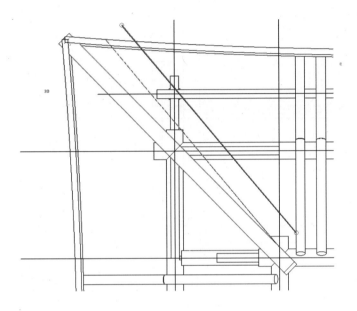

⑪ 선 도구를 클릭하고 옵션 막대에서 간격 띄우기는 '0'으로 입력합니다. 선자연이 모이는 끝점과 평고대와 새로 생성된 참조 평면이 교차하는 점을 잇는 선을 스케치합니다.

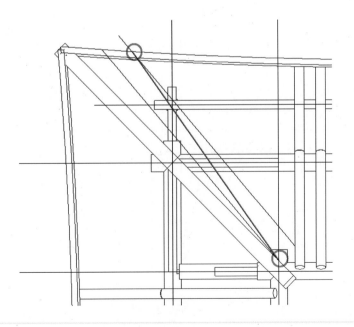

⑫ 이러한 과정을 반복해서 총 7개의 참조 평면을 스케치합니다.

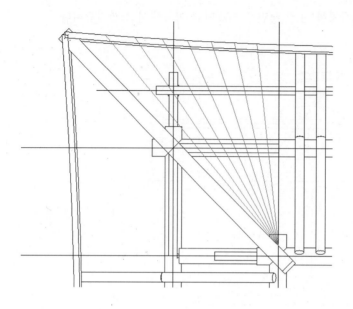

⑬ 선자연은 추녀 옆에 붙는 반쪽짜리 초장부터 배치하겠습니다. 프로젝트 탐색기에서 패밀리 〉 일반 모델 〉 선자연_초장 〉 선자연_초장을 드래그해서 다음처럼 배치합니다. 이때 추녀 우측면과 주심도리 중심선이 교차하는 점에 배치합니다.

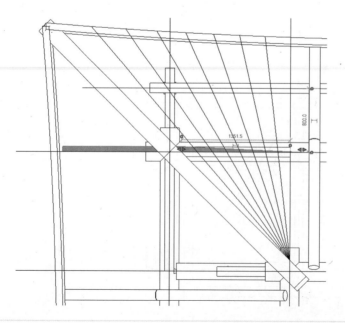

⑭ '선자연_초장'을 선택하고 수정 패널에서 회전 도구를 클릭합니다.

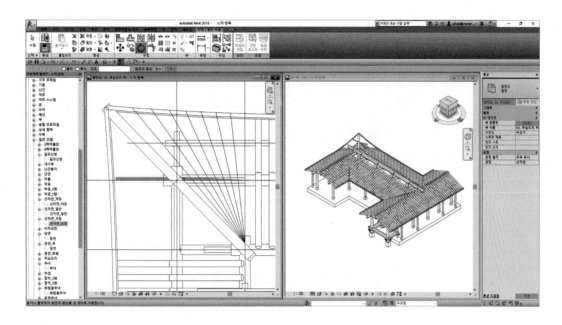

⑮ 회전의 중심점을 새 위치로 이동하기 위해서 중심점을 클릭하고 추녀 우측면과 주심도
리 중심선이 교차하는 점을 클릭해서 회전 중심을 이동합니다.

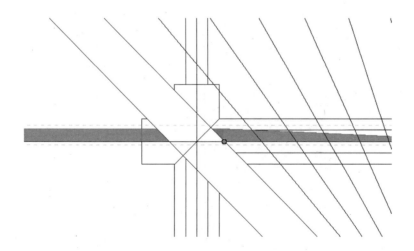

⑯ 다음 그림처럼 추녀 우측면과 일직선이 되도록 회전합니다.

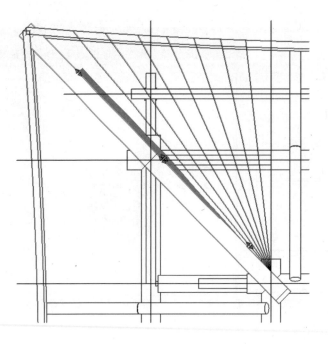

⑰ 선자연 뒤초리에 있는 모양 핸들을 끌어서 선자연이 모이는 점까지 길이를 연장합니다.

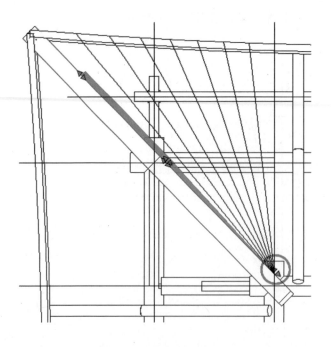

⑱ 선자연 앞부분에 있는 모양 핸들을 끌어서 평고대까지 길이를 연장합니다.

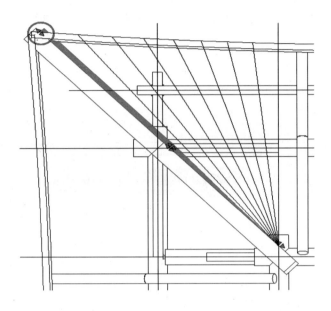

⑲ 프로젝트 탐색기에서 패밀리 〉 일반 모델 〉 선자연_일반 〉 선자연_일반을 드래그해
서 다음처럼 배치합니다. 이때 주심도리 중심선과 선자연 나누기 첫 번째 참조 평면이
교차하는 점에 배치합니다.

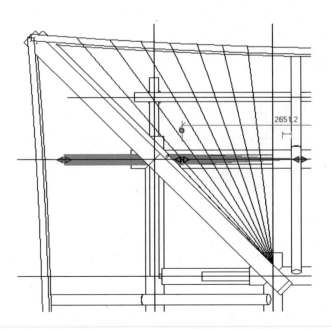

⑳ '선자연_일반'을 선택하고 수정 패널에서 회전 도구를 클릭합니다. 회전의 중심점을 주심도리 중심선과 선자연 나누기 첫 번째 참조 평면이 교차하는 점을 클릭해서 회전 중심을 이동합니다.

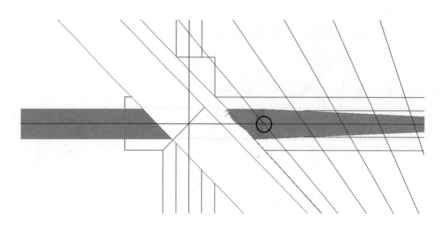

㉑ 다음 그림처럼 선자연 나누기 첫 번째 참조 평면과 일직선이 되도록 회전합니다.

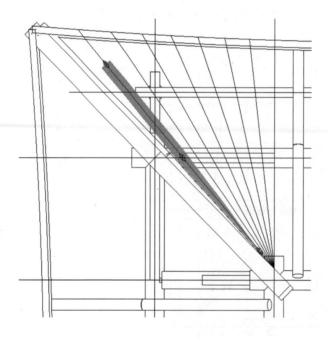

㉒ 선자연 뒤초리에 있는 모양 핸들을 끌어서 선자연이 모이는 점까지 길이를 연장합니다.

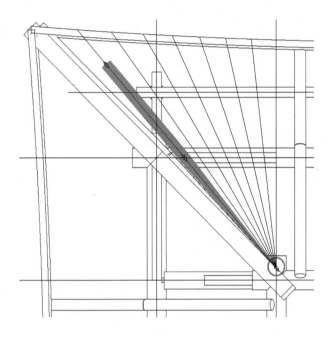

㉓ 선자연 앞부분에 있는 모양 핸들을 끌어서 평고대까지 길이를 연장합니다.

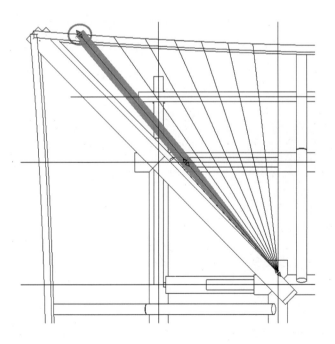

㉔ 위와 같은 방법으로 '선자연_일반' 및 '선자연_막장'을 다음과 같이 배치합니다. 실무에서는 초장과 막장을 제외하고 '선자연_일반'은 추녀에 가까운 순서대로 번호를 부여합니다.

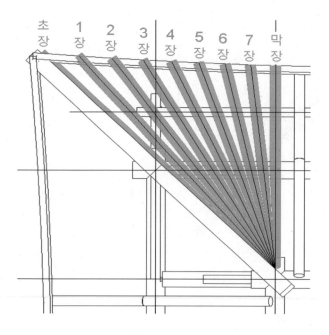

㉕ 3D 창으로 이동합니다. Ctrl 키를 이용해서 선자연, 평고대, 갈모산방을 모두 선택하고 뷰 제어 막대에서 임시 숨기기/분리를 확장한 후 요소 분리를 클릭합니다.

㉖ '선자연_초장'을 선택합니다. 특성 창에서 치수 항목에 '서까래 내밀기', '선자연 곡', '하단 간격 띄우기' 값을 조정해서 갈모산방과 평고대에 잘 맞닿도록 합니다. 값은 대략 다음과 같이 조정합니다.

구분	치수		
	서까래 내밀기	선자연 곡	하단 간격 띄우기
초장	2230	173.2	495

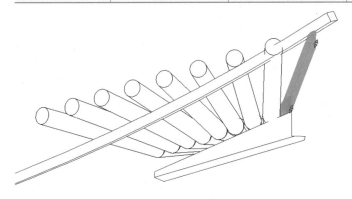

㉗ 나머지 선자연에 대해서도 초장처럼 3D 화면을 보면서 실측을 통해 매개변수 값을 조정합니다. 값은 대략 다음과 같습니다.

구분	치수		
	서까래 내밀기	선자연 곡	하단 간격 띄우기
1장	2060	170.6	470
2장	1890	168	453
3장	1760	165.6	435
4장	1660	163.6	413
5장	1580	162.0	395
6장	1525	160.6	375
7장	1495	159.6	359
막장	1480	159.1	340

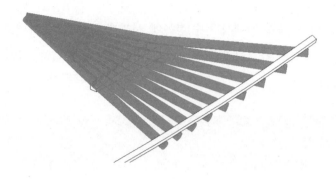

㉘ 뷰 제어 막대에서 임시 숨기기/분리 재설정을 클릭합니다.

㉙ 초장과 막장을 포함한 선자연을 모두 선택한 후 대칭-축 선택(▓) 도구를 클릭합니다.
추녀 중심선을 클릭해서 추녀 반대쪽에 대칭 복사합니다.

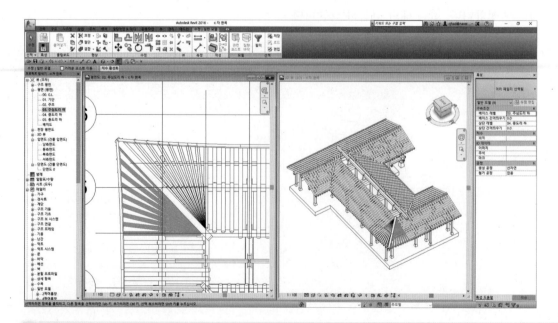

(4) 단연 ~ 고삽

① '04. 중도리 하' 평면도와 3D 뷰 창을 열고 정렬합니다. (단축키: WT 〉 ZA) 관리 탭 〉
공정을 클릭합니다. 프로젝트 단계 28번째를 삽입하고 이름에 '단연'으로 입력한 후 확
인을 클릭합니다.

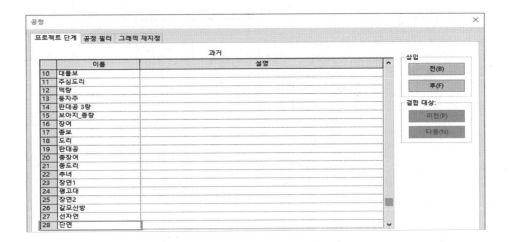

② 평면도와 3D 뷰 창을 열고 각 특성 창에서 〉 공정 〉 공정을 확장해서 '단연'을 선택한
후 적용을 클릭합니다.

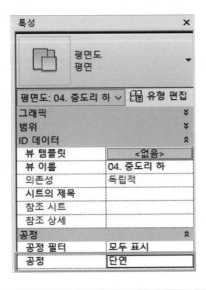

③ 프로젝트 탐색기에서 패밀리 〉 일반 모델 〉 단연 〉 단연을 드래그해서 다음과 같이 배치합니다.

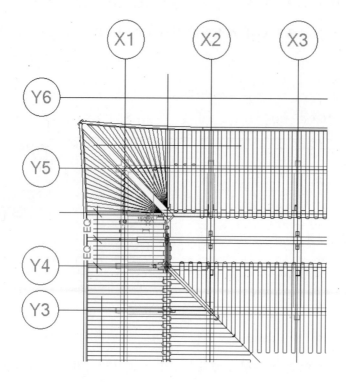

④ 특성 창에서 치수 〉 '중_종도리 수평 길이는 '900'으로 설정합니다.

⑤ 단연이 배치되는 구간은 '12000'으로 다음과 같습니다.

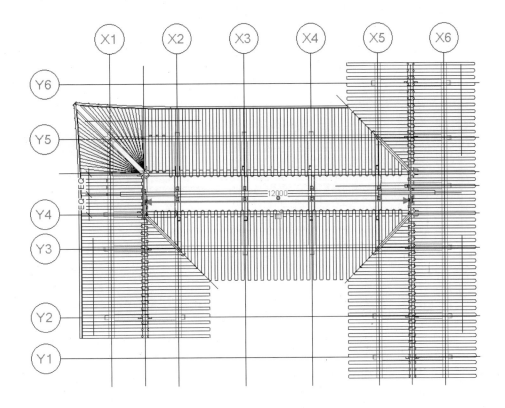

⑥ 단연도 일반 서까래처럼 약 '300' 정도 간격 띄우기를 합니다. 단연 구간이 '12000'이므로 총 40개에 자기 자신을 포함해서 41개가 배치됩니다. 단연을 선택하고 배열 도구를 클릭합니다. 그룹 및 연관에 체크 해제하고 항목 수에는 '41', 이동 위치는 마지막에 체크합니다.

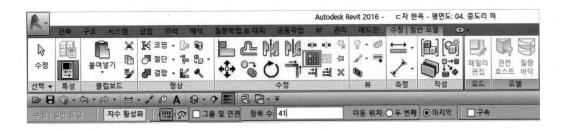

⑦ 이동 시작점을 단연의 중심선으로 하고 이동 끝점을 단연 구간이 끝나는 그리드선을
클릭해서 다음과 같이 배치합니다.

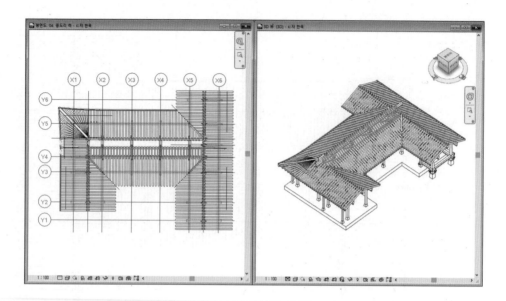

⑧ 단연을 모두 선택하고 대칭-축 선택 도구를 이용해서 반대편에도 복사 배치합니다.

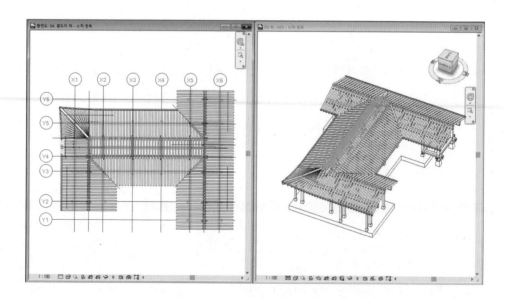

⑨ 다음 공정으로 집부사를 배치하겠습니다. 관리 탭 〉 공정을 클릭합니다. 프로젝트 단계 29번째를 삽입하고 이름에 '집부사'로 입력한 후 확인을 클릭합니다.

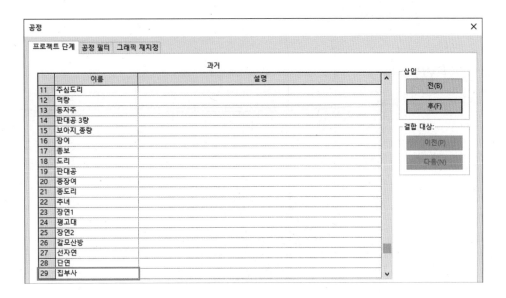

⑩ 평면도와 3D 뷰 창을 열고 각 특성 창에서 〉 공정 〉 공정을 확장해서 '집부사'로 선택한 후 적용을 클릭합니다.

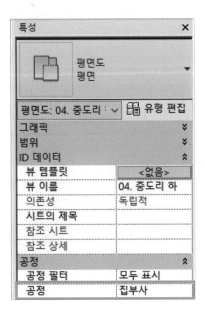

⑪ 프로젝트 탐색기에서 패밀리 〉 일반 모델 〉 집부사 〉 집부사를 드래그해서 다음과 같
이 배치합니다. 집부사가 배치되는 구간에서 균등하게 배분되도록 인접한 단연과의 간
격이 '328'이 되도록 배치합니다.

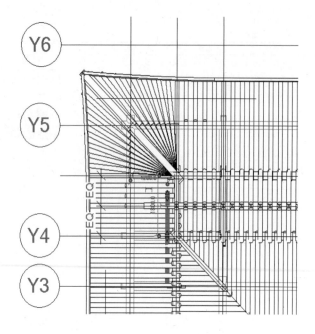

⑫ 집부사를 클릭하고 특성 창에서 치수 〉 서까래 내밀기 값에 '100', 중_종도리 수평 길
이 값에 '900'을 입력하고 적용을 클릭합니다.

특성	✕
집부사	▼
일반 모델 (1)	⌄ 유형 편집
구속조건	⌃
베이스 레벨	04. 중도리 하
베이스 간격띄우기	0.0
상단 레벨	05. 종도리 하
상단 간격띄우기	0.0
치수	⌃
서까래 내밀기	100.0
중_종도리 수평길이	900.0

⑬ 집부사를 클릭하고 복사 도구를 이용해서 다음과 같이 '328' 간격으로 복사 배치합니다.

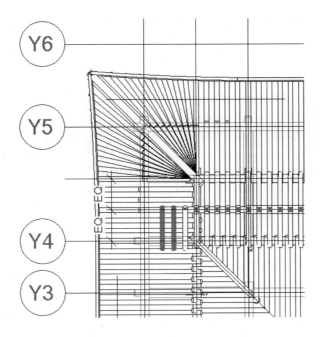

⑭ 새로 복사한 집부사를 각각 클릭하고 특성 창에서 치수 〉 서까래 내밀기 값을 '250'. '500'으로 조정합니다.

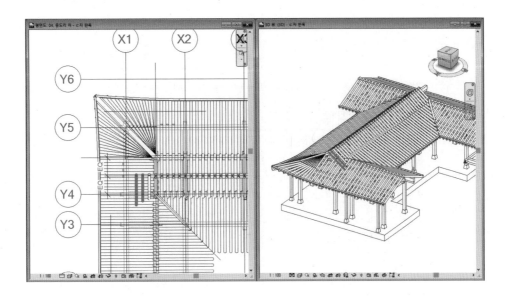

⑮ 집부사를 모두 선택하고 대칭-축 선택 도구를 이용해서 마주 보는 면에 복사 배치합니다.

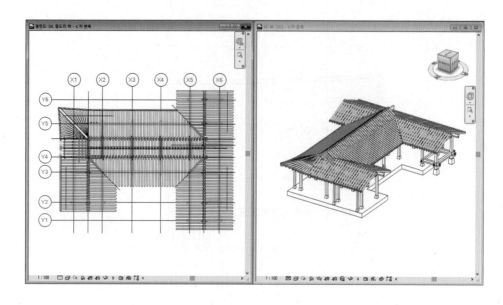

⑯ 반대 합각 쪽에도 집부사를 대칭 복사하기 위해서 중심이 되는 그리드를 스케치하겠습니다. 건축 탭 〉 기준 패널 〉 그리드를 클릭합니다. 수직 그리드 'X3'과 'X4' 사이에 스케치하고 정렬 치수를 이용해서 균등 배분합니다.

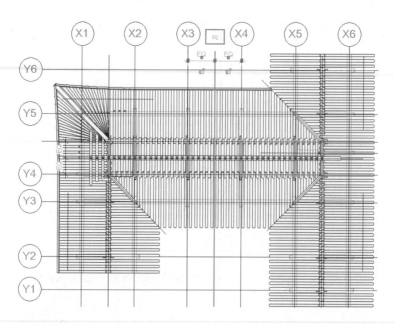

⑰ 집부사를 모두 선택하고 대칭-축 도구를 클릭합니다. 위에서 스케치한 그리드를 클릭해서 대칭 복사합니다.

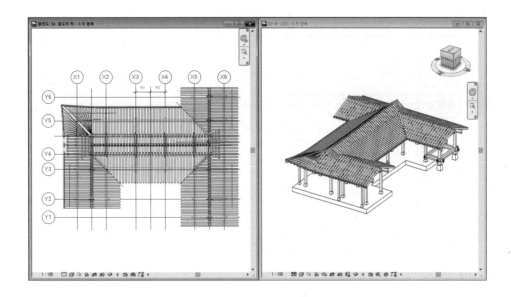

⑱ 다음 공정으로 적심도리를 배치하겠습니다. 관리 탭 > 공정을 클릭합니다. 프로젝트 단계 30번째를 삽입하고 이름에 '적심도리'로 입력한 후 확인을 클릭합니다.

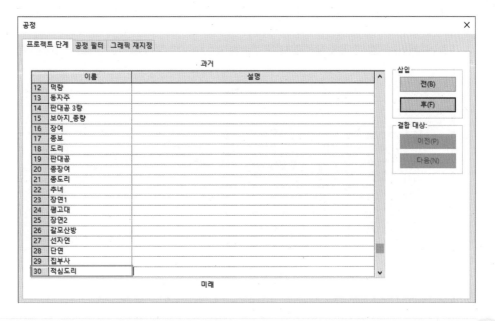

⑲ 평면도와 3D 뷰 창을 열고 각 특성 창에서 〉 공정 〉 공정을 확장해서 '적심도리'로 선택한 후 적용을 클릭합니다.

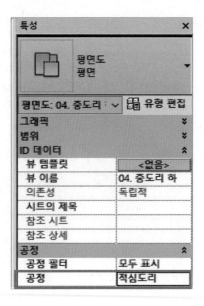

⑳ '04. 중도리 하' 평면도상에서 프로젝트 탐색기 〉 패밀리 〉 일반 모델 〉 적심도리 〉 적심도리를 드래그해서 다음과 같이 배치합니다. 이때 건물 외부로 돌출되도록 배치합니다. 3D 뷰 창에서는 View Cube에서 정면도를 클릭해서 적심도리가 보이도록 회전합니다.

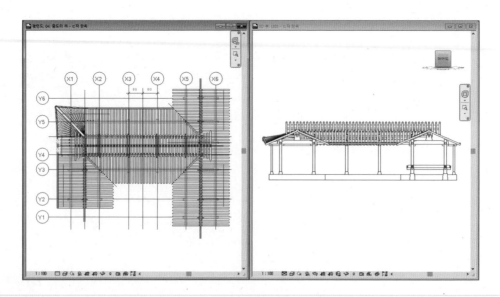

㉑ 3D 뷰 창에서 적심도리를 모두 클릭하고 위로 방향키(↑)를 이용해서 적심도리 높이를
조정하거나 특성 창에서 구속 조건 〉 간격 띄우기 값을 '476'으로 입력합니다.

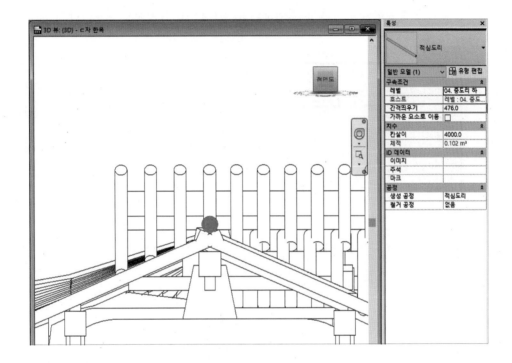

㉒ 평면도 창에서 적심도리를 클릭하고 모양 핸들을 드래그해서 적당한 길이로 조정합니다.

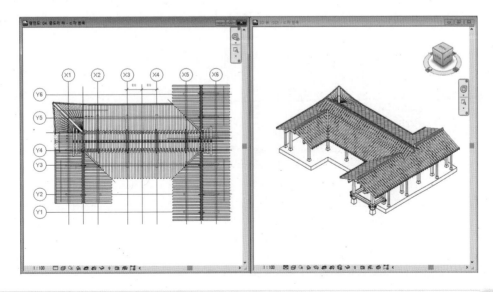

㉓ 프로젝트 탐색기에서 뷰 〉 평면 〉 '05. 종도리 하'를 클릭합니다. 이때 '04. 중도리 하' 창은 닫기를 클릭하고 3D 창과 함께 정렬합니다. (단축키: WT 〉 ZA) 평면도에서 특성 창 〉 공정 〉 공정을 확장해서 '적심도리'로 선택한 후 적용을 클릭합니다.

㉔ 프로젝트 탐색기에서 패밀리 〉 일반 모델 〉 적심도리 〉 적심도리를 드래그해서 다음 과 같이 건물 외부로 돌출되도록 배치합니다. 3D 뷰 창에서는 View Cube에서 좌측면 도를 클릭해서 적심도리가 보이도록 회전합니다.

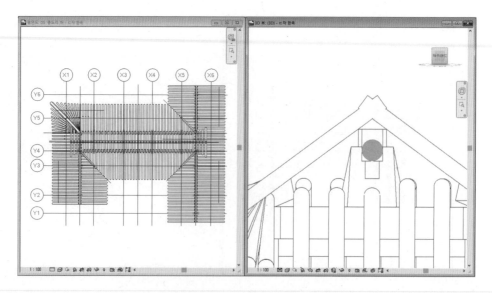

㉕ 적심도리를 클릭하고 특성 창에서 구속 조건 〉 간격 띄우기 값을 '545'로 입력합니다.

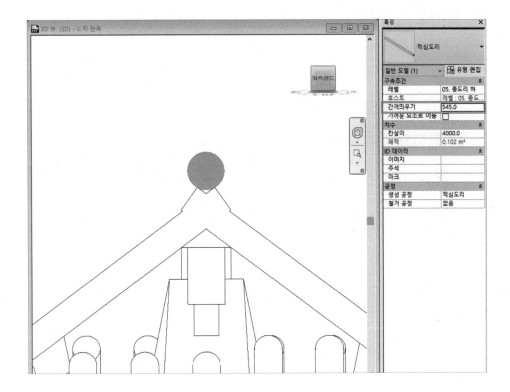

㉖ 평면도창에서 적심도리를 클릭하고 모양 핸들을 드래그해서 적당한 길이로 조정합니다.

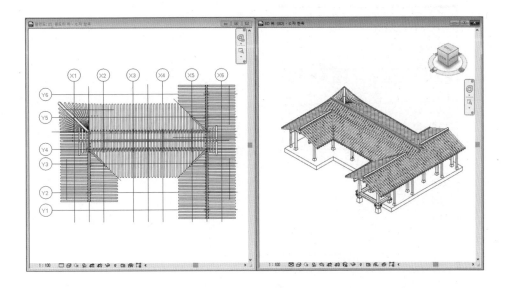

㉗ 다음 공정으로 합각을 배치하겠습니다. 관리 탭 〉 공정을 클릭합니다. 프로젝트 단계 31번째를 삽입하고 이름에 '합각'으로 입력한 후 확인을 클릭합니다.

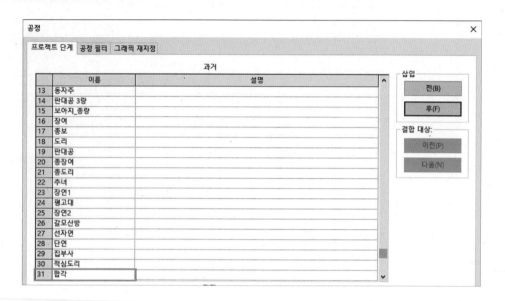

㉘ 평면도와 3D 뷰 창을 열고 각 특성 창에서 〉 공정 〉 공정을 확장해서 '합각'으로 선택한 후 적용을 클릭합니다.

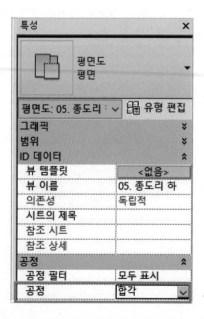

㉙ '05. 종도리 하' 평면도상에서 프로젝트 탐색기 〉 패밀리 〉 일반 모델 〉 합각_5량 〉 합각을 드래그해서 다음과 같이 배치합니다. 이때 배치 기준점이 그리드 'X1'과 종도리 중심선이 만나는 교차점이 되도록 합니다.

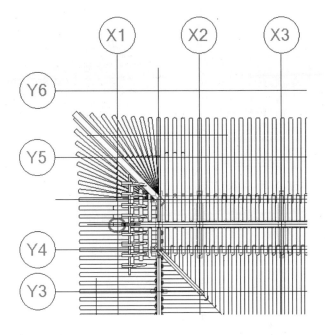

㉚ 합각을 선택하고 유형 특성을 클릭합니다. 매개변수 박공상단 값을 '850'으로 조정한 후 확인을 클릭합니다.

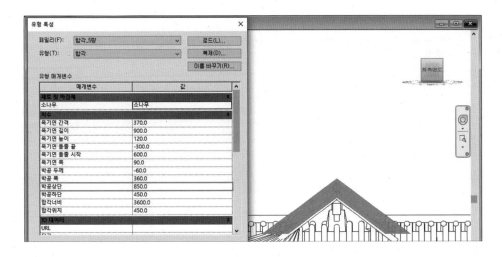

㉛ 합각을 선택하고 대칭-축 선택 도구를 이용해서 반대편에 복사 배치합니다.

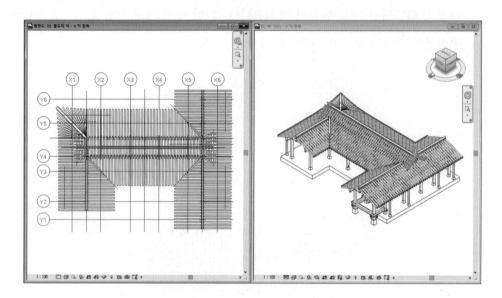

㉜ 다음 공정으로 박공을 배치하겠습니다. 프로젝트 탐색기에서 뷰 〉 평면 〉 04. 중도리
하를 클릭해서 뷰를 이동합니다. 이때 '05. 종도리 하' 창은 닫기를 클릭하고 3D 창과
함께 정렬합니다. (단축키: WT 〉 ZA) 관리탭 〉 공정을 클릭합니다. 프로젝트 단계 31
번째를 삽입하고 이름에 '박공'으로 입력한 후 확인을 클릭합니다.

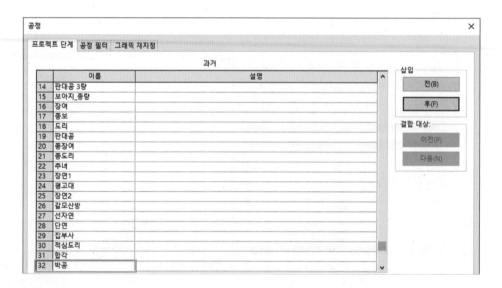

㉝ 평면도와 3D 뷰 창을 열고 각 특성 창에서 〉 공정 〉 공정을 확장해서 '박공'으로 선택한 후 적용을 클릭합니다.

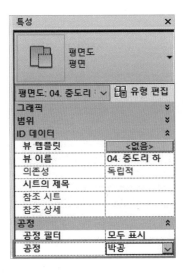

㉞ '04. 중도리 하' 평면도상에서 프로젝트 탐색기 〉 패밀리 〉 일반 모델 〉 박공_3량 〉 박공을 드래그해서 다음과 같이 배치합니다. 이때 배치 기준점이 그리드 'Y2'과 종도리 중심선이 만나는 교차점이 되도록 합니다.

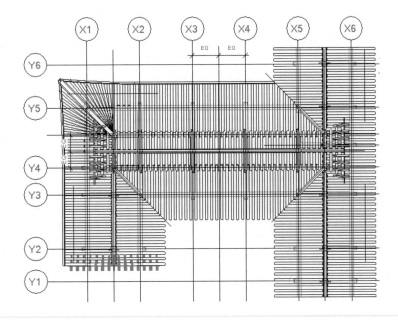

㉟ 3D 창에서 박공을 선택하고 유형 특성을 클릭합니다. 다음의 매개변수 값을 조정한 후 확인을 클릭합니다.

매개변수	값
박공 상단	780
박공 하단	620
칸사이	3000

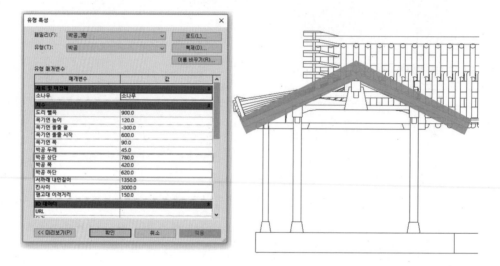

㊱ 평면도 창에서 박공을 클릭하고 복사 도구를 이용해 다음의 위치에 복사하고 정렬합니다.

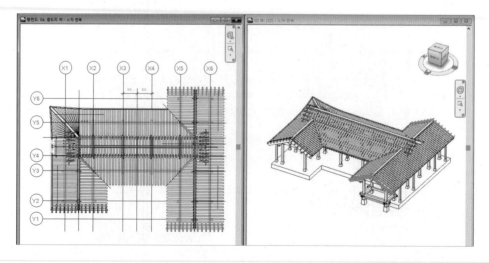

㉛ 지붕 공사 마지막 공정으로 회첨기와골을 받을 수 있는 삼각형 모양의 고삽을 만들어 보겠습니다. 관리 탭 〉 공정을 클릭합니다. 34번째 '박공'에 마우스를 위치하고 삽입 〉 후를 클릭합니다. 이름에 '고삽'으로 입력한 후 확인을 클릭합니다.

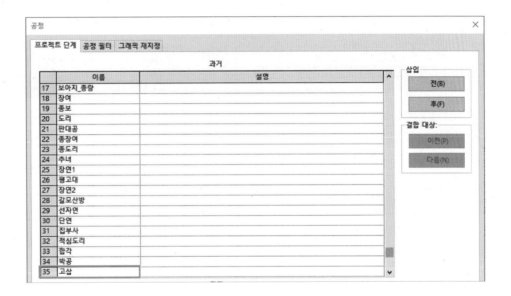

㉜ 프로젝트 탐색기에서 뷰 〉 입면도 〉 남측면도를 클릭해서 뷰를 이동합니다. 특성 창에서 〉 공정 〉 공정을 확장해서 '고삽'으로 선택한 후 적용을 클릭합니다.

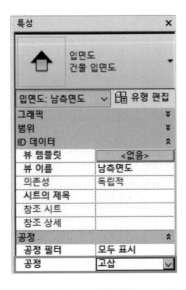

㊡ 고삽은 내부 편집 모델링을 통해 만들어 보겠습니다. 건축 탭 〉구성 요소를 확장해서
내부 편집 모델링을 클릭합니다. 패밀리 카테고리 및 매개변수 창에서 '구조 보강재'를
선택하고 확인을 클릭합니다. 이름에 '고삽'을 입력하고 확인을 클릭합니다.

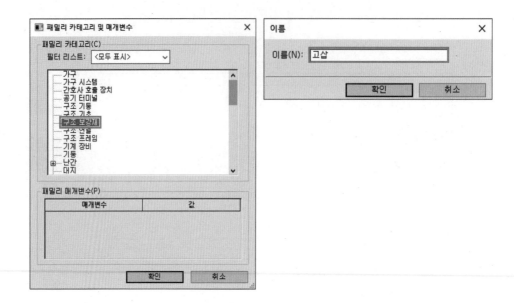

㊵ 기준 패널 〉참조 평면을 클릭합니다. 선 선택( ) 도구를 클릭하고 평고대 아랫면을
선택해서 참조 평면을 생성합니다.

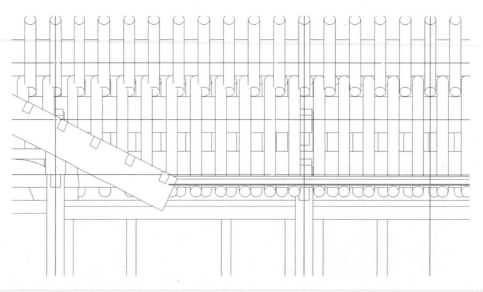

㊶ 돌출을 클릭합니다. 작업 기준면 〉 설정을 클릭하고 새 작업 기준면 지정에서 '기준면 선택'에 체크한 후 확인을 클릭합니다. 위에서 생성된 참조 평면을 클릭합니다. 이때 선이 중첩되어 있기 때문에 Tab 키를 이용해서 참조 평면을 선택합니다. 뷰로 이동 창이 활성화되면 '평면도: 03. 주심도리 하'를 선택하고 뷰 열기를 클릭합니다.

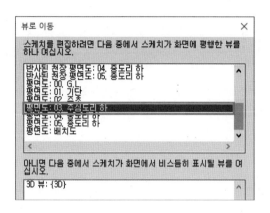

㊷ 그리기 도구를 이용해서 다음과 같이 세 곳의 회첨기와골에 스케치합니다. (상세도 참고)

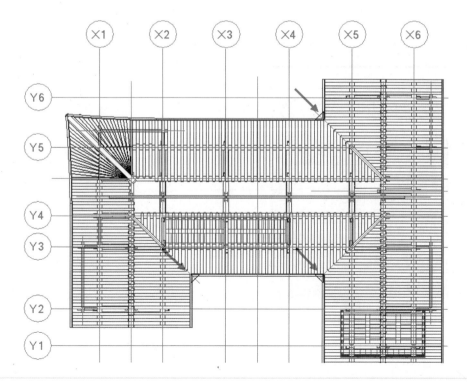

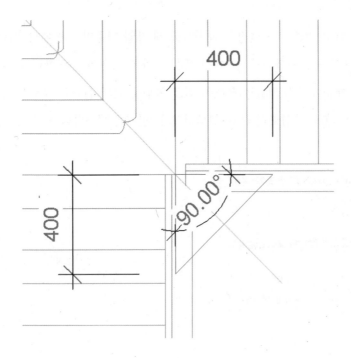

㊸ 특성 창에서 돌출 끝에 '-60'을 입력하고 편집 모드 완료(✔)를 클릭합니다. 내부 편집 기 모델 완료를 클릭해서 고삽을 완성합니다.

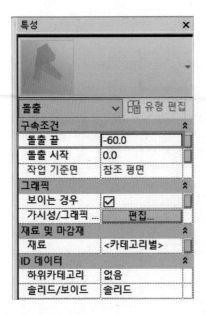

4) 수장 및 마루 공사

(1) 수장 들이기

① '02. 주초' 평면도와 3D 뷰 창을 열고 정렬합니다. (단축키: WT 〉 ZA) 관리 탭 〉 공정을 클릭합니다. 7번째 누상주에 마우스를 위치하고 삽입 〉 후를 클릭합니다. 누상주와 보아지 사이에 8번째 공정이 삽입되었습니다. 이름에 '수장재'로 입력한 후 확인을 클릭합니다.

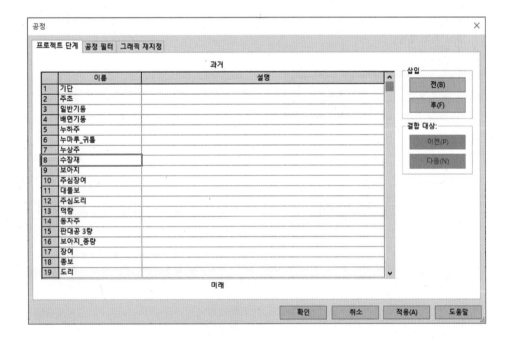

② 평면도와 3D 뷰 창을 열고 각 특성 에서 〉 공정 〉 공정을 확장해서 '수장재'로 선택한 후 적용을 클릭합니다.

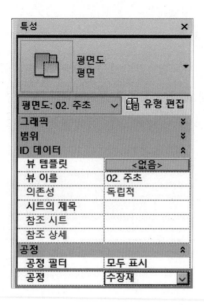

③ 평면도상에서 프로젝트 탐색기 〉 패밀리 〉 일반 모델 〉 수장_A 〉 수장_A를 드래그해서 다음과 같이 배치합니다. 그리드 'Y2' 선상에 배치하고 모양 핸들을 끌어서 폭을 조절합니다.

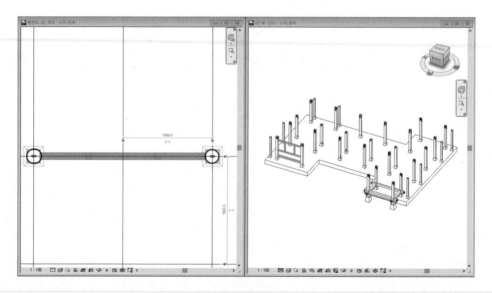

④ 패밀리 '수장_A'를 같은 방법으로 다음의 위치에도 배치하고 모양 핸들을 이용해서 정렬합니다.

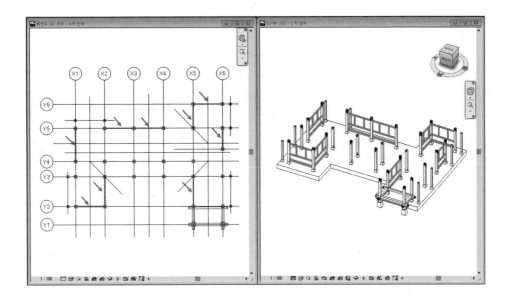

⑤ 프로젝트 탐색기 > 패밀리 > 일반 모델 > 수장_B_1 > 수장_B_1을 드래그해서 다음과 같이 배치하고 정렬합니다.

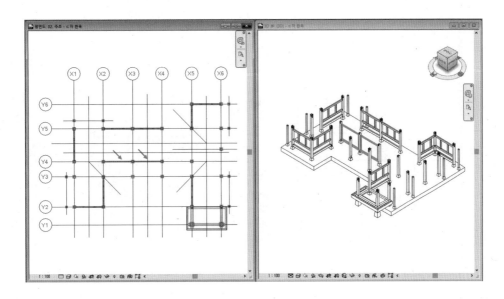

⑥ 프로젝트 탐색기 〉 패밀리 〉 일반 모델 〉 수장_C 〉 수장_C를 드래그해서 다음과 같이
배치하고 정렬합니다.

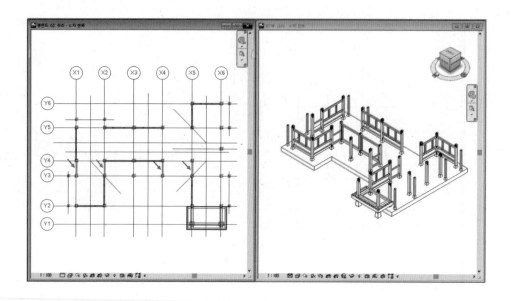

⑦ 프로젝트 탐색기 〉 패밀리 〉 일반 모델 〉 수장_C_1 〉 수장_C_1을 드래그해서 다음과
같이 배치하고 정렬합니다.

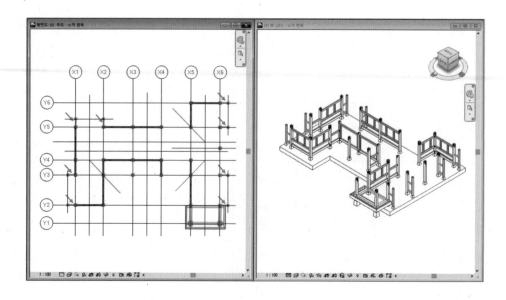

⑧ 프로젝트 탐색기 〉 패밀리 〉 일반 모델 〉 수장_C_2 〉 수장_C_2를 드래그해서 다음과 같이 배치하고 정렬합니다.

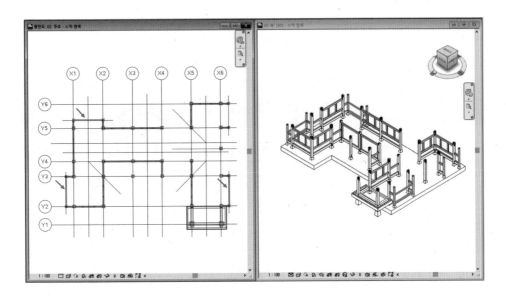

⑨ 프로젝트 탐색기 〉 패밀리 〉 일반 모델 〉 수장_H 〉 수장_H를 드래그해서 다음과 같이 배치하고 정렬합니다.

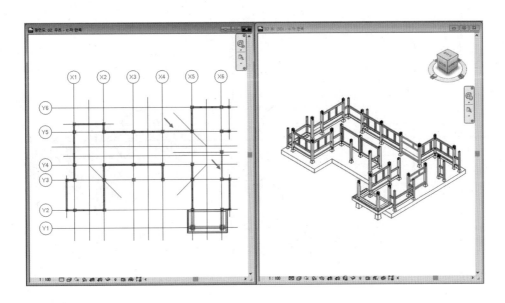

⑩ 프로젝트 탐색기 > 패밀리 > 일반 모델 > 수장_G > 수장_G를 드래그해서 다음과 같이 배치하고 정렬합니다.

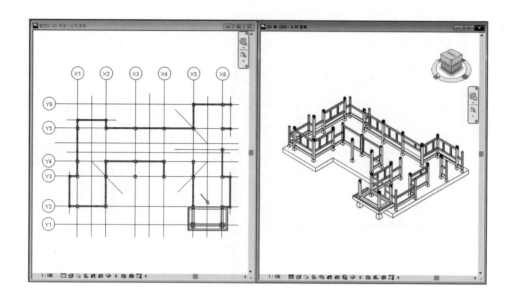

⑪ 프로젝트 탐색기 > 패밀리 > 일반 모델 > 수장_A_1 > 수장_A_1를 드래그해서 다음과 같이 배치하고 정렬합니다.

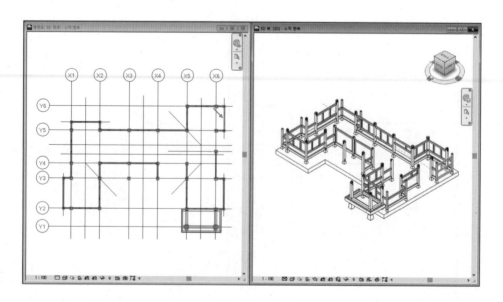

(2) 누마루

① 다음 공정으로 누마루를 완성해 보겠습니다. '01. 기단' 평면도를 클릭해서 활성화하고 '02. 주초' 평면도는 닫기를 합니다. 기단 평면도와 3D 뷰 창을 정렬합니다. (단축키: WT > ZA) 평면도와 3D 뷰 창에서 각각 특성 창 > 공정 > 공정에서 '누마루_귀틀'을 선택하고 적용을 클릭합니다.

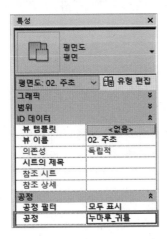

② 프로젝트 탐색기 > 패밀리 > 구조 프레임 > 누마루_여모귀틀1 > 누마루_여모귀틀1을 드래그해서 다음과 같이 배치하고 정렬합니다.

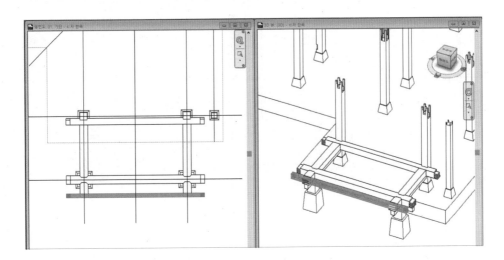

③ 프로젝트 탐색기 〉 패밀리 〉 구조 프레임 〉 누마루_여모귀틀2 〉 누마루_여모귀틀2를 드래그해서 다음과 같이 배치하고 정렬합니다.

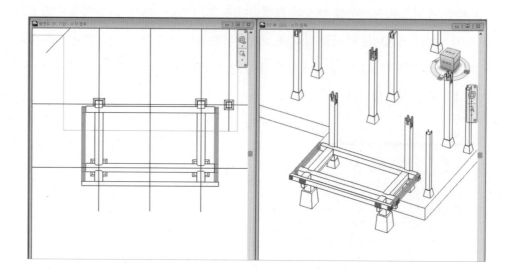

④ 동귀틀을 배치하겠습니다. 프로젝트 탐색기 〉 패밀리 〉 구조 프레임 〉 누마루_동귀틀2 〉 누마루_동귀틀2를 드래그해서 다음과 같이 배치합니다. 이때 모양 핸들을 그리드까지 끌어서 길이를 조정하고 동귀틀의 길이가 내부와 외부가 다르기 때문에 스페이스 바를 이용해서 방향을 설정합니다.

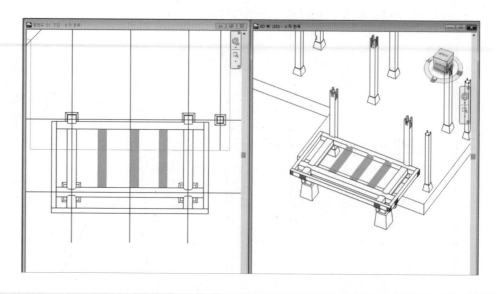

⑤ 동귀틀이 장귀틀 사이에 균등하게 배분되도록 하기 위해서 정렬 치수를 사용하겠습니다. 먼저 가운데 동귀틀은 중심 그리드 선에 정렬합니다. 정렬 치수를 이용해서 다음과 같이 균등 배분합니다.

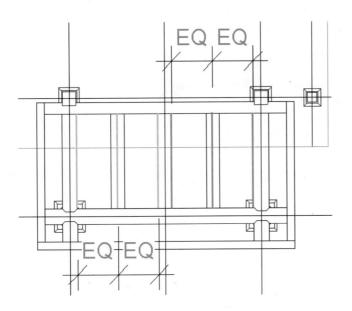

⑥ 내부 편집 모델링을 이용해서 마루청판을 만들겠습니다. 건축 탭 〉 구성 요소를 확장해서 내부 편집 모델링을 클릭합니다. 패밀리 카테고리 및 매개변수 창에서 '구조 보강재'를 선택하고 확인을 클릭합니다. 이름에 '누마루 청판'을 입력하고 확인을 클릭합니다.

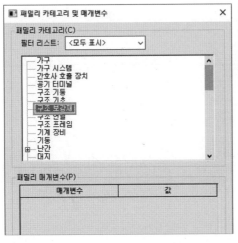

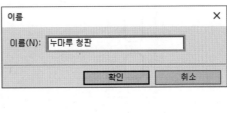

⑦ 돌출을 클릭합니다. 작업 기준면 〉 설정을 클릭하고 새 작업 기준면 지정에서 '기준면 선택'에 체크한 후 확인을 클릭합니다.

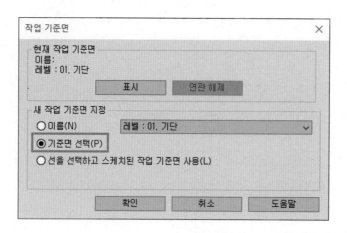

⑧ 다음 그림처럼 귀틀 윗부분을 클릭해서 기준면으로 설정합니다.

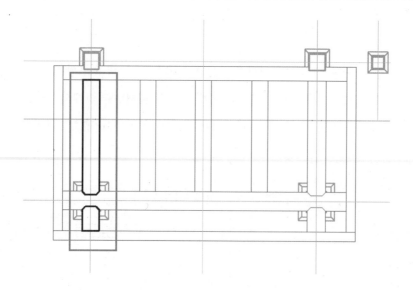

⑨ 직사각형 도구(□)를 이용해서 다음과 같이 임의 크기의 직사각형을 스케치하고 정렬
구속합니다.

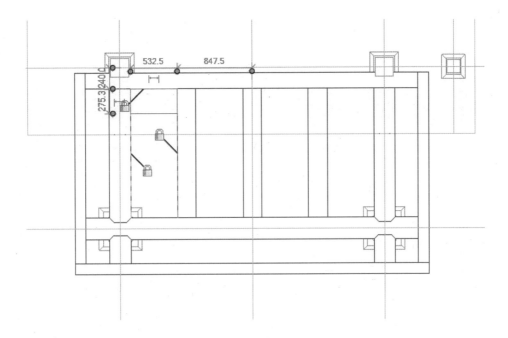

⑩ 특성 창에서 구속 조건 〉 돌출 끝에 '-60'을 입력하고 편집 모드 완료(✔)를 클릭합니다.

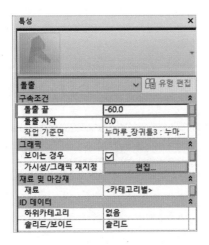

⑪ 청판을 선택하고 복사 도구를 이용해서 다음과 같이 복사 배치합니다. 마지막 청판은
귀틀 폭에 맞도록 모양 핸들을 끌어서 조정합니다.

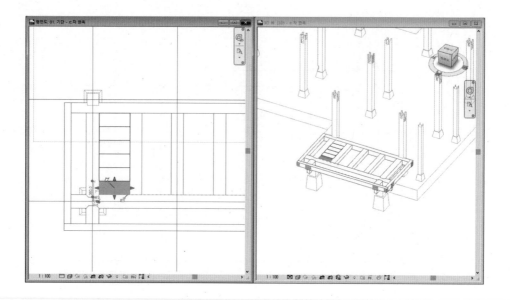

⑫ 위에서 귀틀 간격을 균등하게 배치했기 때문에 마루청판을 모두 선택하고 복사 도구를
이용해서 다음과 같이 복사 배치합니다.

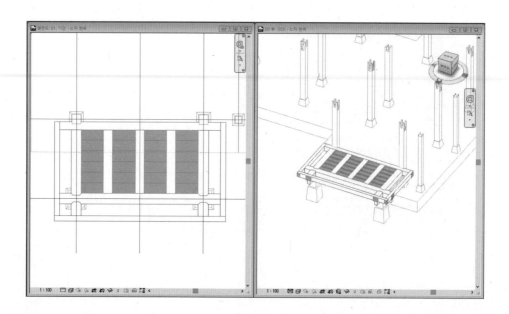

⑬ 나머지 공간도 동일한 방법으로 마루 청판을 조립하고 내부 편집기 모델 완료를 클릭합니다.

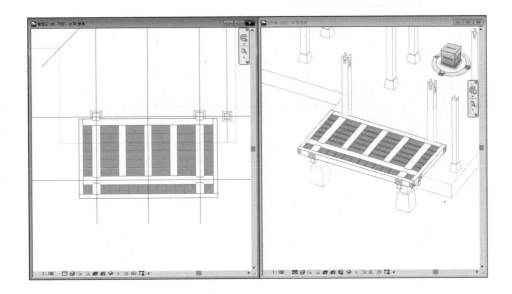

⑭ 다음 공정으로 난간을 배치하겠습니다. 프로젝트 탐색기에서 패밀리 〉 난간 〉 법수 〉 법수를 드래그해서 다음과 같이 누마루 옆에 배치합니다.

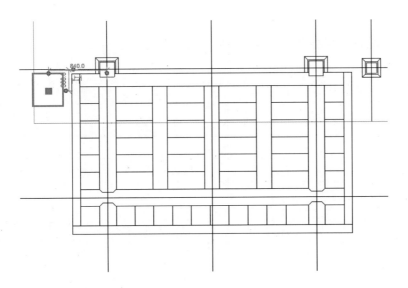

⑮ 법수를 선택하고 특성 창에서 구속 조건 〉 레벨 〉 간격 띄우기에 '850'을 입력합니다.

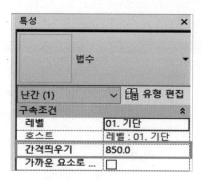

⑯ 정렬 도구를 이용해서 다음과 같이 귀틀 모서리에 정렬합니다.

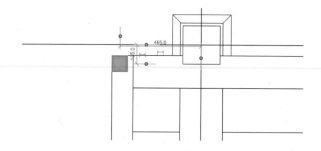

⑰ 복사 도구를 이용해서 다른 귀틀 모서리에도 복사 배치합니다.

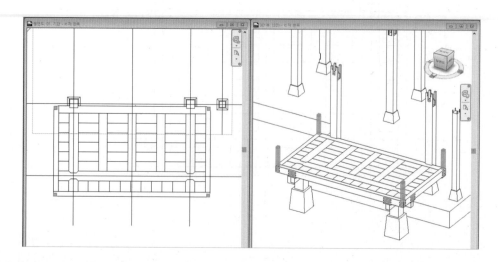

⑱ 법수 사이에 아자 난간을 배치하겠습니다. 프로젝트 탐색기에서 패밀리 〉 난간 〉 아자 난간 〉 아자 난간을 드래그해서 다음과 같이 배치합니다. 특성 창에서 구속 조건 〉 레벨 〉 간격 띄우기에 '850'을 입력합니다.

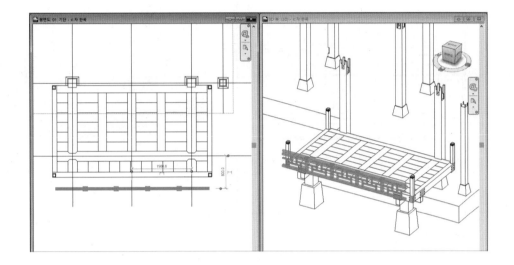

⑲ 아자 난간은 법수와 법수 사이에 배치되기 때문에 먼저 치수 도구를 이용해서 길이를 측정합니다. (길이 = 3840) 아자 난간을 선택한 후 유형 특성을 클릭해서 길이에 '3840'을 입력하고 확인을 클릭합니다.

⑳ 정렬 도구를 이용해서 아자 난간을 법수 사이에 배치합니다. 이때 정렬을 위한 기준선
은 법수의 수평 중심선으로 선택합니다.

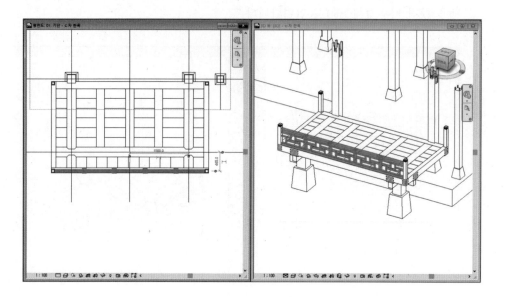

㉑ 누마루 측면에도 아자 난간을 배치하겠습니다. 프로젝트 탐색기에서 패밀리 〉 난간 〉
아자 난간 〉 아자 난간을 마우스 오른쪽 버튼을 클릭한 후 복제를 클릭합니다.

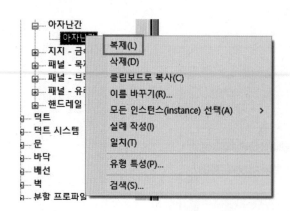

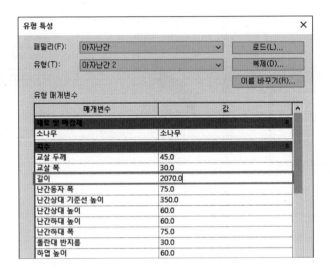
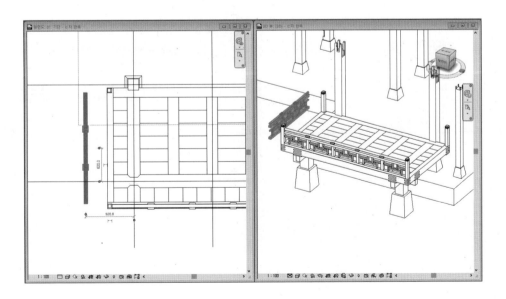

㉒ '아자 난간2'를 배치하기 전에 측정 도구를 이용해서 측면 법수 사이의 길이를 측정합니다. (길이 = 2070) '아자 난간2'를 더블 클릭합니다. 유형 특성 창이 활성화되면 길이에 '2070'을 입력하고 확인을 클릭합니다.

㉓ '아자 난간2'를 드래그해서 다음과 같이 귀틀 옆에 배치합니다. 이때 스페이스 바를 클릭해서 방향을 회전합니다. 특성 창에서는 간격 띄우기에 '850'을 입력합니다.

㉔ 정렬 도구를 이용해서 법수 사이에 배치하고 반대편에는 대칭-축 선택(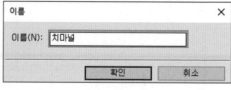) 도구를 이용해서 복사합니다.

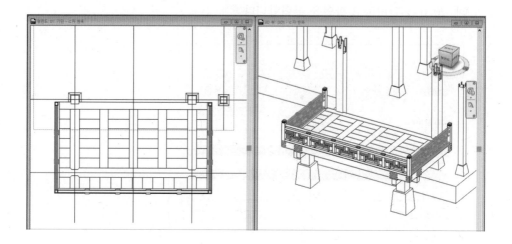

㉕ 누마루 마지막 공정으로 귀틀을 둘러싸는 치마널을 만들어 보겠습니다. 건축 탭 〉구성 요소를 확장해서 내부 편집 모델링을 클릭합니다. 패밀리 카테고리 및 매개변수 창에서 '구조 보강재'를 선택하고 확인을 클릭합니다. 이름에 '치마널'을 입력하고 확인을 클릭합니다.

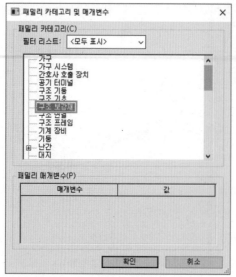

㉖ 양식 탭에서 스윕을 클릭합니다. 경로 스케치를 클릭하고 작업 기준면에서 설정을 클릭합니다. 새 작업 기준면 지정에서 기준면 선택에 체크하고 확인을 클릭합니다.

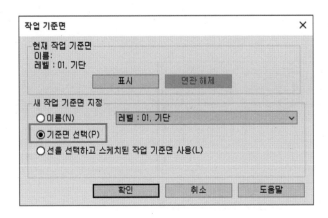

㉗ 임의의 귀틀 윗면을 클릭해서 기준면으로 설정합니다.

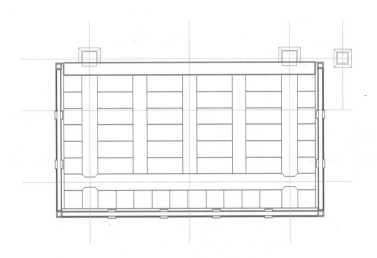

㉘ 선 도구를 이용해서 다음과 같이 누마루 외곽선을 따라서 경로를 스케치하고 편집 모
드 완료(✔)를 클릭합니다.

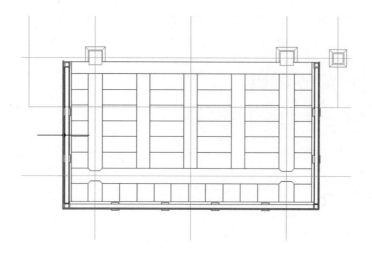

㉙ 프로파일 편집을 클릭하면 뷰로 이동 창이 활성화됩니다. '입면도: 남측면도'를 선택하
고 뷰 열기를 클릭합니다.

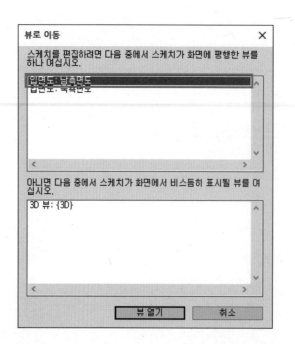

㉚ 직사각형(□) 도구를 이용해서 다음과 같이 스케치합니다. (그림의 치수는 이해를 돕기 이해 입력했습니다.)

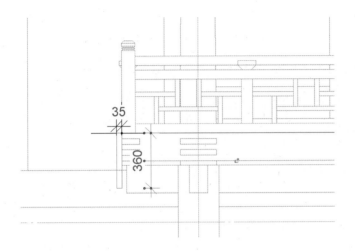

㉛ 편집 모드 완료(✔)를 클릭합니다. 스윕 완료를 의미하는 편집 모드 완료(✔)를 다시 한번 클릭합니다. 내부 편집기 탭에서 모델 완료를 클릭해서 치마널을 완성합니다.

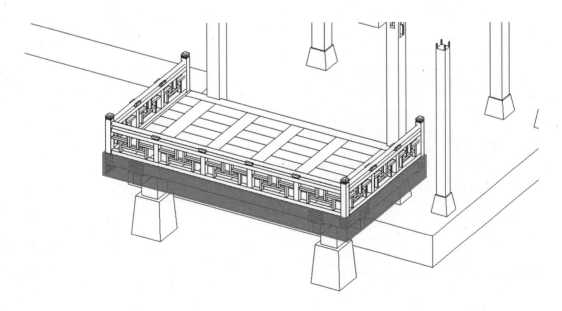

(3) 툇마루

① 다음 공정으로 툇마루를 만들어 보겠습니다. '02. 주초' 평면도와 3D 뷰 창을 열고 정렬합니다. (단축키: WT 〉 ZA) 관리 탭 〉 공정을 클릭합니다. 8번째 '수장재'에 마우스를 위치하고 삽입 〉 후를 클릭합니다. 이름에 '툇마루'로 입력한 후 확인을 클릭합니다.

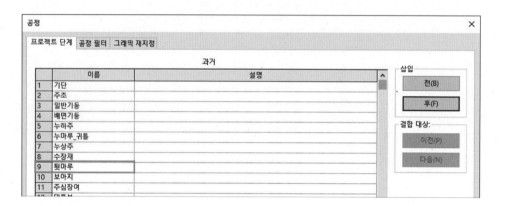

② 평면도와 3D 뷰 창을 열고 각 특성 창에서 〉 공정 〉 공정을 확장해서 '툇마루'로 선택한 후 적용을 클릭합니다.

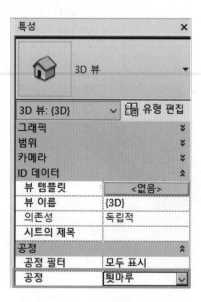

③ 평면도상에서 프로젝트 탐색기 〉패밀리 〉구조 프레임 〉툇마루_장귀틀2 〉툇마루_
장귀틀2를 드래그해서 다음과 같이 배치합니다. 그리드 'X3' 선상에 배치하고 모양 핸
들을 끌어서 폭을 조절합니다.

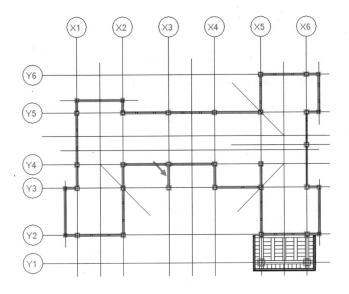

④ 프로젝트 탐색기 〉패밀리 〉구조 프레임 〉툇마루_여모귀틀1 〉툇마루_여모귀틀1을
드래그해서 다음과 같이 배치하고 폭을 조절합니다.

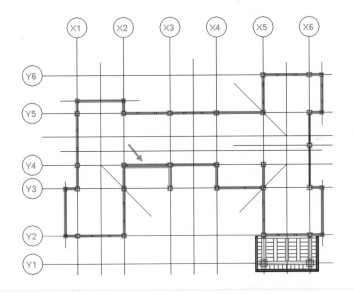

⑤ 프로젝트 탐색기 〉 패밀리 〉 구조 프레임 〉 툇마루_여모귀틀2 〉 툇마루_여모귀틀2를 드래그해서 다음과 같이 배치하고 폭을 조절합니다.

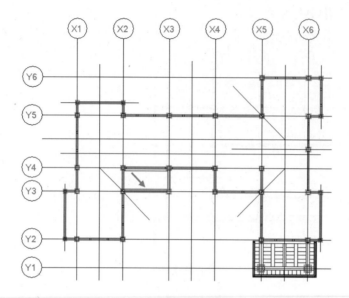

⑥ 프로젝트 탐색기 〉 패밀리 〉 구조 프레임 〉 툇마루_장귀틀1 〉 툇마루_장귀틀1을 드래그해서 다음과 같이 배치하고 폭을 조절합니다.

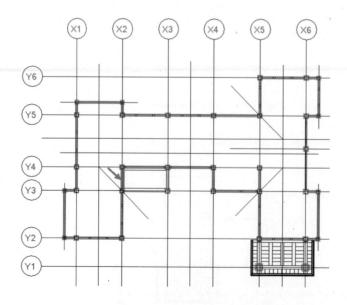

⑦ 프로젝트 탐색기 〉 패밀리 〉 구조 프레임 〉 툇마루_동귀틀 〉 툇마루_동귀틀을 드래
그해서 다음과 같이 배치하고 폭을 조절합니다.

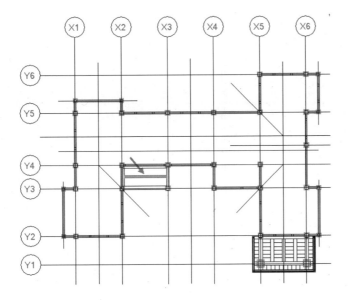

⑧ 정렬 치수를 이용해서 동귀틀을 여모귀틀 가운데로 정렬합니다.

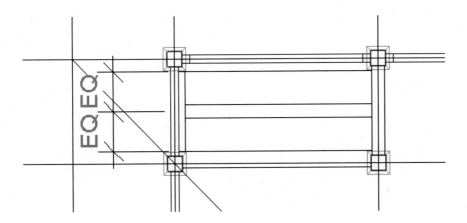

⑨ 툇마루 귀틀이 완성되었습니다. 툇마루청판은 누마루청판을 참고해서 배치해 봅니다.
이때 마루 두께는 '45'로 설정합니다. (특성 창에서 구족조건 〉 돌출 끝에 '-45' 입력)

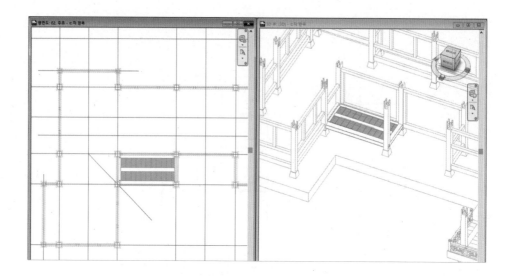

⑩ 완성된 청판과 귀틀은 대칭-축 선택 도구를 이용해서 옆 칸에도 복사 배치합니다.

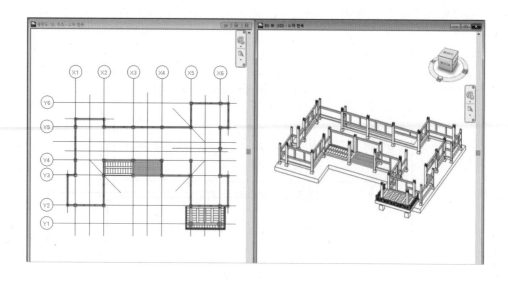

⑪ 이렇게 해서 모든 목구조 조립이 완성되었습니다. 3D 창으로 이동해서 특성 창 〉 공정
을 이동하면서 각 공정별로 조립 과정을 점검할 수 있습니다.

자치단체의 한옥관련 조례 현황

(2016년 12월 기준)

자치단체		법규명	제/개정일	소관부서
서울	성북구	서울특별시 성북구 한옥보전 및 지원에 관한 조례	2012.12.31	도시계획과
	은평구	서울특별시 은평구 은평역사한옥박물관 설치 및 운영 조례	2016.10.20	행정관리국 문화관광과
	종로구	서울특별시 종로구 한옥체험살이운영 및 지원에 관한조례	2012.06.01	문화관광국 관광체육과
부산		부산광역시 한옥 등 건축자산의 진흥에 관한 조례	2016.07.13	창조도시국 건축주택과
	기장군	부산광역시 기장군 한옥마을조성지원에 관한 조례	2015.07.29	문화관광과
인천		인천광역시 한옥 등 건축자산의 진흥에 관한 조례	2015.11.16	도시관리국 건축계획과
대구		대구광역시 한옥진흥 조례	2013.11.11	도시재창조국 건축주택과
대전		대전광역시 한옥 등 건축자산의 진흥에 관한 조례	2016.06.10	도시주택국 도시경관과
광주		광주광역시 한옥지원 조례	2013.01.01	도시재생국 건축주택과
	동구	광주광역시 동구 한옥체험시설설치 및 운영 조례	2016.06.29	문화경제국 문화관광과
울산	중구	울산광역시 중구 한옥체험시설설치 및 운영 조례	2014.12.29	문화관광실
세종특별자치시		세종특별자치시 한옥 등 건축자산의 진흥에 관한 조례	2016.10.31	건설도시국 건축과
경기		경기도 한옥 등 건축자산보존과 진흥에 관한 조례	2016.01.04	도시주택실 건축디자인과
	광주시	광주시 남한산성복원·정비사업에 따른 전통한옥지원 조례	2016.05.13	안전건설국 공원녹지과
	남양주시	남양주시 한옥지원 조례	2016.06.09	도시국 건축1과
	수원시	수원시 한옥지원 조례	2016.08.10	화성사업소 문화유산관리과
강원		강원도 한옥지원 조례	2013.08.02	건설교통국 건축과
	강릉시	강릉시 한옥마을관리 운영 조례	2016.09.28	올림픽도시정비단 도시재생과
	춘천시	춘천시 한옥지원 조례	2016.07.07	건설국 건축과
	화천군	재단법인 화천한옥학교 지원 및 육성에 관한 조례	2014.05.30	주민생활지원과
	횡성군	횡성군 한옥학교 설치 및 운영에 관한 조례	2015.10.05	자치행정과
충북		충청북도 한옥마을 조성 촉진지원 조례	2015.01.01	문화체육관광국 건축문화과
	단양군	단양군 한옥마을 지원 조례	2015.05.01	민원봉사과
	청주시	청주시 한옥 보전 및 진흥에 관한 조례	2014.12.26	도시개발사업단도시재생과
	충주시	충주시 한옥 지원 조례	2016.06.10	경제건설국건축디자인과
충남		충청남도 한옥 지원에 관한 조례	2015.10.30	건설교통국건축도시과
	공주시	공주시 한옥마을 관리운영 조례	2015.02.16	기획담당관

자치단체		법규명	제/개정일	소관부서
전북	고창군	고창군 한옥 및 전통·옛거리 체험마을 관리·운영 조례	2014.12.10	문화관광과
	완주군	완주군 한옥지원 조례	2016.07.28	종합민원실
	익산시	익산시 함라한옥체험관관리 운영 조례	2016.11.30	문화산업국 문화관광과
	전주시	전주시 한옥마을 문화시설 등 셔틀버스 운영 조례	2015.04.15	문화관광체육국관광산업과
	전주시	전주시 한옥보전 지원 조례	2015.12.30	한옥마을사업소
전남		전라남도 한옥지원 및 진흥 조례	2016.10.27	건설방재국주택건축과
	강진군	강진군 한옥 지원 조례	2016.10.07	민원봉사과
	고흥군	고흥군 한옥보조금 지원 조례	2015.12.23	종합민원과
	곡성군	곡성군 한옥 지원 조례	2016.07.19	경제과
	광양시	광양시 한옥 지원 조례	2015.02.05	안전도시국건축허가과
	구례군	구례군 한옥보조금 지원 조례	2010.12.31	도시경제과
	나주시	나주시 한옥 지원 조례	2016.01.11	경제안전건설국건축허가과
	담양군	담양군한옥지원조례	2015.09.22	도시디자인과
	목포시	목포시 한옥 지원 조례	2015.08.03	도시건설국건축행정과
	목포시	목포시 한옥민박사업활성화지원조례	2015.12.28	관광경제수산국관광과
	무안군	무안군 한옥지원 조례	2015.12.28	지역개발과
	보성군	보성군 한옥지원 조례	2016.07.05	도시경관과
	순천시	순천시 한옥 지원 조례	2015.12.01	도시건설국건축과
	신안군	신안군 한옥 지원 조례	2009.08.06	종합민원실
	여수시	여수시 한옥보조금 지원 조례	2014.12.31	건축과
	영광군	영광군 한옥지원 조례	2016.03.11	종합민원실
	영암군	구림한옥체험관 위탁운영에 관한 조례	2015.11.12	기획감사실
	영암군	대한민국 한옥건축박람회 운영 및 지원에 관한 조례	2014.12.18	기획감사실
	영암군	영암군 한옥보조금 지원 조례	2015.10.29	도시개발과
	완도군	완도군 한옥지원 조례	2016.02.23	민원봉사과
	장성군	장성군 한옥 지원 조례	2015.02.05	경관도시과
	장흥군	장흥군 신축한옥 지원 조례	2015.12.30	안전건설과
	진도군	진도군 한옥지원 조례	2013.12.31	지역개발과
	함평군	함평군 한옥 지원 조례	2015.12.29	민원봉사과
	해남군	해남군 아름마을가꾸기 한옥 민박시설 운영 조례	2010.10.01	문화관광과
	해남군	해남군 한옥지원 조례	2015.10.08	종합민원과
	화순군	화순군 한옥보조금 지원에 관한 조례	2015.03.06	도시과

자치단체		법규명	제/개정일	소관부서
경북		경상북도 한옥 등 건축자산의 진흥에 관한 조례	2015.12.31	건설도시국
	경주시	경주시 교촌한옥마을 조성지원 및 운영 조례	2016.09.09	문화관광실관광컨벤션과
	고령군	고령군 주택개량 및 한옥형 주택의 장려를 위한 지원 조례	2015.12.24	민원과
	안동시	안동시 한옥 지원 조례	2015.08.05	도시건설국건축과
	영주시	영주시 무섬마을 전통한옥수련관·자료관·향토음식점 관리 및 운영 조례	2014.03.18	자치안전국문화예술과
	청송군	청송군 한옥 지원 조례	2015.12.31	문화관광과
경남		경상남도 한옥 지원 조례	2014.10.10	도시교통국건축과
	거제시	거제시 한옥지원 조례	2015.11.24	도시건설국건축과
	거창군	거창군 한옥 지원조례	2015.07.22	도시건축과
	김해시	김해한옥체험관 설치 및 관리·운영조례	2014.11.25	문화관광사업소문화예술과
	창녕군	창녕군 한옥지원 조례	2015.08.07	주택산림과
	하동군	하동군 한옥 지원 조례	2016.08.05	도시건축과

부록 2

국토교통부 고시 제2015 - 977호

「한옥 등 건축자산의 진흥에 관한 법률」 제27조에 따라 "한옥 건축 기준"을 다음과 같이 제정 고시합니다.

2015년 12월 21일
국토교통부 장관

한옥 건축 기준

제1조(목적) 이 기준은 「한옥 등 건축자산의 진흥에 관한 법률」 제27조에 따라 한옥의 형태·재료·성능 등의 기준을 정함을 목적으로 한다.

제2조(용어의 정의)

　① 이 기준에서 사용하는 용어의 뜻은 다음과 같다.

　　1. "한식지붕틀"이란 보, 도리, 서까래의 순서로 시공되는 우리나라 전통양식의 지붕구조를 말한다.

　　2. "처마선"이란 처마의 가장 바깥부분으로 이루어지는 선을 말한다.

　　3. "처마깊이"란 외벽 기둥들의 중심을 이은 선으로부터 처마선에 이르는 수평거리를 말한다.

　② 이 기준에서 따로 정하지 아니한 용어의 뜻은 「건축법」 제2조 및 「녹색건축물 조성 지원법」 제15조제1항에 따라 고시한 「건축물의 에너지절약설계기준」 제5조에서 정하는 바에 따른다.

제3조(적용범위) 이 기준에서 정하고 있지 않은 기타 건축 및 유지·관리 등에 관한 사항은 「건축법」 등 관계법령에서 정하는 바에 따른다.

제4조(주요구조부) 주요구조부 및 구조부재는 다음 각 호의 기준에 적합하여야 한다.

　　1. 바닥 및 주계단 외의 지상층 주요구조부에는 목재 사용을 원칙으로 한다.

　　2. 제1호에도 불구하고 바닥 및 주계단 외의 지상층 주요구조부에 목재 이외의 재료를 사용

하는 경우 해당 부재의 개수는 15개 이내로 하되, 바닥 및 주계단 외 지상층 주요구조부에 사용된 전체 부재 수의 절반을 초과할 수 없다.

3. 구조부재로 사용하는 목재는 품질 및 성능 확보를 위해「목재의 지속가능한 이용에 관한 법률」제20조제1항에 따라 산림청장이 고시한 규격과 품질기준에 부합하여야 한다. 다만, 기존 한옥의 철거 등을 통해 얻은 목재를 재활용하는 경우는 예외로 한다.

4. 외부에 노출되는 목재 기둥은 부식·부패를 방지하기 위하여, 기단 및 주춧돌 없이 지면 위에 직접 세우지 아니한다.

5. 외기에 접하는 목재에는 방습·방부·방염 등을 위하여 오일스테인 및 우드스테인 등을 도포하거나, 그 이상의 효과를 가진 조치를 하여야 한다.

6. 제2호에도 불구하고 지방자치단체의 장은 한옥의 용도 및 지역의 현황 등을 고려한 별도의 기준을 정할 수 있다. 다만, 이 경우에도 사용가능한 목재 이외 재료의 개수는 바닥 및 주계단 외 지상층 주요 구조부에 사용된 전체 부재 수의 절반을 초과할 수 없다.

제5조(지붕) 지붕은 다음 각 호의 기준에 적합하여야 한다.

1. 지붕에 설치하는 기와는 암키와와 수키와의 형상을 이루는 한식기와의 사용을 원칙으로 한다.

2. 한옥의 정체성 제고, 목재 부식방지 및 일사조절 등을 위해 처마깊이는 최소 90센티미터 이상으로 한다.

3. 처마물 등으로 인접 대지에 피해를 주지 않도록 한다.

4. 눈썹지붕을 시공하는 경우, 사용자 안전 확보 등을 위해 지지대나 철물 등으로 보강하여 견고하게 설치하여야 한다.

5. 제1호 및 제2호에도 불구하고 지역적·경관적 특성상 필요한 경우 지방자치단체의 장은 별도의 기준을 정할 수 있다.

제6조(외벽 및 창호) 외벽 및 창호는 다음 각 호의 기준에 적합하여야 한다.

1. 기둥, 인방, 창틀 등 건축물 외벽을 함께 이루는 목재 부재는 잘 보이도록 설치하고, 이를 인위적으로 가리지 않도록 한다.

2. 외벽면은 좌우 기둥의 바깥 면보다 안으로 들여 설치하도록 한다. 다만, 사괴석(四塊石)이나 벽돌 등으로 화방벽(火防壁, 방화장)을 쌓는 경우는 예외로 한다.

3. 각 층은 주요 구조부, 난간, 눈썹지붕 및 목재 마감 등을 이용하여 외부에서 시각적으로 구분되도록 한다.

4. 단열재를 설치하는 경우 이음부는 최대한 밀착하여 시공하거나, 2장을 엇갈리게 시공하여 이음부를 통한 단열 성능 저하를 최소화하여야 한다.

제7조(설비)

① 건축물의 구조 및 설비 등의 설계를 하는 경우에는 에너지가 합리적으로 이용될 수 있도록 하여야 한다.

② 바닥난방 부위에 단열재를 설치하는 경우, 바닥난방의 열이 슬래브 하부 및 측벽으로 손실되는 것을 막을 수 있도록 단열재의 위치를 적절히 계획하여야 한다.

③ 난방기기, 냉방기기 및 조명기기 등은 에너지소비효율 등급이 높은 제품을 설치하여야 한다.

④ 외부로 노출되는 건축설비 및 부착물은 적절히 차폐하여 한옥의 미관을 해치지 않도록 하여야 한다.

제8조(마당 및 담장)

① 마당에는 원활한 배수를 위하여 적절한 구배를 두거나 마사토 등과 같은 투수성 마감재료를 사용하여야 한다.

② 담장은 해당 한옥 처마선 중 가장 낮은 부분의 높이 및 대지의 외부에 연접한 각 지표면으로부터 2.1미터를 넘지 않아야 한다.

제9조(재검토기한) 국토교통부장관은 「훈령·예규 등의 발령 및 관리에 관한 규정」에 따라 이 고시에 대하여 2016년 1월 1일 기준으로 매3년이 되는 시점(매 3년째의 12월 31일까지를 말한다)마다 그 타당성을 검토하여 개선 등의 조치를 하여야 한다.

부 칙

이 고시는 발령한 날부터 시행한다.

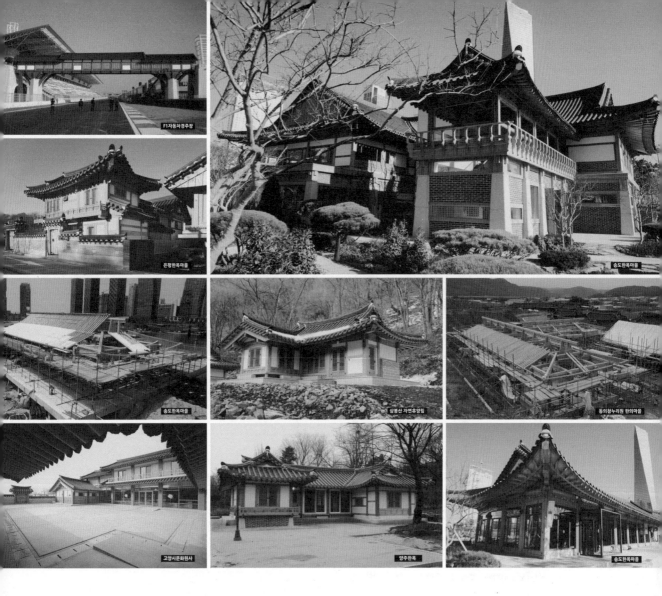

구조용집성재 전문생산 시공업체 / 3D 5축제어 자동화 시스템 도입 /
한옥 전문 생산,시공업체

주소 인천 서구 건지로 284번길 112 / (T) 032-575-7871 / (F) 032-575-7823 / 홈페이지 www.kmbeam.co.kr / 이메일 kmbeam@kmbeam.co.kr

kmbeam
경민산업(주)

BIM : Revit Architecture_한식목구조

디지털 新한옥 살림집

2017년	5월 31일	1판	1쇄	인 쇄
2017년	6월 5일	1판	1쇄	발 행

지 은 이 : 최　　　준　　　호
펴 낸 이 : 박　　　정　　　태

펴 낸 곳 : **광　　　문　　　각**

10881
파주시 파주출판문화도시 광인사길 161
광문각 B/D 4층
등　　　록 : 1991. 5. 31 제12 - 484호
전 화(代) : 031-955-8787
팩　　　스 : 031-955-3730
E - mail : kwangmk7@hanmail.net
홈페이지 : www.kwangmoonkag.co.kr

ISBN : 978-89-7093-845-5　93540

값 : 28,000원

한국과학기술출판협회
Korean Science & Technology Publisher Association